Miguel Ángel Aguirre
Montserrat Hidalgo
Antonio Canals

Análisis elemental con técnicas basadas en plasma: ICP-OES/MS y LIBS

Miguel Ángel Aguirre
Montserrat Hidalgo
Antonio Canals

Análisis elemental con técnicas basadas en plasma: ICP-OES/MS y LIBS

Avances en la preparación de muestras líquidas: nebulización múltiple y microextracción en gota

PUBLICIA

Impressum / Aviso legal
Bibliografische Information der Deutschen Nationalbibliothek: Die Deutsche Nationalbibliothek verzeichnet diese Publikation in der Deutschen Nationalbibliografie; detaillierte bibliografische Daten sind im Internet über http://dnb.d-nb.de abrufbar.

Información bibliográfica de la Deutsche Nationalbibliothek: La Deutsche Nationalbibliothek clasifica esta publicación en la Deutsche Nationalbibliografie; los datos bibliográficos detallados están disponibles en internet en http://dnb.d-nb.de.

Coverbild / Imagen de portada: www.ingimage.com

Verlag / Editorial:
PUBLICIA
ist ein Imprint der / es una marca de
OmniScriptum GmbH & Co. KG
Bahnhofstraße 28, 66111 Saarbrücken, Deutschland / Alemania
Email / Correo Electrónico: info@omniscriptum.com

Herstellung: siehe letzte Seite /
Publicado en: consulte la última página
ISBN: 978-3-8416-8328-1

Zugl. / Aprobado por: Alicante, Universidad de Alicante, Tesis Doctoral, 2015

Documento maquetado con LaTeX.

Agradecimientos

Estimado lector:

Es de gran regocijo para mí que pueda leer esta memoria, ya que es el fruto de muchos años de trabajo. El espacio limitado de esta sección no me permitirá agradecer, como a mi tanto me gustaría, a todas las personas que a lo largo de mi doctorado me han ayudado a cumplir los objetivos propuestos y lograr una etapa más de mi formación académica. De esta manera, les dejo unas palabras, pocas, pero con un hondo sentimiento de gratitud reconocido. La gran mayoría de la investigación recopilada en esta memoria se ha realizado en la Universidad de Alicante. Es en este lugar donde he tenido la gran suerte de conocer a un elenco de investigadores a los que necesito agradecer en primera instancia.

Quiero expresar mi más veraz agradecimiento a los directores y supervisores de esta memoria, Antonio Canals y Montserrat Hidalgo por su incondicional apoyo y dedicación, así como por sus lecciones y cuyos desvelos hacia este trabajo y sus ánimos constantes e inquebrantables son un ejemplo a imitar y un estímulo inestimable para quienes trabajamos a vuestro lado.

Así mismo, hago extensivos estos agradecimientos a mis compañeros del grupo de investigación "Espectroscopia Atómica-Masas y Química Analítica en Condiciones Extremas"por sus constantes muestras de interés y apoyo desde mi llegada a este grupo.

A todos los componentes del Departamento de Química Analítica, Nutrición y Bromatología por la ayuda ofrecida.

A la Universidad de Alicante por la concesión de la beca predoctoral y al gobierno español y valenciano por la financiación económica suministrada.

Outra parte do trabalho experimental foi feito na Universidade Federal de São Carlos durante seis meses. Nessa fase do meu trabalho, conheci a muitas pessoas e gostaria de escrever o quanto são importantes para mim.

Em primeiro lugar, quero agradecer ao professor Joaquim de Araújo

Nóbrega da Universidade Federal de São Carlos, o meu orientador no Brasil, para quem qualquer palavra de agradecimento será com certeza de muito pouco significado em relação ao sentimento de dádiva, abnegação e muito conhecimento e apoio que me facultou. Teve comigo compreensão, acessibilidade e disponibilidade para me ajudar que se traduziram numa alavanca essencial para o meu trabalho. Do mesmo modo, reconheço, com gratidão, aos professores Ana Rita de Araújo Nogueira e Edenir Rodrigues Pereira Filho por toda ajuda durante o desenvolvimento do trabalho em São Carlos, e por tornar minha estada no Brasil inesquecível.

Aos amigos do Grupo de Análise Instrumental Aplicada, em especial, à Lucimar Lopes Fialho, não apenas pelas correções do português, mas pelo carinho, amizade, compreensão, responsabilidade e dedicação, sempre motivando e acreditando no trabalho.

A todos as pessoas que conheci durante os seis meses no Brasil e estiveram comigo e me apoiaram o meu bem haja.

Desde lo puramente personal, toda mi gratitud a mi familia y amigos, por su importancia en todo el camino recorrido desde mi infancia. Mención especial a mis padres, por su deseo vehemente y sacrificio en proporcionarme la mejor educación posible. Espero que la vida me regale espacios suficientes para devolverles al menos un parvo reconocimiento de la inconmensurable dedicación que ellos me han entregado.

Por último, y no por ello menos importante, mis últimas palabras de agradecimiento van dedicadas a mi mujer con la que he compartido la mitad de mi vida. Gracias por tu mirada que me acaricia, por tus palabras que me motivan, por tu sonrisa que me ilumina, por tus abrazos que me consuelan... Gracias a ti que me enamoras. Te quiamo.

Tábula gratulatoria:

A mi familia

A Ainhoa

A Dios

Índice general

Índice de figuras

Índice de tablas

El conocimiento y la habilidad tienen que ir combinados tanto con ambición como con el sentido de la honradez y una conciencia estricta. Todos los analistas pasan por momentos de duda respecto a la exactitud de sus resultados y hay ocasiones en las que saben que sus resultados no son correctos. A veces se derraman unas cuantas gotas de la disolución, o se comete cualquier otro ligero error. En esos casos, hace falta tener una conciencia rigurosa para repetir el análisis y no hacer un cálculo aproximado de la pérdida o realizar una corrección. Todo el que no tenga la suficiente fuerza de voluntad para hacer esto, no está capacitado para el análisis, sin importar lo magníficos que puedan ser sus conocimientos o sus habilidades técnicas. El químico que no haga un juramento garantizando la autenticidad, además de la exactitud de su trabajo, no debería nunca publicar sus resultados, ya que si lo hiciera ese resultado iría en perjuicio, no solamente suyo, sino de toda la ciencia.

Ferenc Szabadvary, History of analytical chemistry, 1966

1 RESUMEN ABSTRACT

SECCIÓN 1.1 Resumen

En la actualidad, las técnicas espectrométricas basadas en plasma son ampliamente utilizadas en el campo del análisis elemental. La espectrometría de emisión óptica con plasma de acoplamiento inductivo (ICP-OES – *inductively coupled plasma atomic emission spectrometry*) y la espectrometría de masas con plasma de acoplamiento inductivo (ICP-MS – *inductively coupled plasma mass spectrometry*) son técnicas sólidamente establecidas y utilizadas hoy en día en multitud de laboratorios para análisis rutinario. Por otra parte, la técnica de espectrometría de plasmas inducidos por láser (LIBS – *laser-induced breakdown spectrometry*) con un gran potencial, pero comparativamente menos utilizada en análisis de rutina, ha crecido en importancia durante los últimos años, debido a que la actual disponibilidad de instrumentación LIBS ha extendido su uso a un mayor número de investigadores, lo que ha contribuido al desarrollo de multitud de nuevas aplicaciones.

A pesar de ser consideradas como técnicas estándar para el análisis elemental, ICP-OES e ICP-MS todavía poseen algunas debilidades. En estas técnicas, la muestra líquida se introduce normalmente en el plasma en forma de un aerosol. Los sistemas de introducción de muestras líquidas convencionales consisten en un nebulizador, que genera el aerosol a partir de la muestra líquida, y una cámara de nebulización, que filtra las partículas en base a su tamaño y velocidad, evitando que las gotas más grandes y veloces entren en el plasma. Una forma de mejorar los parámetros analíticos de calidad obtenidos con estas técnicas es aumentar tanto la calidad como la eficiencia de trasporte del aerosol en el sistema de introducción de la muestra, tradicionalmente considerado como el talón de Aquiles de estas técnicas. Esta necesidad ha impulsado a miríadas de investigadores a realizar numerosos estudios sobre nuevos diseños de nebulizadores y cámaras de nebulización, así como de introducir componentes adicionales en los sistemas de introducción de muestras, como dispositivos de desolvatación, entre otros. Una segunda debilidad de ICP-OES e ICP-MS son las interferencias provocadas por la matriz de la muestra, especialmente las denominadas efectos de la matriz. En la mayoría de casos, la complejidad de la matriz de la muestra afecta la calidad de los resultados obtenidos. Los efectos de la matriz pueden minimizarse, o incluso eliminarse, utilizando una metodología de calibración adecuada en el análisis. Sin embargo, las metodologías más eficientes actualmente disponibles para la eliminación de los efectos de la matriz son complejas, tediosas y necesitan la utilización de una elevada cantidad tanto de muestra como de reactivos. La utilización de un sistema de nebulización múltiple de alta eficiencia como componente del sistema de introducción de muestras líquidas en ICP-OES e ICP-MS puede ser una alternativa muy prometedora para solucionar los problemas actuales de estas técnicas, por tener un doble efecto positivo. Por una parte, una nebulización más eficiente contribuiría a la mejora de los parámetros analíticos de calidad de las técnicas y, por otra parte, la multinebulización permitiría reducir los efectos de la matriz mediante la aplicación de metodologías de calibración en línea, comparativamente más rápidas y simples que las metodologías convencionales.

En lo referente a la tercera técnica basada en plasma, LIBS, su principal potencial radica en las posibilidades que ofrece para el análisis elemental en línea e *in situ*, debido al pequeño tamaño de los equipos, a su fácil automatización y a su capacidad para analizar diferentes tipos de muestras (*i.e.*, sólido, líquido y gas). Sin embargo, la baja sensibilidad de LIBS, cuando se compara con otras técnicas convencionales, constituye su debilidad más destacada, en especial en el análisis de muestras líquidas. El análisis LIBS de líquidos es, por añadidura, más dificultoso desde el punto de vista experimental que el realizado sobre sólidos o gases, lo que puede considerarse una segunda debilidad para este tipo de muestras. Estas desventajas limitan la aplicabilidad de LIBS para análisis elemental a nivel de trazas de muestras líquidas y, como consecuencia, las aplicaciones en este ámbito han sido escasamente desarrolladas. El análisis LIBS de muestras líquidas no ha sido, hasta el momento, profundamente investigado y, por tanto, el estudio y desarrollo de vías alternativas de preparación de la muestra y/o de estrategias experimentales de análisis de líquidos podrían mejorar su capacidad analítica, convirtiéndola en una técnica competitiva. Una posibilidad para mejorar la sensibilidad de la técnica LIBS podría ser su combinación con metodologías de microextracción líquido-líquido (LLME – *liquid-liquid microextraction*). Los procedimientos modernos de

LLME presentan grandes ventajas respecto a los métodos de extracción convencionales, como son su mayor rapidez, menor consumo de muestra y reactivos, posibilidad de automatización y elevada eficiencia de extracción. Además, los pequeños volúmenes del extracto enriquecido en analito que resultan de los procedimientos de microextracción podrían ser fácilmente analizados mediante LIBS, debido a su capacidad de irradiar cantidades extremadamente pequeñas de muestra. Este hecho puede convertir LLME-LIBS en una adecuada combinación para el análisis elemental de muestras líquidas.

En base a lo anteriormente expuesto, el objetivo principal de esta tesis se focaliza en la mejora de la capacidad analítica de las técnicas espectrométricas basadas en plasma (ICP-OES, ICP-MS y LIBS) a través del desarrollo y aplicación de nuevas estrategias de preparación de la muestra basadas, fundamentalmente, en: (*i*) el uso de un nuevo nebulizador múltiple de gran eficiencia para el análisis mediante ICP-OES e ICP-MS y (*ii*) la aplicación de procedimientos de microextracción líquido-líquido para el análisis mediante LIBS. Los objetivos concretos perseguidos en este trabajo son: (*i*) mejorar los parámetros analíticos de calidad en ICP-OES e ICP-MS mediante el aumento del transporte de analito al plasma por una nebulización más eficiente; (*ii*) disminuir los efectos de la matriz en el análisis mediante ICP-OES e ICP-MS de una forma rápida, fácil y simple; (*iii*) eliminar los inconvenientes experimentales del análisis de muestras líquidas mediante la técnica LIBS y (*iv*) mejorar los parámetros analíticos de calidad en el análisis LIBS de líquidos mediante la aplicación de un procedimiento previo de microextracción en gota, con el fin de extender la aplicabilidad de la técnica al análisis elemental de trazas en este tipo de muestras.

Con este fin, las Secciones 3.1, 3.2 y 3.3 abarcan diferentes métodos para eliminar los fuertes efectos de la matriz provocados por tres matrices comunes en análisis de rutina mediante

ICP-OES e ICP-MS (*i.e.*, matriz con alto contenido salino, matriz orgánica y matriz con alto contenido en ácidos inorgánicos), utilizando un nebulizador múltiple de elevada eficiencia basado en la tecnología *Flow Blurring*®. Por otro lado, las Secciones 3.4 y 3.5 se centran en el análisis de líquidos mediante la técnica LIBS. En la Sección 3.4 se estudia estrategias de preparación de la muestra que permitan reducir los inconvenientes experimentales de la aplicación de LIBS a líquidos y mejorar los parámetros analíticos de calidad en el análisis de estas muestras. En la Sección 3.5 se investiga la posibilidad de combinar el análisis LIBS con metodologías modernas de microextracción líquido-líquido, con el ánimo de incrementar la sensibilidad de la técnica LIBS para su aplicación al análisis elemental a nivel de trazas.

SECTION 1.2

Abstract

Nowadays, plasma-based spectrometric techniques are widely used in the field of elemental analysis. Inductively coupled plasma optical emission spectrometry (ICP-OES) and inductively coupled plasma mass spectrometry (ICP-MS) are well-established techniques currently used for routine analysis in many laboratories. On the other hand, laser-induced breakdown spectrometry (LIBS) technique, with a great potential but comparatively less used in routine analysis, has significantly grown over the last years, since the current availability of commercial LIBS instrumentation has extended its use to many researchers, which has contributed to the development of a great number of applications.

Despite their status as standard techniques for elemental analysis, ICP-OES and ICP-MS still suffer from some weaknesses. In these techniques, liquid samples are usually introduced into the plasma as an aerosol. Conventional liquid sample introduction systems consist on a nebulizer, for generating the aerosol from the liquid sample, and a spray chamber, for filtering the particles according to their size and velocity, avoiding larger and faster droplets to enter into the plasma. One way to improve the analytical figures of merit obtained with these techniques is to improve both the quality and the transport efficiency of the aerosol in the sample introduction system, traditionally considered as the Achilles' heel of these techniques. This need has triggered a great number of researchers to perform many studies about new nebulizer and spray chamber designs, as well as to introduce additional components in the sample introduction system, such as desolvation devices, among other. A second weakness of ICP-OES and ICP-MS is related to interferences induced by the sample matrix, especially the so-called matrix effects. In most cases, the sample matrix complexity affects the quality of the obtained results. Matrix effects may be minimized, or even eliminated, by using a suitable calibration methodology for analysis. However, the most efficient calibration methodologies currently available for removing matrix effects are complex, tedious and require the use of high amount of both sample and reagents. The use of a highly efficient multinebulization based system as a component of the liquid sample introduction system in ICP-OES and ICP-MS could be a promising alternative to solve the present drawbacks of these techniques, since it can bring a double positive effect. On one hand, a more efficient nebulization could lead to the improvement of the analytical figures of merit and, on the other hand, a multinebulization procedure could reduce matrix effects by applying on-line calibration methodologies, comparatively faster and simpler than the conventional ones.

Regarding the third plasma-based technique, LIBS, lies in the possibility it offers for on-line and *in situ* elemental analysis due to the small size of the equipment, its easy automation and its ability to analyze different kind of sample (*i.e.*, solid, liquid and gas) can be considered its main potential. However, the low sensitivity of LIBS when compared to other conventional techniques constitutes its most important weakness, in particular when applied to the analysis of liquid samples. Moreover, LIBS analysis of liquids is experimentally more difficult than that of solids or gases, which can be considered a second weakness for this kind of samples. Such disadvantages restrict LIBS applicability to trace elemental analysis of liquid samples and, as a consequence, applications to this scope have been scarcely developed. Liquid analysis by LIBS has not been, to date, deeply investigated and, therefore, the study and development of alternative ways of sample preparation and/or experimental strategies for liquid analysis could improve LIBS analytical capability making it to become a competitive technique. One way to improve LIBS sensitivity could be by combination with liquid-liquid microextraction (LLME) procedures. Modern LLME procedures offer many advantages over conventional extraction methods, such as higher speed, lower consumption of both sample and reagents, possibility for automation and high extraction efficiency. In addition, the small volumes of analyte-enriched extraction solvent resulting from microextraction procedures could be easily analyzed by LIBS, owing to its ability to interrogate extremely low quantities of material. This fact can make LLME-LIBS a suitable combination for elemental analysis of liquid samples.

On the basis of the above, the main goal of this Ph. D. work is focused on the improvement of the analytical capabilities of plasma-based spectrometric techniques (ICP-OES, ICP-MS and LIBS) through the development and implementation of new sample preparation strategies based fundamentally on: (*i*) the use of a new highly efficient multinebulizer for ICP-OES and ICP-MS analysis and (*ii*) the application of liquid-liquid microextraction procedures for LIBS analysis. The specific goals of this work are: (*i*) the improvement of the analytical figures of merit in ICP-OES and ICP-MS by increasing the analyte transport to the plasma due to a more efficient nebulization; (*ii*) the reduction of matrix effects by ICP-OES and ICP-MS analysis in a quick, easy and simple way; (*iii*) the elimination of the experimental difficulties of LIBS analysis of liquid samples and (*iv*) the improvement of the analytical figures of merit in LIBS analysis of liquid samples by using a previous single drop microextraction procedure, with the aim to extend the applicability of the technique to trace elemental analysis in this kind of sample.

To this end, Sections 3.1, 3.2 and 3.3 cover different methods to eliminate the strong matrix effects caused by three matrices commonly found in routine analysis by ICP-OES and ICP-MS (*i.e.*, matrix with high salt content, organic matrix and matrix with high inorganic acid concentration), using a highly efficient multiple nebulizer based on *Flow Blurring*® technology. On the other hand, Sections 3.4 and 3.5 are focused on liquid analysis by LIBS technique. In Section 3.4, sample preparation strategies for reducing the experimental difficulties of LIBS applications to liquids and for improving its analytical capability are investigated. In Section 3.5, the possibility of combining LIBS analysis with modern liquid-liquid microextraction procedures, with the aim to increase LIBS sensitivity for trace elemental analysis, is studied.

We, analytical chemists, have reason to think ourselves masters of the universe. After all, where would the world be without the massive amount of data that pervade virtually every aspect of society. From law enforcement to health care, from environment protection to food safety, from prehistoric fossils to planetary observations, all rely on the intricate measurements that have become available since the instrumental revolution transformed the analytical profession in the two decades between 1955 and 1975.

Leo de Galan, The four players in the analytical performance, *J. Anal. At. Spectrom.*, 2012, **27**, 1173-1176.

2

INTRODUCCIÓN GENERAL

SECCIÓN 2.1

Preparación de la muestra

La Química Analítica está en constante evolución. Quedan lejos los métodos analíticos básicos centrados en los equilibrios en disolución, tales como las marchas sistemáticas de identificación y los métodos volumétricos y gravimétricos utilizados ampliamente en la primera mitad del siglo XX. Medio siglo después, la Química Analítica se podría considerar una ciencia metrológica en la que se acentúa el empleo de instrumentación cada vez más avanzada (*i.e.*, técnicas espectrométricas, electroanalíticas, cromatográficas, *etc.*). Esta evolución sigue presente en el actual siglo y está principalmente enfocada en la miniaturización, automatización, simplificación de la instrumentación y los procedimientos analíticos. Prueba de ello es el desarrollo de gran impacto práctico de (bio)sensores y sistemas de criba (*scree-*

ning). Esta evolución no sería posible sin la relación sinérgica con otras disciplinas científicas, como la Física, Informática, *etc.* que contribuyen al desarrollo instrumental con el objetivo de resolver problemas socio-económicos planteados desde campos tan diversos como la Geología, Ciencias de la Salud, *etc.*

Es fácil imaginar que no exista una definición de Química Analítica que permanezca inalterable a lo largo del tiempo. Según mi criterio personal, se pueden destacar dos definiciones, que aun habiendo sido escritas en el siglo XX, definen de forma clara y concisa las tendencias de la Química Analítica del siglo XXI:

"*La Química Analítica es una disciplina científica que desarrolla y aplica métodos, instrumentos y estrategias para obtener y evaluar información sobre la naturaleza y composición de la materia en el espacio y en el tiempo.*"[†]

"*La Química Analítica es una ciencia metrológica que desarrolla, optimiza y aplica herramientas (materiales, metodológicas y estratégicas) de amplia naturaleza, que se concretan en procesos de medida encaminados a obtener información (bio)química de calidad, tanto parcial (presencia/concentración en muestras de especies-analitos (bio)químicos) como global sobre materias o sistemas de amplia naturaleza (química, bioquímica, biológica) en el espacio y en el tiempo para resolver problemas científicos, técnicos, económicos y sociales.*"[‡]

No cabe duda que para la correcta resolución de problemas, el analista debe seguir una secuencia de etapas que conforman una metodología sistemática general llamada proceso analítico total (PAT). Las etapas involucradas en el PAT han sido estudiadas extensamente por varios autores[3,4] y abarca desde la definición del problema planteado hasta la elaboración de un informe y sus

---

[†] *Definición según The Working Party on Analytical Chemistry of the Federation of European Chemical Societies aprobada durante el octavo congreso de Euroanalysis celebrado en Edinburgo en 1993.*[1]

[‡] *Definición según Miguel Valcárcel en 1997.*[2]

conclusiones.

Debido a la gran demanda de información analítica en el siglo XXI, la calidad de los resultados exige el desarrollo de procedimientos de medida adecuados al fin previsto, con la realización de medidas veraces y generación de resultados trazables con incertidumbre controlada y conocida. Por tanto, se debe prestar especial atención a aquellas etapas del PAT que sean fuente potencial de error. Existen varias etapas que influyen de forma significativa en la veracidad de las medidas e incertidumbre de los resultados: (*i*) la toma de la muestra, (*ii*) la preparación de la muestra y (*iii*) la cuantificación.

La **toma de la muestra** es de gran importancia y, además, tiene una gran repercusión en la calidad de los resultados, ya que los restantes procesos del PAT dependen de esta etapa inicial. En ella se reduce la masa total del material objeto de análisis a una porción representativa del material original, de forma que los resultados analíticos puedan ser relacionados con el material primigenio. Para garantizar la representatividad de la muestra, incluso para muestras heterogéneas, existen protocolos o técnicas de muestreo que minimizan los posibles errores que se puedan cometer.

La **preparación de la muestra** tiene como objetivo convertir la matriz y/o el analito de una muestra y de los patrones de calibración en una forma adecuada para su análisis mediante el instrumento de medida. De manera general, se puede diferenciar los procedimientos de preparación de la muestra en tres grandes grupos:[4] (*i*) procedimiento de acondicionamiento de la muestra (adaptación de las características físicas y/o químicas de la muestra a los requerimientos del instrumento de medida); (*ii*) procedimientos de eliminación de interferentes (utilización de agentes enmascarantes, extracción, *etc.*); y (*iii*) otros procedimientos (homogenización, filtrado, dilución de la muestra, *etc.*). Como puede ratificar el lector, la preparación de la muestra abarca un elevado número de operaciones que están sujetas a potenciales fuentes de error y aumenta el tiempo total del PAT. Por ello, muchos autores coinciden en que la preparación de la muestra es la etapa limitante en el PAT debido a la complejidad, laboriosidad y lentitud de algunos de sus procedimientos.[3,4]

Una característica ideal para cualquier método analítico sería que no requiriese una preparación de la muestra.[5] Desafortunadamente, es una etapa fundamental y difícilmente eludible ya que procesos tan comunes como, por ejemplo, la conversión de la muestra líquida en aerosol, se pueden considerar preparación de la muestra. Por este motivo, la preparación de la muestra ha sido objeto de constante estudio y evolución. Por un lado, para intentar minimizar los errores producidos por la intervención humana, se han desarrollado procedimientos con distintos niveles de automatización:[6] (*i*) automáticos, (*ii*) automatizados y (*iii*) sistemas dinámicos o en flujo. Por otro lado, la creciente preocupación por las cuestiones medioambientales ha hecho que a finales del siglo XX surgiera todo un enfoque para prevenir o minimizar la contaminación desde su origen, tanto a escala industrial como en los laboratorios de investigación o de carácter docente, impulsando el desarrollo de procedimientos de preparación de la muestra más ecológicos. Es lo que se denomina Química Verde (Green Chemistry) o Química beneficiosa con el medioambiente.[7] La Química Verde supone un paso mucho más allá de lo que sería el mero hecho de un correcto tratamiento de los residuos potencialmente contaminantes que puedan generarse; evitar la formación de estos residuos, la utilización de reactivos tóxicos y propiciar un ahorro de tiempo y recursos.

Además de todo lo anteriormente indicado, una adecuada preparación de la muestra conlleva a una mejora en la etapa posterior de **cuantificación** mediante el instrumento de medida correspondiente. A modo de ejemplo, la simple dilución de una muestra de agua de mar contribuiría a disminuir de forma importante los efectos de la matriz en ICP-OES e ICP-MS.

De esta forma, los cinco trabajos recapitulados en esta memoria de tesis se han centrado en el desarrollo de diferentes estrategias de preparación de la muestra que tienen como objetivo eliminar, o al menos reducir, problemas de medida observados en la etapa de cuantificación mediante diferentes técnicas de espectrometría atómica. Así, los tres primeros trabajos se centran en el desarrollo de metodologías de calibración en el tercer nivel de automatización (*i.e.*, sistemas dinámicos o en flujo) para reducir los efectos de la matriz en ICP-OES e ICP-MS. En estas investigaciones se utiliza la nebulización para realizar mezclas y diluciones de diferentes disoluciones en forma de aerosol, dejando al analista en un segundo plano en la etapa de cuantificación. Los dos últimos trabajos se focalizan en mejorar los parámetros analíticos de calidad en el análisis LIBS de muestras líquidas mediante un adecuado procedimiento de preparación de la muestra. En estas investigaciones se emplean la evaporación de disolvente y técnicas de preconcentración de analitos como procedimiento de preparación de la muestra previa a la detección.

Para ofrecer una visión general al lector de las diferentes técnicas analíticas englobadas en esta memoria, en la próxima sección se describe los fundamentos básicos de las diferentes técnicas instrumentales de análisis utilizadas en este trabajo.

SECCIÓN 2.2

Espectrometría atómica

Como es bien sabido, las técnicas basadas en espectrometría atómica proporcionan información sobre la composición elemental de una muestra a partir del análisis del espectro obtenido. De este modo, las técnicas de espectrometría óptica en sus modalidades de emisión, absorción o fluorescencia proporcionan esta información a partir de la generación de un espectro electromagnético mientras que la espectrometría de masas lo hace a partir de la generación de un espectro de masas.

La instrumentación analítica utilizada para las distintas modalidades óptica o masas se diferencian mucho entre sí. Aunque algunos equipos comparten ciertas semejanzas, quizá la fuente de energía utilizada para la atomización, ionización y/o excitación de la muestra sea la más distintiva. Prueba de ello es la inclusión del tipo de fuente de energía en el nombre del equipo. La energía utilizada puede ser muy diversa, como por ejemplo calor, electricidad, radiación lumínica, *etc.*, siendo la más usada el calor. Algo tan simple como una llama es capaz de excitar a los átomos.

Sin embargo, aunque exista semejanza en la fuente de energía empleada por diferentes técnicas atómicas, el objetivo que persigue su uso es sutilmente diferente. De esta forma las fuentes pueden ser utilizadas con la finalidad única de atomizar (*i.e.*, modalidad de absorción y de fluorescencia), de ionizar (*i.e.*, modalidad de masas) o de atomizar, ionizar y excitar a estas especies generadas (*i.e.*, modalidad de emisión).

Cabe la posibilidad que la energía suministrada por la fuente sea tan elevada, como en el caso de los plasmas, que los procesos de atomización, ionización y/o excitación estén más que garantizados que ocurran y por tanto se utiliza tanto en técnicas de emisión como de masas.

2.2.1 Técnicas espectrométricas basadas en plasma

Sin disputa, existe el deseo perenne en el campo del análisis elemental para determinar más y más número de elementos con menor y menor tolerancia a la inexactitud en muestras cada vez más y más complejas y a menores y menores niveles de concentración. Los dos últimos objetivos son particularmente importantes, debido a que un pequeño cambio en la composición elemental de un material, incluso de sus constituyentes minoritarios, puede cambiar drásticamente las propiedades del mismo. Ejemplos de tales efectos son los niveles de impurezas en los semiconductores de silicio sobre sus propiedades eléctricas, la alta pureza exigida en materiales nucleares utilizados como combustibles o el margen muy pequeño entre la dosis esencial para la salud y la dosis tóxica de selenio en los sistemas biológicos.

Son estos factores los que hacen que el análisis elemental experimente importantes transformaciones para tratar de satisfacer las exigencias debidas al continuo avance tecnológico que experimenta la sociedad. Por ejemplo, los métodos gravimétricos fueron sustituidos por los colorimétricos, luego vino la espectrometría de absorción y emisión atómica en llama, que fue seguida por la espectrometría de emisión atómica basada en plasma. Cada una de estas técnicas se ha utilizado ampliamente por la comunidad analítica durante el tiempo en que demostraron ser complementarias, o incluso superiores a las técnicas antecesoras, resolviendo grandes problemas analíticos de su correspondiente época.

En la realización del experimento de esta memoria se han utilizado tres técnicas de espectrometría atómica especialmente relevantes en la actualidad, bien por ser consideradas hoy en día como técnicas convencionales para análisis elemental, como es el caso de la espectrometría de emisión óptica con plasma de acoplamiento inductivo (ICP-OES) y la espectrometría de masas con plasma de acoplamiento inductivo (ICP-MS), bien por poseer una serie de características que la convierten en una técnica con grandes posibilidades de futuro para este tipo de determinaciones, como es el caso de la técnica de espectrometría de plasmas inducidos por láser (LIBS).

La técnica ICP-OES fue desarrollada en 1964 por Greenfield *et al.*[8,9] apoyándose en los trabajos de Reed,[10] quien usó por primera vez un plasma de acoplamiento inductivo con fines no espectrométricos. En 1974 se comercializó el primer equipo de ICP-OES y, desde entonces, su desarrollo ha crecido exponencialmente. En sus inicios, la técnica tenía una serie de inconvenientes, como los relativamente altos límites de detección (>μg g^{-1}) para muchas muestras con concentraciones ultra bajas (<ng g^{-1}) en los analitos de interés. Para solventar esta vicisitud, Houk[11] desarrolló en su tesis doctoral el primer ICP-MS, basándose en trabajos anteriores de Gray,[12] el cual había desarrollado un espectrómetro de masas usando un plasma de corriente continua. La técnica fue bien aceptada por la comunidad científica[13] y en 1983 se introdujo en el mercado los primeros ICP-MS patrocinados por Sciex (Perkin Elmer Corporation Ltd.) y por VG (Fisons Instruments Ltd.).

Actualmente, ICP-OES e ICP-MS son técnicas sólidamente establecidas, caracterizadas por sus excelentes parámetros analíticos de calidad, capacidad de análisis multielemental y gran intervalo dinámico. Indubitablemente, las técnicas analíticas basadas en plasma de acoplamiento inductivo son de suma importancia en la comunidad científica y, como no podía ser de otro modo, son objeto de incontables investigaciones y crean una cantidad ingente de artículos cada año en las más acreditadas revistas científicas. Sin embargo, poseen grandes limitaciones como la baja eficiencia de transporte de los analitos al plasma (*e.g.*, $\leq 2\,\%$ con nebulización neumática convencional) y las interferencias espectrales y no espectrales causadas por muestras de matriz compleja.

Por otra parte, la técnica LIBS nació poco después de la invención del primer laser de rubí,[†] en 1960.[15] Tres años después Debras-Guédon y Liodec[16] publicaron su primera aplicación analítica, para el análisis espectroquímico de superficie. Durante los siguientes años no creció el número de publicaciones

---

[†] *Considerado uno de los veintiún descubrimientos que cambiaron la ciencia y el mundo.*[14]

por ser una técnica poco utilizada debido al coste, relativamente alto, del equipamiento necesario y la complejidad del mismo. Sin embargo, durante las últimas décadas el número de publicaciones ha crecido exponencialmente (*cf.* Figura 2.1), como resultado del abaratamiento de la tecnología necesaria y la aparición de sistemas comerciales en el mercado.[17,18]

LIBS posee una serie de características únicas, como su capacidad para realizar análisis elemental remoto, *in situ* y en tiempo real de muestras de muy distinta naturaleza, pudiéndose considerar una de las técnicas más dinámicas, versátiles y prometedoras en el campo de la espectrometría analítica, con un crecimiento vertiginoso en la última década. Aun así, esta técnica adolece de una baja sensibilidad en comparación a las otras técnicas citadas anteriormente, lo que dificulta su uso para la cuantificación de muestras de baja concentración.

A pesar de ser tres técnicas diferentes las utilizadas en esta

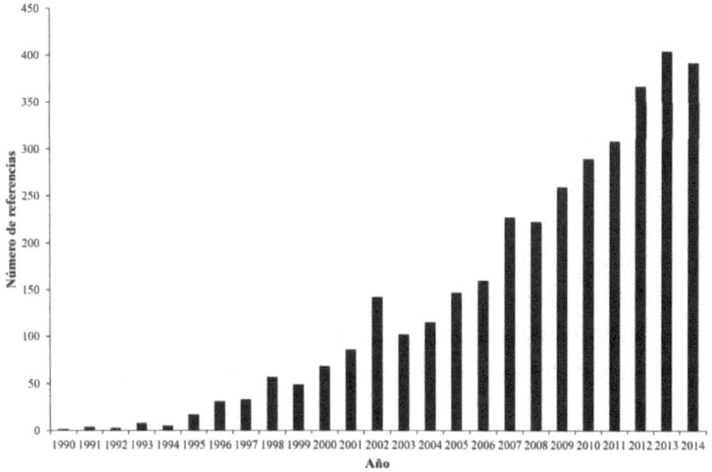

Figura 2.1: *Distribución anual de los artículos publicados incluyendo el término: laser-induced breakdown spectroscopy durante el periodo de tiempo 1990-2014. Fuente SciFinder. Fecha 13/01/2015.*

investigación (*i.e.*, ICP-OES, ICP-MS y LIBS) todas ellas tienen un punto en común, esto es, utilizan un plasma como fuente de energía para la atomización, ionización y/o excitación de la muestra.

La palabra plasma se usa desde 1929 y fue utilizada por primera vez para nombrar el estado singular de un gas parcialmente ionizado y, a pesar de la insistencia de la comunidad médica para que esta palabra se utilizara únicamente en su sentido biológico, el término plasma enraizó firmemente en la ciencia y permaneció de forma oficial.[19] En 1923, el químico estadounidense Irving Langmuir empezó a investigar concienzudamente las descargas eléctricas en los gases, cuando ya se sabía que éstas ionizaban a los átomos del gas; en 1929 usó por primera vez el término plasma[20] para describir la nube rojiza de electrones que veía oscilar en el interior del gas durante la descarga. Simplificando, una sustancia que contiene iones, a la vez que conserva los electrones aunque ya libres del amarre atómico, es un plasma. Así pues, el plasma no es un material particular; sino cierto estado específico de la materia en el que, en conjunto, el material es eléctricamente neutro.

La característica más relevante del plasma para su idoneidad en muchas técnicas analíticas es su alta eficacia de atomización, ionización y/o excitación de la muestra. Esto se debe, principalmente, a su excelsa temperatura y densidad electrónica. Los plasmas de acoplamiento inductivo (ICP) e inducidos por láser son las fuentes de ionización y/o emisión utilizadas en esta memoria. Aunque ambos plasmas se caracterizan por su elevada temperatura y densidad electrónica, existen grandes diferencias entre ellos: (*i*) en su generación, (*ii*) en su evolución temporal y, (*iii*) en su forma de interaccionar con la muestra para provocar la atomización, ionización y/o excitación de ésta.

En las técnicas basadas en ICP, la **generación** del plasma se realiza sometiendo un flujo de gas de Ar, previamente ionizado por una descarga eléctrica, a la acción de un campo electromagnético oscilante inducido por una corriente de radiofrecuencia (RF). Por otra parte, la técnica LIBS utiliza un pulso láser altamente energético y una lente capaz de focalizarlo, para provocar un proceso de ionización en cascada que finaliza con la generación del plasma.

Los plasmas inducidos por láser se caracterizan por la **evolución temporal** del plasma generado, ya que la energía utilizada para la generación del plasma no es abastecida de forma continua y, por tanto, el plasma se extingue al cabo de un periodo de tiempo después de la acción del pulso láser que lo generó. Este no es el caso del plasma de acoplamiento inductivo, al cual se le proporciona un suministro constante de gas y de corriente RF para que sus propiedades no cambien a lo largo del tiempo, obteniéndose de esta forma un plasma continuo.

La tercera y última diferencia es la **interacción del plasma con la muestra** a analizar. En el caso del ICP, la muestra se introduce en el seno del plasma, donde se produce su atomización, ionización y excitación. En LIBS, sin embargo, el plasma se genera sobre la misma muestra, contribuyendo el material de la muestra a la generación del mismo.

2.2.1.1 Las técnicas analíticas ICP-OES e ICP-MS

ICP-OES e ICP-MS se han convertido en las técnicas analíticas más populares para la determinación de elementos traza en una gran variedad de muestras. La técnica ICP-OES se basa en la detección y cuantificación de la emisión espontánea de fotones desde los átomos y/o iones de una muestra introducida en un plasma de acoplamiento inductivo. Por otro lado, la técnica ICP-MS detecta y cuantifica los iones generados por el mismo tipo de plasma. De esta manera, el número total de fotones (*i.e.*, ICP-OES) o iones (*i.e.*, ICP-MS) cuantificados por sus respectivos detectores es directamente proporcional a la concentración del elemento originario de la muestra.

En ambos casos, el plasma aporta la energía necesaria para la ionización y/o excitación de los átomos de forma eficiente. En la práctica no es posible introducir átomos aislados en el plasma; lo más cercano a este concepto es introducir la muestra en estado gaseoso. Desafortunadamente, el estado líquido es el estado más frecuente de las muestras que se analizan. Esto acarrea algunos inconvenientes, como la ineficaz trasferencia de energía del plasma a los átomos que constituyen la muestra. Para resolver este problema, la muestra líquida se introduce en el plasma a través de un sistema de introducción de muestras, el cual está normalmente constituido por un nebulizador y una cámara de nebulización. Con este tipo de sistema, la muestra líquida se introduce como un aerosol, constituido por una mezcla heterogénea de gotas suspendidas en un gas. Los aerosoles, debido a su elevada relación superficie-volumen, facilitan la transferencia de energía del plasma a la muestra.

Solventada la complicación, únicamente queda la separación y cuantificación de los fotones (*i.e.*, ICP-OES) o los iones (*i.e.*, ICP-MS) que emanan del seno del plasma, para poder estimar la concentración de los analitos de interés presentes en la muestra. Esta tarea corre a cargo de los espectrómetros ópticos o de masas, respectivamente. Con este propósito un espectrómetro óptico incorpora un separador de longitudes de onda y un cuantificador de señal lumínica (*i.e.*, detector) para realizar esta tarea. En el caso de un espectrómetro de masas, es necesario un analizador de masas y un cuantificador de iones (*i.e.*, detector).

En las próximas secciones se describirán los componentes comunes (*i.e.*, el sistema de introducción de muestras líquidas (Sección 2.2.1.1.1) y el plasma de acoplamiento inductivo (Sección 2.2.1.1.2)) y los no comunes (*i.e.*, el espectrómetro óptico (Sección 2.2.1.1.3) y el de masas (Sección 2.2.1.1.4)) en los instrumentos ICP-OES e ICP-MS.

2.2.1.1.1 Sistema de introducción de muestras líquidas

Como se indicó anteriormente, en las técnicas basadas en ICP, la muestra objeto de análisis se introduce en el plasma, en la mayoría de ocasiones, en forma de líquido. Para ello, el líquido se bombea hacia un nebulizador, el cual genera un aerosol que seguidamente se conduce a una cámara de nebulización. La mayor parte de la muestra se drena en la cámara de nebulización y la restante se transporta hacia la base del plasma. Por tanto, apenas un pequeño porcentaje de la muestra nebulizada es capaz de generar señal. La finalidad de la cámara de nebulización es la de asegurar que únicamente las gotas de un determinado tamaño, y una determinada velocidad, pasen al plasma a través de un inyector. El inyector es un tubo, generalmente de alúmina o cuarzo, que tiene la función de conducir el aerosol que sale de la cámara de nebulización hacia la base del plasma. Frecuentemente es contraproducente que una alta cantidad de aerosol alcance el plasma, ya que implica un gran aporte de disolvente al mismo, lo que conlleva una serie de inconvenientes. Con el fin de eliminar el disolvente del aerosol se utiliza, cuando es necesario, un sistema de desolvatación.

A este conjunto de componentes que se encarga de los procesos de transformación de la muestra líquida en aerosol y transporte de éste hacia el plasma se denomina sistema de introducción de muestras líquidas. Tal y como se escribió en la Sección 2.1, puede considerarse como una etapa de preparación de la muestra en la que se acondiciona la misma para ser analizada por el instrumento de media. Un buen sistema de introducción de muestras líquidas debería proporcionar, simultáneamente, un transporte máximo de analito y un transporte mínimo de disolvente al plasma, en forma de un aerosol que posea las propiedades óptimas (*i.e.*, tamaño y velocidad) para ser eficientemente procesado en el mismo. Esta necesidad ha impulsado a un sinnúmero de investigadores a realizar estudios sobre nuevos sistemas de introducción de muestras líquidas más eficientes para ser utilizados en combinación con las técnicas basadas en ICP. Estos estudios han permitido desarrollar diferentes sistemas, tanto de generación de aerosoles (nebulizadores), como de cámaras de nebulización o de sistemas de eliminación del disolvente (sistemas de desolvatación).

2.2.1.1.1.1 Nebulizador

La función de este dispositivo es la de generar un aerosol a partir de la muestra líquida. La creación del aerosol se consigue mediante el suministro de energía al líquido, para vencer de esta forma las fuerzas de cohesión (*i.e.*, tensión superficial) que lo caracterizan. El tipo de energía influye en el mecanismo de formación del aerosol y en las características de éste. Atendiendo al tipo de energía suministrada se puede nombrar nebulizadores de distinto género:

- **Nebulizador electrostático.**[21] El aerosol se genera por el efecto de la diferencia de potencial aplicada entre la punta del nebulizador y un electrodo situado a una cierta distancia.

- **Nebulizador hidráulico.**[22,23] El origen del aerosol es por causa de la energía cinética del líquido, el cual es obligado a atravesar un orificio relativamente pequeño.

- **Nebulizador neumático.**[24] Una corriente de gas a alta velocidad interacciona con la corriente de líquido generando el aerosol.

- **Nebulizador rotatorio.**[25] El aerosol se produce por la colocación del líquido sobre una superficie plana o cóncava, que es capaz de girar a elevada frecuencia.

- **Nebulizador ultrasónico.**[26] El aerosol es generado por efecto de la transferencia de energía acústica a la muestra líquida a través de un transductor piezoeléctrico que vibra a frecuencias ultrasónicas.

Los de tipo neumático son los nebulizadores por antonomasia debido a su precio y facilidad de manejo y mantenimiento. Éstos generan el aerosol por medio de la interacción entre la corriente líquida de la muestra y una corriente de gas a alta velocidad. Esta interacción puede producirse de múltiples formas, y según el diseño se distinguen distintos tipos de nebulizadores neumáticos:

- Nebulizador concéntrico.[24]
- Nebulizador cónico.[24]
- Nebulizador térmico.[27]
- Nebulizador sónico.[28]
- Nebulizador de Babington.[29]
- Nebulizador de Burgener.[30,31]
- Nebulizador de capilar oscilante.[32]
- Nebulizador de flujo cruzado.[33]
- Nebulizador de rejilla.[34]
- Nebulizador de surco en V.[33]
- Nebulizador de vidrio fritado.[35]

Entre todos los nebulizadores nombrados anteriormente, los nebulizadores neumáticos concéntricos son aquellos que, normalmente, incorporan los equipos comerciales y, además, son los que se han utilizado en esta memoria como referencia. Para ofrecer una visión más clara sobre el funcionamiento de un nebulizador de este tipo, la Figura 2.2 muestra la fotografía de un nebulizador neumático concéntrico (modelo Conikal, Glass Expansion, West Melbourne, Victoria, Australia).

En la punta del nebulizador se produce la interacción entre el líquido (que fluye por el capilar central) y el gas (que fluye alrededor del capilar central). Al ser los conductos de gas y de líquido cilíndricos y concéntricos, en los primeros instantes de la formación del aerosol, la transferencia de energía del gas al líquido es poco efectiva, porque las dos corrientes son paralelas. Sin embargo, se empieza a manifestar una inmutación en la superficie del líquido de naturaleza ondulatoria. Más adelante, el crecimiento de estas ondas en la superficie del líquido favorece la transferencia de energía del gas al líquido, produciéndose su fragmentación y de esta forma la generación del aerosol.[36]

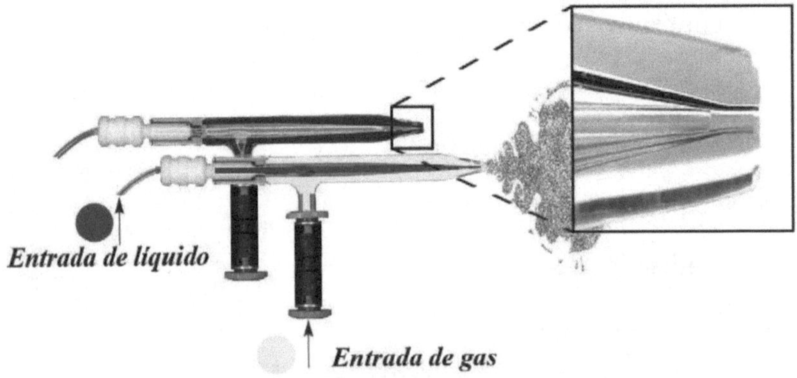

Figura 2.2: *Esquema general de un nebulizador neumático concéntrico Conikal de la casa comercial Glass Expansion.*

Desafortunadamente, todos los nebulizadores nombrados poseen ciertos inconvenientes a causa de los cuales distan mucho de considerarse nebulizadores ideales, siendo las características más relevantes de un nebulizador ideal:

- Capacidad de generar un aerosol tan fino, monodisperso y reproducible como sea posible.
- Capacidad de trabajar con muestras orgánicas y acuosas, incluso con aquellas con alto contenido en sales disueltas y suspensiones, sin problemas de obstrucción.
- Capacidad de generar un aerosol cuyas características no dependan de la matriz de la muestra.
- Ser químicamente inerte y mecánicamente robusto.
- Capacidad de trabajar tanto a altos como a bajos flujos de líquido.
- De fácil manipulación e inmune a daños durante su instalación, manejo y mantenimiento.

Sin lugar a dudas, ningún nebulizador satisface simultáneamente todas estas características. Por este motivo, hay un continuo interés en el desarrollo de nuevos nebulizadores con una interacción más eficiente entre las corrientes líquida y gaseosa, mejorando así las propiedades del aerosol generado con respecto a los nebulizadores convencionales, a la vez que se reduce el consumo de muestra.

2.2.1.1.1.2 Cámara de nebulización

Huelga decir que el transporte del aerosol hacia el plasma es crucial para un buen análisis tanto en ICP-OES como en ICP-MS, y no solamente depende de las características del aerosol generado, sino también de su filtrado en la cámara de nebulización.

En general, los nebulizadores forman un aerosol (*i.e.*, aerosol primario) con una amplia distribución de tamaño de gota. El objetivo de la cámara de nebulización es actuar como un filtro de partículas, impidiendo así que las gotas que excedan de un cierto tamaño se introduzcan en el plasma (*i.e.*, aerosol terciario). No es desdeñable comentar que la cámara de nebulización es un tamiz tanto para el diámetro de las gotas del aerosol primario como para la velocidad de estas, siendo razón suficiente para que autores como Kahen *et al.*[37] denominen a la cámara de nebulización un separador de momentos del aerosol primario. Atendiendo a su morfología, las cámaras de nebulización se clasifican tradicionalmente en: (*i*) cámaras de doble paso, (*ii*) cámaras de paso simple y (*iii*) cámaras de tipo ciclón. Brevemente se describen los diferentes tipos de cámaras de nebulización que más se utilizan en las técnicas analíticas ICP-OES e ICP-MS:

- **La cámara de nebulización de doble paso o de tipo Scott** está constituida por dos tubos concéntricos a través de los cuales circula el aerosol generado (*cf.* Figura 2.3). En el tubo interior se introduce la punta del nebulizador y tiene su parte final abierta. Este tubo permite eliminar

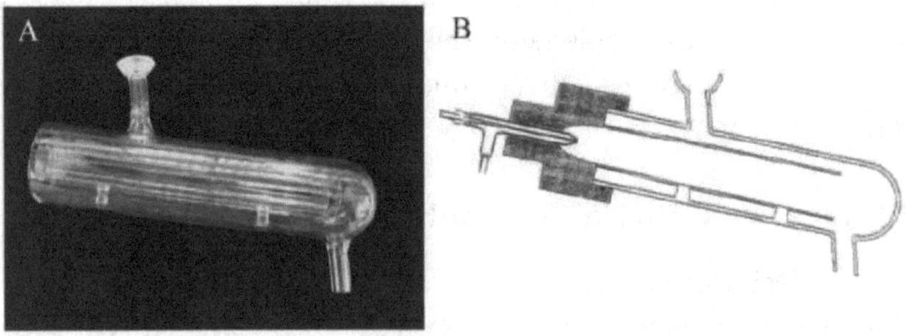

Figura 2.3: *A: Fotografía de la cámara de nebulización de tipo Scott. B: Esquema de la cámara de nebulización de tipo Scott (figura adaptada de la referencia [38]).*

las gotas de mayor tamaño mediante el impacto contra sus paredes (*i.e.*, las gotas de gran tamaño se encuentran normalmente distribuidas en la parte más externa del cono del aerosol). Cuando el aerosol prorrumpe del tubo interior, debe girar 180 ° su trayectoria, ya que la parte final del tubo exterior está cerrado. De esta forma, únicamente las gotas con un tamaño y una velocidad adecuada serán capaces de reproducir el recorrido del gas. Producido el giro, el aerosol, ahora más homogéneo en velocidad y tamaño, recorre aproximadamente el mismo recorrido pero en sentido opuesto. Finalmente, el aerosol sale de la cámara, haciendo un último giro de aproximadamente 90 °, y se introduce en la base del plasma a través del inyector.[36]

- **La cámara de nebulización de paso simple** está formada por un conducto con forma cónica (*cf.* Figura 2.4A). En este tipo de cámaras se elimina el giro de 180 ° descrito antes. Por ende, el drenaje dentro de la cámara de nebulización es menor. Esto puede ocasionar que se obtenga una mayor señal en comparación con las cámaras de nebulización de tipo Scott, aunque también puede derivar en una carga excesiva de disolvente hacia plasma, lo que puede deteriorar sus características térmicas.[39] Para disminuir el

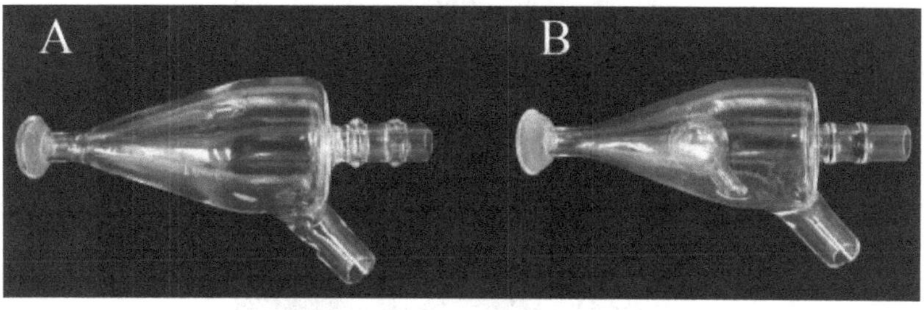

Figura 2.4: *A: cámara de nebulización de paso simple. B: cámara de nebulización de paso simple con superficie de impacto.*

tamaño de gota en este tipo de cámaras, se suele utilizar una superficie de impacto (*cf.* Figura 2.4B). Esta superficie se emplea para fragmentar una parte de las gotas más gruesas generadas por el nebulizador.[40]

- **La cámara de nebulización de tipo ciclón** es diferente a las cámaras descritas con anterioridad (*cf.* Figura 2.5). En la parte cilíndrica de la cámara se introduce el nebulizador tangencialmente. Esto permite que el aerosol adquiera un movimiento circular dentro de la cámara de nebulización. Sin embargo, la trayectoria que experimenta las diferentes gotas que forman el aerosol es compleja, caótica y difícil de determinar empíricamente. Por este motivo, los trabajos de Schaldach *et al.*[41,42] son muy importantes para esclarecer el movimiento del aerosol dentro de la cámara de ciclón. Estos autores utilizan la dinámica de fluidos computacional para simular el movimiento de las gotas y la deposición de las mismas en diferentes partes de la cámara. Según sus cálculos, en las paredes de la parte cilíndrica de la cámara de nebulización se deposita el 53.6 % del aerosol generado, el 29,5 % se deposita en el cono truncado inferior y el 14,9 % en el cono truncado superior. El 2 % restante corresponde

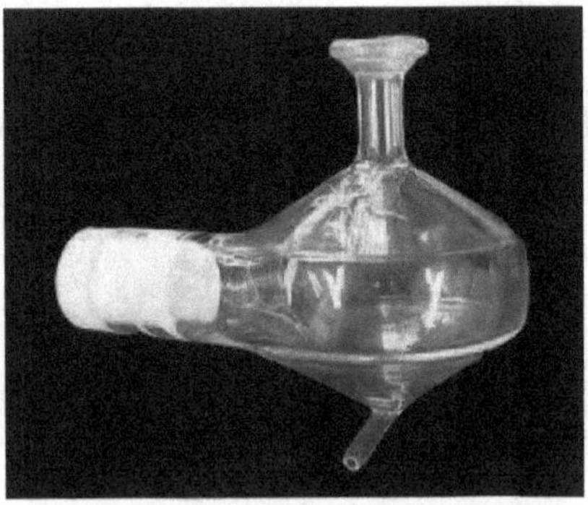

Figura 2.5: *Cámara de nebulización de tipo ciclón.*

al aerosol que sale de la cámara de nebulización. A partir de estos datos es posible describir el movimiento dentro de la cámara de la siguiente forma; inicialmente, el aerosol describe una trayectoria en espiral descendente y, cuando las gotas están en el cono truncado inferior, se alzan hacia la salida de la cámara describiendo una nueva espiral.[36]

A grandes rasgos, se puede indicar que con la cámara de nebulización de tipo ciclón se obtienen menores tiempos de lavado y efectos interferentes en comparación con el resto de cámaras de nebulización,[43–45] proporcionando un buen comportamiento analítico.[46]

2.2.1.1.1.3 Sistema de desolvatación

El ímpetu por desarrollar sistemas de introducción de muestras que permitan un gran transporte de analito acarrea un indeseado aumento en el aporte de disolvente al plasma. Un exceso de aporte de disolvente provoca que la cantidad de energía necesaria para promover la desolvatación del aerosol sea mayor. Por ello, en algunas ocasiones es conveniente realizar una desolvatación previa de los aerosoles antes de su entrada al plasma. La eliminación del disolvente se realiza frecuentemente en dos etapas; una primera etapa de calentamiento y una segunda etapa de eliminación del disolvente. El calentamiento del aerosol se puede realizar de diversas maneras, siendo las más populares: (*i*) conducción-convección,[47] (*ii*) radiación infrarroja[48] y (*iii*) radiación por microondas.[49]

El vapor generado en la etapa de calentamiento debe eliminarse en la etapa posterior. La eliminación del vapor del disolvente suele llevarse a cabo mediante condensadores y/o membranas.[50] En los sistemas que utilizan membranas, el aerosol circula por la parte interior de la membrana mientras que por la parte exterior se hace circular gas seco. Debido al gradiente de concentraciones existentes entre la parte interior y exterior, el vapor del disolvente difunde a través de la membrana eliminando, de esta forma, el vapor de disolvente en la corriente del aerosol.

En ocasiones, para disminuir el tamaño del sistema de desolvatación se prescinde de la primera etapa. Este es el caso de los condensadores convencionales que utilizan el efecto Peltier. Este efecto proporciona una diferencia térmica a partir de una diferencia de potencial eléctrico.[51]

Resumiendo, el sistema de introducción de muestras líquidas tiene como objetivo transportar el analito contenido en la muestra al plasma en forma de aerosol. Las características del aerosol que procede de la cámara de nebulización (o del sistema de desolvatación) deben ser idóneas con los requisitos del plasma (velocidad y tamaño de gota). Para lograr este objetivo, el aerosol experimenta montuosos procesos denominados fenómenos de transporte que tienen lugar, principalmente, en la cámara de nebulización y en el sistema de desolvatación, y que abarcan una tanda de fenómenos físicos capaces de variar las propiedades del aerosol primario.

2.2.1.1.2 Plasma de acoplamiento inductivo (ICP)

El segundo componente común en las técnicas ICP-OES e ICP-MS es el plasma de acoplamiento inductivo. Debido a que el plasma es un sistema termodinámicamente complejo, se describirán los distintos fenómenos que acontecen en él diferenciándolos en procesos macroscópicos y microscópicos. Dentro de los procesos macroscópicos se explicarán los diversos cambios que experimenta el aerosol cuando se introduce en el plasma. Por otra parte, dentro de los procesos microscópicos se expondrán sucintamente los mecanismos más importantes de intercambio de energía en el plasma, responsables de los procesos de excitación, ionización y emisión de radiación que ocurren en él.

2.2.1.1.2.1 Procesos macroscópicos

En la Figura 2.6A se muestra una imagen conceptual de los diversos procesos físicos que experimenta la muestra cuando se introduce en el plasma en forma de aerosol.

El diámetro de las gotas que componen el aerosol que llega al plasma suele ser menor de 20 μm, dependiendo de la cámara de nebulización y/o del sistema de desolvatación. A medida que el aerosol se introduce en el plasma, el disolvente de las gotas (agua en la mayoría de los casos) comienza a evaporarse, convirtiéndolas en partículas sólidas. Este proceso se denomina desolvatación. Las partículas generadas se vaporizan dando especies moleculares, que luego se disocian para dar átomos libres. Debido a la alta temperatura en el plasma, estos átomos pueden ser ionizados y/o excitados.

Cada uno de los procesos físicos mostrados en la Figura 2.6A

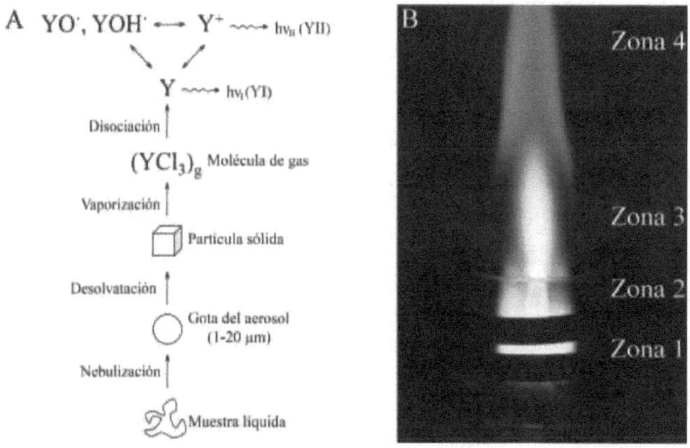

Figura 2.6: *A: diagrama esquemático de varios procesos químicos que experimenta el cloruro de itrio en el plasma. B: visualización de diferentes zonas del plasma donde se producen los diferentes procesos físicos.*

dominan diferentes regiones en el plasma (*cf.* Figura 2.6B). Estas regiones se pueden visualizar mediante la introducción de un elemento, a partir de una disolución de concentración relativamente elevada del mismo, capaz de emitir intensamente en diferentes regiones del espectro visible dependiendo de la especie predominante (*i.e.*, atómica, iónica o molecular). Un ejemplo muy común es el uso de itrio, ya que la especie atómica emite intensamente a 602,32 nm, la especie iónica tiene una fuerte emisión a 371,03 nm y las especies moleculares (*i.e.*, los óxidos e hidróxidos de itrio) emiten en la zona de 613 nm. La desolvatación y vaporización ocurren principalmente en la llamada zona de precalentamiento del plasma, que se encuentra típicamente dentro de la bobina (*cf.* zona 1 Figura 2.6B). La atomización además de la excitación y de la emisión de la mayoría de las especies atómicas se puede encontrar en la zona de radiación inicial (*cf.* zona 2 Figura 2.6B). La zona analítica normal es una región dominada por la ionización, excitación y la emisión de los iones (*cf.* zona 3 Figura 2.6B). Por último, la zona fría se caracteriza por la emisión de óxidos y/o hidróxidos de itrio (*cf.* zona 4 Figura 2.6B).

Aunque el diagrama presentado en la Figura 2.6A está específicamente orientado hacia muestras líquidas introducidas mediante un nebulizador, es igualmente válido para otros tipos de sistemas de introducción de muestras, con las modificaciones apropiadas; por ejemplo, si se introduce la muestra en forma de partículas sólidas a través de ablación por láser o vaporización electrotérmica, el proceso de eliminación de disolvente puede ser omitido y el primer proceso físico que experimente la muestra sería el proceso de vaporización. De manera similar, si la muestra se introduce mediante especies volátiles, tanto los procesos de desolvatación como de vaporización no tendrían lugar.

2.2.1.1.2.2 Procesos microscópicos

En general, diferentes mecanismos y procesos microscópicos pueden tener lugar en el seno de un ICP, involucrando a las especies predominantes. Sin ánimo de ser exhaustivo, se puede distinguir dos grandes grupos de mecanismos; aquellos que generan procesos de ionización y/o excitación del analito y aquellos que contribuyen a la emisión tanto del analito como del fondo. Los tres mecanismos principales de ionización y/o excitación son: (*i*) ionización y/o excitación por colisiones mediante electrones; (*ii*) ionización por colisiones con partículas neutras y (*iii*) procesos de transferencia de carga. Por otro lado, aquellos mecanismos que aportan fenómenos de emisión son: (*i*) desexcitación radiante, (*ii*) recombinación radiante y (*iii*) radiación de frenado (*i.e.*, *Bremsstrahlung*).

Las especies involucradas en estos mecanismos son: electrones libres (e^-); átomos e iones de argón; átomos de analito en su estado basal (M_b) y excitado (M_e); iones de analito en estado fundamental (M_b^+) y excitado (M_e^+); fotones emitidos por las especies diferentes al analito; y fotones emitidos por el analito.

- Ionización y/o excitación por colisión mediante electrones:

$$M_b + e^- \rightarrow M_e + e^- \qquad (2.1)$$

$$M_b^+ + e^- \rightarrow M_e^+ + e^- \qquad (2.2)$$

$$M_b + e^- \rightarrow M_e^+ + e^- + e^- \qquad (2.3)$$

En estos procesos, el electrón cede su energía al analito para excitar a los átomos (Ecuación 2.1), excitar a los iones (Ecuación 2.2) o ionizar y excitar a los átomos (Ecuación 2.3). Para que puedan tener lugar estos procesos el electrón debe tener una energía igual o superior a la energía de la transición implicada. Por ejemplo, para excitar el átomo de sodio al estado excitado $^2P_{3/2}$, responsable de su línea de emisión NaI 588,995 nm, el electrón debe tener una energía de al menos 2,1 eV. Aunque los procesos puedan ocurrir en ambos sentidos, en esta memoria únicamente se considera el sentido mostrado, ya que son los mecanismos responsables de la ionización y/o excitación.

- Ionización por colisiones con partículas neutras:

$$M_b + Ar_m \rightarrow M_b^+ + Ar + e^- \quad (2.4)$$
$$M_b + Ar_m \rightarrow M_e^+ + Ar + e^- \quad (2.5)$$

Donde Ar_m representa un átomo de argón en un estado excitado metaestable. En este tipo de reacciones se transfiere la energía de las especies de argón a los analitos. A partir de estas reacciones se pueden producir iones de analitos (Ecuación 2.4) e iones de analitos excitados (Ecuación 2.5), dependiendo de la energías involucradas. Este tipo de mecanismo ha sido confirmado tanto en ICP,[52] como en plasma inducido por microondas[53] y descarga luminiscente.[54]

- Procesos de transferencia de carga.

$$Ar^+ + M_b \rightarrow Ar + M_e^+ + \Delta E \quad (2.6)$$

En este mecanismo la transferencia de energía se produce entre un ión de argón y un átomo de analito, produciendo la ionización y la excitación del analito. Este mecanismo de ionización y excitación es muy importante en ICP, debido a la abundancia de iones de argón en el plasma. Para que la transferencia de energía sea efectiva, la energía de ionización del argón debe ser muy parecida a la suma de la energía de ionización del analito más la energía necesaria para su excitación (ΔE $\approx$ 0 eV). Hay evidencias cuantitativas de que un defecto de energía entre los dos sistemas de 2 eV, o menos, proporciona una alta probabilidad de transferencia de carga.[55]

- Desexcitación radiante:

$$M_e \rightarrow M_b + h\nu_I \tag{2.7}$$
$$M_e^+ \rightarrow M_b^+ + h\nu_{II} \tag{2.8}$$

Estos procesos están cuantizados y la energía de cada fotón es característica de los niveles energéticos involucrados.

- Recombinación radiante:

$$M^+ + e^- \rightarrow M_e + h\nu_{cont} \tag{2.9}$$

Este proceso da como resultado átomos de analito en estado excitado y emisión de un continuo de radiación. El término $h\nu_{cont}$ de la Ecuación 2.9 representa la energía del fotón (E_f) producido por la recombinación radiante. La energía de cada fotón emitido depende de la energía cinética del electrón incidente ($E_e = m_e v_e^2/2$) y la diferencia energética entre el estado iónico (E_{M^+}) y atómico (E_{M_e}) del elemento. Donde m_e y v_e son la masa y la velocidad del electrón, respectivamente.

$$E_f = \overbrace{\frac{1}{2} m_e v_e^2}^{E_e} + (E_{M^+} - E_{M_e}) \tag{2.10}$$

Por tanto, la recombinación radiante da como resultado un continuo de emisión, ya que la velocidad del electrón no está cuantizada.

- Radiación de frenado (*Bremsstrahlung*):

  Este tipo de radiación se produce cuando un electrón sufre una deflexión producida por el campo eléctrico de un núcleo atómico. Este cambio de dirección produce una pérdida de energía cinética, la cual se transforma en la emisión de un fotón por la conservación de la energía. Debido a que el electrón incidente no está ligado al átomo ni antes ni después de este proceso, la energía del fotón emitido en cada interacción depende de la energía cinética inicial y final del electrón, dando como resultado un espectro continuo de emisión.

2.2.1.1.3 Espectrómetro óptico

Los diferentes componentes de un instrumento de ICP-OES típico se muestran en la Figura 2.7.

Como puede verse en esta figura, en un espectrómetro ICP-OES existen dos configuraciones posibles para observar los fotones emitidos en el plasma: (*i*) modo radial (*cf.* Figura 2.7A) o (*ii*) modo axial (*cf.* Figura 2.7B). La configuración axial, introducida posteriormente a la configuración radial, proporciona

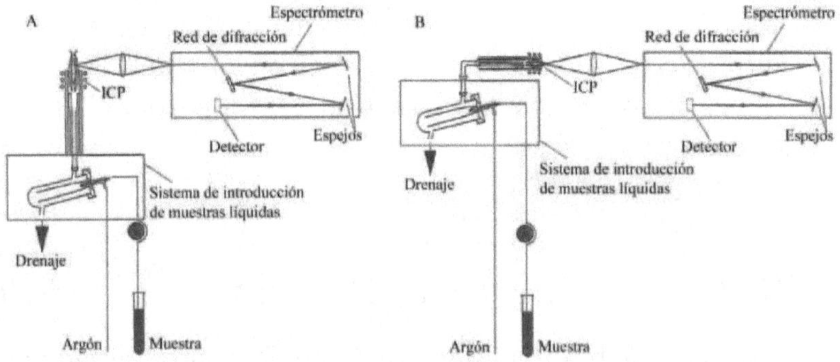

Figura 2.7: *Esquema de un instrumento ICP-OES y sus diferentes configuraciones de observación del plasma. A: radial; B: axial (figura adaptada de la referencia [56]).*

mejores parámetros analíticos de calidad. Aunque en los inicios de su uso la configuración axial se asociaba con un incremento en los efectos de la matriz, este problema está prácticamente solventado en la actualidad debido, principalmente, al desarrollo de eficientes interfaces para eliminar la parte fría del plasma. De hecho, varios autores demuestran que la pobre reputación del modo axial en lo referente a los efectos de la matriz parece injustificada, ya que este modo de visión tiene ventajas definidas (*i.e.*, mayor sensibilidad e intervalo dinámico y mejores límites de detección) sobre la visión radial.[57]

Los dos sistemas más populares para eliminar la parte fría del plasma en el modo de visión axial son los utilizados, entre otros, por las marcas comerciales PerkinElmer® y Agilent®. Estos diferentes sistemas se muestran en la Figura 2.8. PerkinElmer® introduce un flujo de gas de corte para reducir las interferencias que se producen en la parte final del plasma (*cf.* Figura 2.8A). Por otro lado, Agilent® utiliza un cono metálico (CCI – *cooled cone interface*) (*cf.* Figura 2.8B) para eliminar esta zona.

Independientemente del modo de visión utilizado, la radiación emitida por el plasma es dispersada y detectada en el espectrómetro, consistente en un separador de longitudes de onda

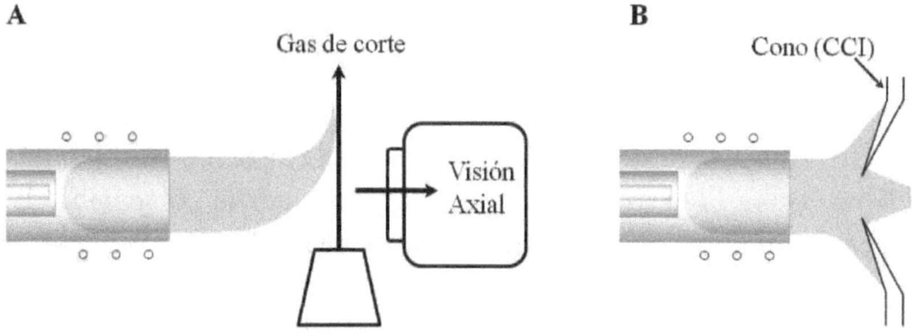

Figura 2.8: *A: Esquema del funcionamiento del gas de corte; B: Esquema del funcionamiento del cono CCI (cooled cone interface).*

y un detector. El primero, como su propio nombre indica, es el encargado de separar la luz proveniente del plasma en sus longitudes de onda constituyentes. En la gran mayoría de casos, solamente se necesita separar las longitudes de onda que se encuentran en la región del espectro comprendida entre 150 y 800 nm. Esta parte del espectro es de gran importancia en las determinaciones analíticas porque la gran mayoría de los elementos emiten en esa región. Los espectrómetros para ICP-OES pueden ser secuenciales o simultáneos, dependiendo del tipo de configuración del separador de longitudes de onda. Atendiendo a su configuración, se pueden distinguir varios tipos: (*i*) monocromadores, (*ii*) policromadores y (*iii*) espectrógrafos. Los **monocromadores** se caracterizan por emplear una rendija de salida, situada en el plano focal del elemento dispersante, para permitir que una longitud de onda dispersada pueda alcanzar el detector, usualmente un tubo fotomultiplicador. Esta configuración permite realizar medidas de forma secuencial, girando el elemento dispersante por medio de un motor controlado digitalmente, de manera que las distintas longitudes de onda se van enfocando secuencialmente en la rendija de salida. Actualmente, los espectrómetros secuenciales utilizados en ICP-OES están en desuso. Por otro lado, la cuantificación simultánea de la luz incidente en el espectrómetro puede realizarse con los policromadores y con los espectrógrafos. En los **policromadores**, el elemento dispersante está fijo y dispone de varias rendijas de salida, tras cada una de las cuales se posiciona, comúnmente, un tubo fotomultiplicador. Los **espectrógrafos** son los más utilizados en la actualidad, y se identifican por la colocación directa de un detector multicanal sobre el plano focal del elemento dispersante, sin la necesidad de emplear rendijas de salida. En el mercado existen una gran variedad de detectores multicanal, siendo los más destacados los que poseen estructura lineal y bidimensional. Entre los de estructura lineal se puede mencionar los fotodiodos en serie (PDA – *photodiode array*), y entre los bidimensionales se puede citar los dispositivos de acoplamiento de carga (CCD – *charge coupled device*), los dispositivos segmentados de acoplamiento de carga (SCD – *segmented charge coupled device*) y los dispositivos de de inyección de carga (CID – *charge injection device*).

Una característica muy importante del espectrómetro es su resolución espectral que depende, entre otros factores, del elemento dispersante y del detector. Actualmente, los elementos dispersantes más utilizados en estos instrumentos son las redes de difracción, descartando a los antiguos prismas por su baja eficiencia de separación de las longitudes de onda. Las redes de difracción más utilizadas son las de tipo *echellete* y *echelle*. En una red *echelle*, a diferencia de la red *echellete*, los órdenes de difracción se solapan y por este motivo se utiliza un segundo elemento dispersante (*e.g.*, un prisma), de modo que una segunda dispersión separe los diferentes órdenes. La combinación de una red *echelle* y un segundo elemento dispersante se conoce comúnmente como un espectrógrafo *echelle*.

En lo referente a los detectores, los fotodiodos en serie presentan inferiores características de funcionamiento que los fotomultiplicadores, en términos de sensibilidad y de intervalo dinámico. Por tanto, su uso se limita a circunstancias en las que las ventajas de realizar una medida simultánea superen a sus inconvenientes. Por el contrario, las características de los dispositivos CCD, SCD y CID son próximas a los fotomultiplicadores y, además, tienen la ventaja de realizar medidas simultáneas. Los detectores CCD y CID fueron los primeros en usarse en los espectrómetros ópticos, habiendo mucho debate sobre las ventajas de cada uno de ellos.[58] El detector SCD se desarrolló más tarde y el objetivo principal fue reducir el tiempo de lectura e información detectada. Para ello, el detector SCD registra una cantidad discreta del espectro de emisión del ICP (*i.e.*, el 5,7 % del espectro medido desde 167 hasta 782 nm).[59]

Actualmente las casas comerciales incorporan en sus instrumentos ICP-OES un espectrógrafo *echelle* y un dispositivo de acoplamiento de carga para permitir la determinación elemental simultánea con una buena resolución espectral. Así mismo, cada año aportan nuevas mejoras y desarrollan nuevos diseños de espectrómetro, dando como resultado espectros de mayor calidad e instrumentos más compactos.

2.2.1.1.4 Espectrómetro de masas

Los componentes representativos de un instrumento ICP-MS se exponen en la Figura 2.9.

Como se puede observar de las Figuras 2.7 y 2.9, tanto el plasma como el sistema de introducción de muestras líquidas son elementos comunes para los instrumentos ICP-OES e ICP-MS. Asimismo, se puede observar que existen grandes diferencias constitutivas después del plasma. En ICP-MS se necesita con-

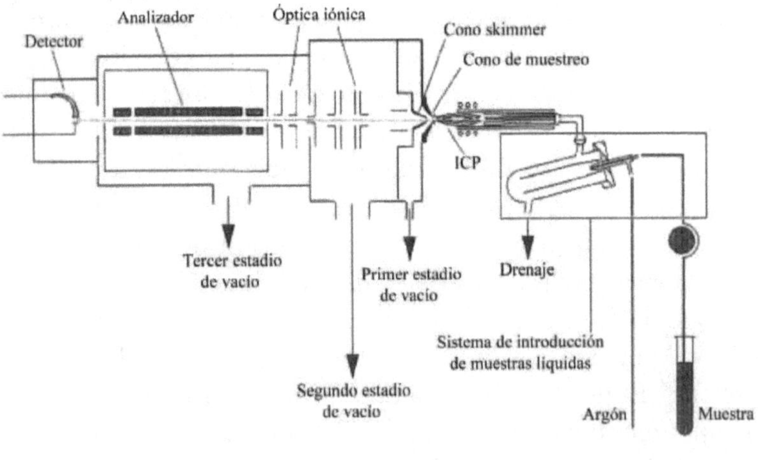

Figura 2.9: *Esquema de un instrumento ICP-MS (figura adaptada de la referencia [60]).*

diciones de alto vacío para que los iones generados en el seno del plasma puedan alcanzar el detector ($\sim 10^{-9}$ bares aproximadamente). Por este motivo el espectrómetro de masas contiene una serie de cámaras de vacío que proporciona una disminución gradual de la presión (*i.e.*, primer, segundo y tercer estadio de vacío (*cf.* Figura 2.9)). No se puede olvidar que el plasma se forma a presión atmosférica y no se aconseja un cambio abrupto de presión debido a que las bombas de vacío no solamente eliminan las moléculas en el interior del espectrómetro, sino también, los iones que se pretende detectar. Por esta razón el espectrómetro se divide en tres zonas bien definidas: (*i*) interfaz, (*ii*) óptica iónica y (*iii*) analizador/detector. La **interfaz** (*i.e.*, la región que separa el plasma del espectrómetro) mantiene una presión comprendida entre uno y dos mbares mediante una bomba rotatoria. Una vez que los iones entran al espectrómetro a través de la interfaz, es necesario enfocarlos usando **lentes iónicas**, para no perder resolución espectral. En esta zona la presión está alrededor de 10^{-7} bares. La última zona contiene el analizador de masas y el detector con una presión cerca de 10^{-9} bares. El ultravacío que se alcanza en el segundo y tercer estadio se consigue mediante bombas turbomoleculares.

El **analizador** desempeña la función de separar los iones que se desea cuantificar y los iones provenientes del plasma. Existen diferentes tipos de analizadores de masas, entre los que se encuentran los analizadores de sector magnéticos, de trampa de iones, de tiempo de vuelo y de multipolos (*e.g.*, cuadrupolo, hexapolo y octapolo). Uno de los más utilizados es el cuadrupolo, debido a que ofrece simplicidad de operación con una excelente estabilidad y relativo bajo coste de fabricación; sin embargo, posee una relativamente baja resolución (*i.e.*, igual a una unidad de masa atómica). Otros tipos de analizadores, como por ejemplo los que emplean campos magnéticos para dispersar a los haces de iones (*i.e.*, analizadores de sector magnético), poseen una resolución de varios órdenes de magnitud mayores que los cuadrupolos. Empero, en comparación con estos últimos, el coste es mucho mayor y el tiempo para determinar varios isótopos es relativamente alto. Los espectrómetros de trampa de iones son más compactos que los analizadores de sector magnético y de multipolo. Sin embargo, sufren limitaciones relacionadas con la alta probabilidad de que puedan producirse interacciones durante el tiempo de residencia de los iones en la trampa. Por último, los analizadores de tiempo de vuelo son los más rápidos en obtener un espectro. En condiciones normales, se puede obtener un espectro en pocos microsegundos. Por este hecho, estos tipos de analizadores requieren detectores con un tiempo de respuesta muy corto y convertidores analógico-digitales muy rápidos, lo que aumenta el coste de la instrumentación.

A continuación se menciona el modo de funcionamiento del analizador de masas cuadrupolar, por ser el empleado en este trabajo. Estos analizadores se caracterizan por tener cuatro barras metálicas de sección circular o idealmente hiperbólicas, alineadas de forma paralela y equidistante al eje central. La aplicación a cada par de barras opuestas de un voltaje y una radiofrecuencia posibilita un control de la trayectoria de los iones. Esto permitirá al ión de una determinada relación masa-carga seguir una trayectoria oscilante estable y atravesar el espacio central del conjunto de barras alcanzando el detector, mientras que los demás iones serán desviados y colisionarán con la superficie de las barras, no pudiendo atravesar el analizador y alcanzar el detector. Al final del proceso, los iones que salen del analizador son atraídos por el potencial del detector y transformados, dentro del mismo, en una señal eléctrica. Posteriormente esta señal se amplifica y se procesa con un sistema de tratamiento de datos apropiado.[60–62] Existen también varios tipos de detectores de iones, siendo los más utilizados los multiplicadores de electrones, por su relativo bajo coste y alta sensibilidad. En particular, el espectrómetro de masas utilizado en el trabajo realizado está provisto de este último (*discrete dynode electron multiplier*) como detector. El proceso físico básico que permite operar a un multiplicador de electrones se denomina emisión secundaria de electrones. Concretamente, los iones provenientes del analizador de masas son enfocados sobre un dínodo que emite electrones en proporción directa al número de iones bombardeados hacia él. Los electrones secundarios del dínodo son acelerados y enfocados hacia un segundo dínodo, el cual también emite electrones secundarios. De este modo, la amplificación se lleva a cabo a través del efecto cascada de electrones secundarios de dínodo a dínodo, ya que el número de electrones que llegan a un dínodo es inferior al que sale del mismo (*cf.* Figura 2.10).

2.2.1.2 Espectrometría de plasmas inducidos por láser

LIBS es una técnica espectrométrica de análisis elemental basada en la emisión que se origina en un plasma generado por un pulso láser. Este pulso se focaliza sobre la muestra de interés e interactúa con una pequeña cantidad del material de la misma, dando lugar a la generación de un plasma. Debido a la alta temperatura del plasma, el material de la muestra es atomizado, ionizado y excitado en él, emitiendo radiación que se resuelve y detecta para determinar la composición elemental de la misma. Al ser una técnica de espectrometría de emisión atómica, tiene

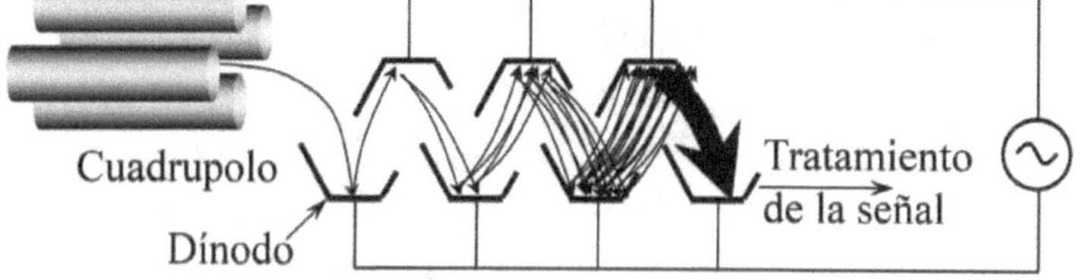

Figura 2.10: *Esquema del funcionamiento de un multiplicador de electrones de dínodos discretos (discrete dynode electron multiplier) para ICP-MS.*

muchos elementos comunes con ICP-OES. No obstante, tal y como se indicó en la Sección 2.2.1, el plasma inducido por láser posee importantes disimilitudes con el plasma ICP.

2.2.1.2.1 Plasma inducido por láser

Los procesos que ocurren durante la interacción láser-materia son cuantiosos y complicados, ya que dependen de numerosas características tanto del láser utilizado, como del material objeto de análisis o de las condiciones ambientales en las que el plasma se crea. Los mecanismos que envuelven la formación de un plasma láser y su evolución temporal, aun en la actualidad, no se conocen completamente y siguen siendo objeto de numerosas investigaciones.

El caso más simple de generación de un plasma inducido por láser es el que resulta de focalizar la radiación sobre materiales gaseosos. El proceso de generación del plasma se origina en el pequeño volumen focal de la lente. Durante el brevísimo intervalo de tiempo que dura el pulso láser,[†] electrones libres o débilmente ligados del gas interaccionan con el intenso campo electromagnético, absorbiendo energía del pulso láser. Esto provoca la generación, mediante colisiones, de nuevos electrones libres, que absorberán energía del mismo pulso láser generando cada vez un mayor número de ellos. Este proceso da lugar a una ionización en cascada que tiene como resultado final la generación de un intenso plasma, caracterizado por una elevada temperatura y densidad electrónica.[63]

En la generación de plasmas inducidos por láser en materiales sólidos, líquidos o aerosoles están implicados mecanismos mucho más complejos, debido a la diversidad de fenómenos involucrados. A modo de ejemplo, la Figura 2.11 muestra, de forma sim-

---

[†]Dependiendo del láser, entre nanosegundos y femtosegundos para los láseres normalmente utilizados en LIBS

plificada, los diferentes procesos que caracterizan la formación y evolución de un plasma LIBS generado sobre un material sólido. Como puede verse, después de que el pulso láser incida sobre la muestra a analizar (*cf.* (1) en la Figura 2.11), la radiación lumínica interacciona con el sólido produciendo su calentamiento local, fusión y/o vaporización (2). Como consecuencia de esto, se genera sobre la superficie del sólido una masa de vapor caliente (3), que continua absorbiendo energía del pulso láser dando lugar a una ionización en cascada que, al igual que en materiales gaseosos, resulta en la generación del plasma (4).

En el seno de este plasma altamente energético, el material objeto de análisis es atomizado, ionizado y/o excitado. La emisión resultante de estos procesos tiene una duración temporal limitada, debido a que el plasma LIBS, tras su formación, se expande y se enfría (5-7). En materiales sólidos, estos procesos dan lugar a la formación de un cráter y pueden venir acompañados de la eyección de partículas (8).

Debido a que los plasmas LIBS no son continuos sino que evolucionan con el tiempo, las especies emisoras (iones y átomos) se identifican resolviendo la emisión del plasma tanto espectral

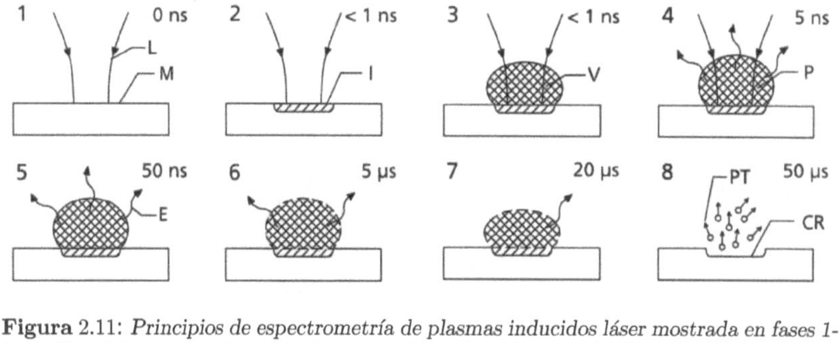

Figura 2.11: *Principios de espectrometría de plasmas inducidos láser mostrada en fases 1-8; L, láser; M, muestra; I, región de interacción radiación-materia; V, material vaporizado; P, plasma; E, emisión de los elementos; CR, cráter; PT, partículas. Los tiempos mostrados predicen la evolución temporal después del comienzo de la irradiación del pulso láser (figura adaptada de la referencia [17]).*

como temporalmente. La Figura 2.12 muestra la evolución de la emisión de un plasma LIBS con el tiempo. Como puede observase en esta figura, los primeros instantes tras la formación del plasma están dominados por un intenso continuo de emisión. Este continuo, generado fundamentalmente por los procesos de recombinación radiante y radiación de frenado descritos en la Sección 2.2.1.1.2.2, disminuye con el tiempo más rápidamente que la líneas espectrales. De esta forma, la resolución temporal de la emisión del plasma permite la discriminación de las líneas espectrales de interés, ya que estas comienzan a predominar sobre el continuo de emisión a partir de un determinado momento en la evolución del plasma, disminuyendo gradualmente en intensidad hasta el final de la vida del mismo. Para realizar esta resolución temporal, se debe esperar un tiempo de retraso (t_r) desde el inicio del pulso láser para comenzar a captar la luz que emite el plasma. Una vez pasado este tiempo, se inicia la de-

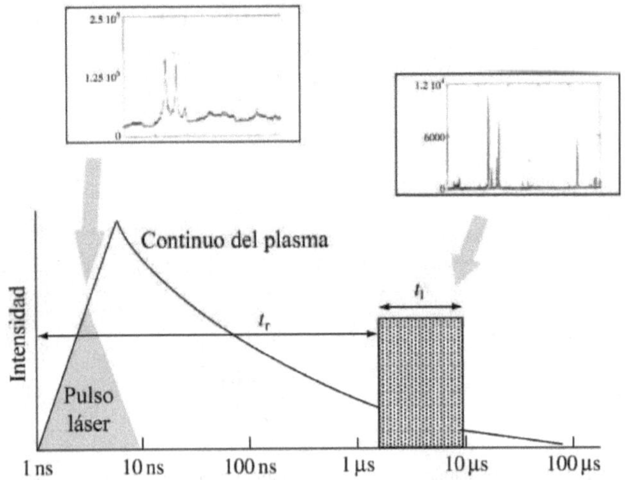

Figura 2.12: *Esquema de la evolución temporal del plasma LIBS. t_r representa el tiempo de retraso del detector y t_l representa el tiempo de adquisición (figura adaptada de la referencia [63]).*

tección de la radiación emitida por el plasma, manteniéndose durante un periodo de tiempo conocido como tiempo de adquisición (t_l).

La elección del tiempo de retraso es fundamental para obtener una buena relación señal/fondo en LIBS. La Figura 2.13 ilustra esquemáticamente los espectros de emisión del plasma inducido por láser para tres tiempos de retraso diferentes después del pulso láser. Para un tiempo igual a t_1, el plasma emite predominantemente un espectro continuo. Como se puede observar en la Figura 2.13 la relación señal/fondo es muy pequeña. Para un tiempo igual a t_2, el plasma se ha enfriado, el continuo de emisión ha disminuido de forma considerable y la intensidad de las líneas espectrales, así como la relación señal/fondo aumenta significativamente. Para un tiempo t_3, la temperatura del plasma disminuye aún más y tanto la intensidad del continuo como

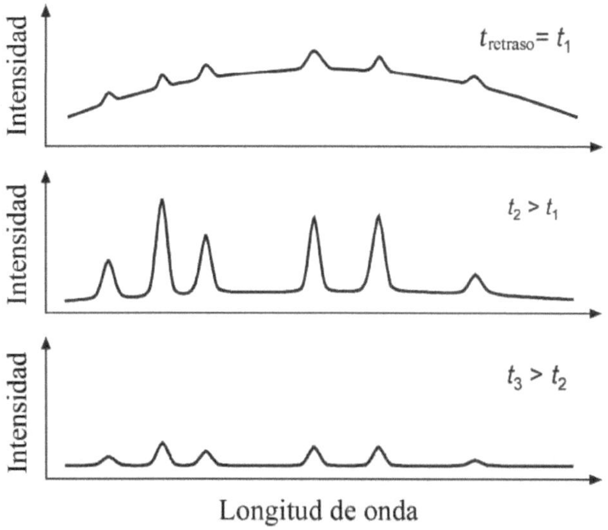

Figura 2.13: *Esquema de la evolución temporal de los espectros LIBS utilizando diferentes tiempos de retraso (figura adaptada de la referencia [17]).*

las líneas espectrales disminuyen.

2.2.1.2.2 Instrumentación LIBS

La Figura 2.14 muestra los diferentes componentes de un sistema LIBS convencional, entre los cuales podemos destacar: (*i*) un láser, (*ii*) óptica de enfoque (*e.g.*, lente), (*iii*) óptica receptora (*e.g.*, fibra óptica) y (*iv*) un espectrómetro óptico. A continuación se describe cada uno de los componentes sumariamente.

2.2.1.2.2.1 Láser

La palabra láser designa a todos aquellos dispositivos que generan un haz de luz de características muy concretas como consecuencia de la emisión estimulada, descubierta por Einstein.[64] Su nombre se debe a su acrónimo del inglés (*light amplification by stimulated emission of radiation*).

Las partes principales que forman un láser son: (*i*) el medio activo, (*ii*) la cavidad óptica resonante y (*iii*) el sistema de bom-

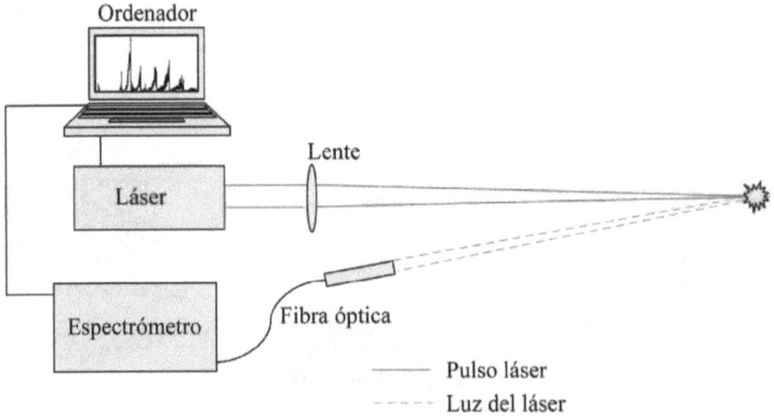

Figura 2.14: *Esquema de la técnica analítica LIBS (figura tomada de la referencia [63]).*

beo. Existe una gran cantidad de **medios activos**, incluyendo semiconductores, cristales, líquidos, gases, *etc.* También existen diferentes configuraciones de **cavidades resonantes** (*i.e.*, lineal o anular) y pueden estar constituidas por espejos o por fibra óptica. Del mismo modo, el **sistema de bombeo** puede ser muy variado: por medio de descargas eléctricas, medios ópticos, reacciones químicas, *etc.* También existe la posibilidad de que la luz emitida por un láser pueda ser continua o pulsada, desde unos mW hasta PW, cuasimonocromáticos o multilíneas. Concluyendo, en la actualidad hay una gran variedad de fuentes de emisión láser y queda fuera del objetivo de esta memoria hacer una descripción detallada de ellas. No obstante, para facilitar la comprensión del funcionamiento del láser, la explicación se limitará a los fundamentos de operación del láser utilizado para este trabajo (*i.e.*, láser Nd:YAG).

En este tipo de láser, el sistema de bombeo del medio activo consiste en una lámpara de centelleo de xenón que emite radiación electromagnética comprendida entre el ultravioleta cercano y el infrarrojo cercano. El medio activo que utiliza es un cristal de $Y_3Al_5O_{12}$,[†] donde un pequeño porcentaje de átomos de Nd son introducidos como impureza y sustituyen a los átomos de Y. Al absorber la radiación proveniente de la lámpara de centelleo, los átomos de Nd se excitan, y su población sobrepasa a la población de átomos de Nd con electrones en un nivel inferior de energía. A esta situación se la conoce como inversión de población y es un requisito para aumentar las probabilidades de la emisión estimulada. Obtenida la inversión de población, un fotón que incida con la misma energía que la diferencia energética entre el nivel excitado y el nivel inferior del átomo de Nb, estimula la emisión de un nuevo fotón con las mismas características (*i.e.*, dirección, fase y frecuencia) que el fotón incidente.

El medio activo se encuentra dentro de la cavidad óptica.

[†] *También llamado cristal de YAG por sus siglas en inglés (Yttrium aluminium garnet).*

Ésta está constituida por espejos planos y/o esféricos, uno altamente reflectante y el otro parcialmente transparente, colocados en los extremos del medio activo y separados a una distancia determinada. Estos espejos permiten que los fotones provenientes de emisiones estimuladas con la misma dirección (*i.e.*, paralela al eje de la cavidad), fase y frecuencia, atraviesen sucesivamente el medio activo, amplificándose así el número de fotones a cada paso.

Debido a que se mantiene la inversión de población en el medio activo, gracias a la lámpara de centelleo, y que constantemente un número de fotones con idéntica dirección, fase y frecuencia se va amplificando, gracias a la cavidad resonante, la luz que emite el láser posee singulares características: (*i*) direccionalidad, (*ii*) monocromaticidad, (*iii*) coherencia y (*iv*) brillo.

De estas cuatro propiedades, su elevada **direccionalidad** y **brillo** son de suma importancia para LIBS. De hecho, estas propiedades están directamente relacionadas con la capacidad de un haz láser a ser enfocado en una pequeña superficie con una alta irradiancia (W/cm^2). Por otra parte, su **coherencia** y **monocromaticidad** son menos influyentes en LIBS.[65,66]

Como se indicó anteriormente, el modo de funcionamiento de un láser puede ser de dos tipos: continuo o pulsado. Concretamente en LIBS se trabaja con un láser pulsado, ya que permite la separación temporal del continuo de emisión de las líneas espectrales y, además, proporciona una potencia de pico drásticamente más alta que cualquiera producido mediante el mismo láser si operara en modo continuo.[67] En los láseres pulsados, la duración del pulso láser depende de la técnica utilizada para la generación del pulso de radiación. El láser utilizado en esta memoria utiliza la conmutación del factor Q, o más conocido en inglés como Q-switch, que permite que el láser emita pulsos con una duración de nanosegundos.

Esta técnica consiste en colocar un atenuador variable dentro de la cavidad óptica. En un primer estadio (*i.e.*, bajo factor de Q), el sistema de bombeo produce la inversión de población y el atenuador impide que los fotones se reflejen en los espejos de la cavidad óptica y por tanto, impide que un alto flujo de fotones atraviese el medio activo amplificando la emisión estimulada (*cf.* Figura 2.15A). De este modo, el sistema de bombeo va incrementando, con el paso del tiempo, la población de los átomos de Nd en niveles energéticos mayores. Después de un cierto tiempo, debido a pérdidas por emisión espontánea y otros procesos, se alcanza un máximo en la población en los niveles energéticos superiores dentro de la cavidad (*i.e.*, la ganancia del medio se ha saturado) y se produce un cambio abrupto al régimen de alto factor de Q (*cf.* Figura 2.15B). En este segundo estadio el atenuador permite que la radiación se refleje en la cavidad óptica, provocando que un alto flujo de fotones atraviese el medio activo y que se produzca la amplificación de la emisión estimulada.[65,66]

2.2.1.2.2.2 Óptica de enfoque y óptica receptora

En los sistemas LIBS, tanto la óptica de enfoque de la radiación como la utilizada para recoger la emisión de plasma puede es-

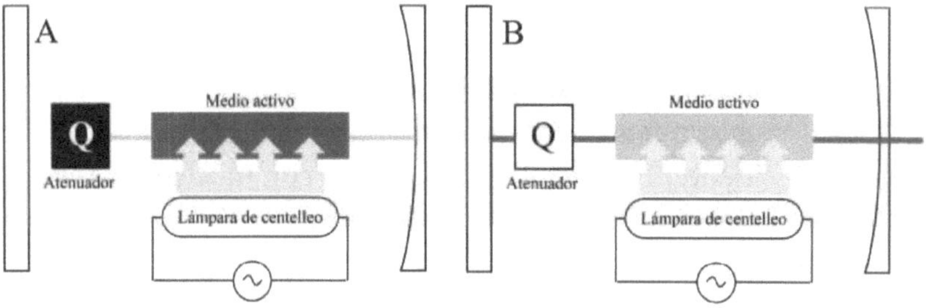

Figura 2.15: *Esquema de funcionamiento del atenuador en el régimen de bajo factor de Q (A); y de alto factor de Q (B).*

tar constituida por lentes y/o fibras ópticas. En la mayoría de los sistemas LIBS, las **lentes** se utilizan para enfocar el pulso láser en la muestra y, además, también se emplean para dirigir la luz que emite el plasma hasta el espectrómetro óptico. Los parámetros más importantes de una lente son la distancia focal, el diámetro y el material. En los sistemas LIBS, las propiedades tales como la distancia focal y el material de la lente son parámetros a tener en cuenta. Sin embargo, el diámetro de un haz de luz láser suele ser entre 6 y 8 mm, más que adecuado para las lentes más pequeñas. De forma general, la distancia focal afecta tanto a la sensibilidad como a la repetitividad de las medidas, proporcionando una mayor señal LIBS las lentes con menor distancia focal y una mayor repetitividad las lentes con mayor distancia focal.[68] Por otro lado, el material de la lente también es muy importante y debe cumplir unas características:

- Los materiales utilizados para la fabricación de lentes son diversos, algunos ejemplos son: bk-7, cuarzo, seleniuro de zinc, germanio o NaCl. La lente debe tener la máxima transmitancia a la longitud de onda del láser y si se utiliza para recoger la luz del plasma, la transmisión debe ser eficiente para las longitudes de onda que se registren en el espectrómetro óptico.

- Las lentes deben tener un recubrimiento antirreflectante para reducir al mínimo las reflexiones y, por lo tanto, maximizar la energía enfocada sobre la muestra. Una lente sin este recubrimiento, reflejará aproximadamente el 4 % de la luz incidente. Para un sistema óptico con muchas lentes sin recubrimiento, la perdida de la energía puede ser relativamente alta.

La **fibra óptica** se utiliza ampliamente en LIBS porque simplifica la recogida de la luz del plasma. En estos dispositivos, la luz puede entrar en la fibra óptica si ésta se encuentra dentro de un cierto ángulo denominado cono de aceptación. Una vez dentro, la luz se transporta mediante reflexiones internas hasta el espectrómetro, que puede encontrarse en una zona distante a la muestra analizada.

Las fibras ópticas pueden ramificarse y dividirse en diferentes fibras ópticas para dirigirse cada una de ellas a diferentes espectrómetros. El objetivo de esta ramificación es usar diferentes espectrómetros conectados a cada ramificación para que cada uno de ellos abarque diferentes regiones espectrales.

Además de su uso como sistema de recogida de radiación, las fibras ópticas pueden utilizarse para transportar la radiación láser a zonas remotas. En estos casos, la combinación de la fibra óptica y una simple lente de enfoque se puede utilizar para generar el plasma LIBS sobre muestras lejanas o de difícil acceso.

2.2.1.2.3 Espectrómetro óptico

Al igual que en el instrumento ICP-OES, el espectrómetro óptico utilizado en LIBS dispersa y detecta la radiación emitida por el plasma para obtener un espectro en términos de intensidad como función de la longitud de onda. Actualmente, los espectrómetros más comúnmente empleados en LIBS utilizan los espectrógrafos con redes de difracción como elementos dispersantes y los detectores más utilizados son los detectores multicanal.

Convencionalmente, las redes de tipo *echellete* han sido las más empleadas en los espectrógrafos LIBS, por su bajo coste. Sin embargo, debido a que incluso los espectrógrafos equipados con este tipo de red sólo permiten abarcar, simultáneamente, un intervalo relativamente pequeño de longitudes de onda, en la actualidad se está extendiendo cada vez más el uso de diferentes separadores de longitudes de onda, tales como los espectrógrafos multicanal y los espectrógrafos *echelle.*

Los espectrógrafos multicanal consisten en la unión de varios espectrógrafos independiente que operan en paralelo. Cada uno de ellos está configurado para cubrir una determinada región espectral de forma que, en conjunto, pueden cubrir un amplio intervalo de longitudes de onda. Con este tipo de sistema, la luz emitida por el plasma se recoge mediante una fibra óptica ramificada, para que la radiación pueda incidir simultáneamente en los distintos espectrómetros al ser transportada a ellos por los diferentes ramales. De esta forma, cada uno de estos espectrógrafos, equipado con un detector (*i.e.*, canales), dispersa y cuantifica la luz en diferentes y consecutivos intervalos de longitudes de onda, facilitando así el análisis multielemental simultáneo en una única medida.

Los espectrógrafos *echelle*, como se indicó anteriormente en la Sección 2.2.1.1.3, consisten en la utilización de una red *echelle* en combinación con un segundo elemento dispersante (*e.g.*, prisma) para generar una dispersión bidimensional de la radiación incidente (*i.e.*, echelleograma). Este sistema permite abarcar, de forma simultánea, un amplio intervalo de longitudes de onda si se combina con un detector multicanal bidimensional.

En lo concerniente a los detectores, aunque los tubos fotomultiplicadores y los detectores de fila de diodos han sido ampliamente utilizado en LIBS, actualmente su uso es mucho menos frecuente y, al igual que ocurre en la técnica ICP-OES, están siendo remplazados hoy en día por los dispositivos de acoplamiento de carga. No obstante, los tiempos mínimos de adquisición de los detectores CCD convencionales son del orden de milisegundos. Teniendo en cuenta que la duración de la emisión atómica e iónica en un plasma LIBS generado con un láser de nanosegundos es del orden de decenas de microsegundos, este tipo de detectores hace inviable la detección de la emisión producida durante un intervalo de tiempo inferior al tiempo de vida del plasma, imposibilitando la resolución temporal del mismo. Existen ciertos detectores, llamados dispositivos de acoplamiento de carga intensificados (ICCD – *intesified charge coupled device*), que permiten utilizar tiempos de adquisición en la escala de nanosegundos mediante la colocación de una placa de microcanales (MCP – *microchannel plate*) en frente de un detector CCD. Es por este motivo que los detectores ICCD son muy utilizados en LIBS, ya que permiten llevar a cabo la resolución temporal de la emisión de una plasma LIBS.

Actualmente, los espectrómetros LIBS más extendidos son aquellos consistentes en un espectrógrafo *echelle* en combinación con un detector ICCD, debido a que permiten abarcar un amplio intervalo espectral con una buena resolución y una elevada sensibilidad posibilitando, además, la resolución temporal de la emisión del plasma. Sin embargo, el coste de estos equipos es relativamente elevado. Es por este motivo que en los últimos años los espectrómetros multicanal están ganando mucha popularidad. Estos espectrómetros, aun no permitiendo la resolución temporal en LIBS, son relativamente económicos frente a los espectrómetros *echelle*. Además, generalmente cada uno de los canales constituyentes del espectrómetro puede ser configurado conforme a las necesidades especificadas por el usuario (*i.e.*, intervalo espectral, resolución espectral, *etc.*) por lo que son una buena opción para muchas aplicaciones.

SECCIÓN 2.3
Virtudes y defectos de ICP-OES, ICP-MS y LIBS

Las tres técnicas instrumentales utilizadas en este trabajo y descritas anteriormente poseen, como ya se ha mencionado, una serie de virtudes que las hacen muy interesantes para su uso en análisis elemental. Las principales virtudes de las técnicas ICP-OES e ICP-MS son su alta sensibilidad, buena precisión, amplio intervalo dinámico y posibilidad de determinar la inmensa mayoría de los elementos simultáneamente. Todas estas ventajas hacen que estas técnicas sean escogidas por numerosos laboratorios para realizar análisis de rutina. Además de sus inherentes virtudes, durante las últimas décadas innumerables investigaciones científicas han contribuido hacia su simplificación con el fin de obtener instrumentos cada vez más compactos, con mejores sistemas de detección, automatizados y fáciles de manejar, junto con una reducción en los costes de mantenimiento.

Por otro lado, LIBS es una técnica extremadamente versátil, que puede aplicarse a prácticamente cualquier tipo de muestra para su análisis multielemental simultáneo, en tiempos muy breves y a un bajo coste. Aparte de la cuantificación de la composición de una muestra, con ella es posible obtener la distribución elemental en la superficie de un material (*i.e.*, mapeo de superficies), su distribución en profundidad (*i.e.*, perfiles de profundidad) y, en combinación con herramientas estadísticas, puede utilizarse para la caracterización y clasificación de materiales. Además, en comparación con las técnicas ICP-OES e ICP-MS no se necesita un aporte continuo de argón, lo cual abarata el precio del análisis. Sin embargo, su principal virtud reside en su aplicabilidad al análisis *in situ* y en tiempo real, debido a la portabilidad y fácil automatización de su instrumentación.

Debido a su gran potencial, algunos autores la han definido como "*a future super star*",[69] término que está en sintonía con la tendencia actual, ya que el número de investigaciones, tanto fundamentales como aplicadas sobre LIBS, ha crecido de forma exponencial durante los últimos años, tal como se indicó en la Sección 2.2.1.

Infaustamente, cada una de estas técnicas adolece de una serie de inconvenientes que merman su capacidad analítica y que, por tanto, precisan resolverse.

2.3.1 Defectos de las técnicas ICP-OES e ICP-MS

Tanto en la técnica instrumental ICP-OES como ICP-MS, cuando se aplican al análisis de cierto tipo de muestras, comúnmente denominadas como difíciles, salen a la luz una serie de debilidades antes no percibidas. Tales muestras se caracterizan por tener una baja concentración de analito y/o una matriz compleja y cercioran las siguientes debilidades: (*i*) problemas de sensibilidad debido a la baja eficiencia de transporte de los sistemas de introducción de muestras líquidas y (*ii*) problemas de interferencias debido a la naturaleza y/o composición de la matriz de la muestra.

A pesar que año tras año se alcanzan límites de detección cada vez menores a causa, principalmente, de las mejoras en los sistemas de detección y en los componentes electrónicos de los instrumentos ICP-OES e ICP-MS, la **baja eficiencia** de transporte de los sistemas de introducción de muestras líquidas sigue siendo el componente que ha experimentado un menor avance. Aunque en los últimos años se ha realizando un gran esfuerzo en el desarrollo de nuevos y más eficientes sistemas de introducción de muestras, así como en la mejora de los ya existentes, todavía hoy se puede afirmar que este componente es el talón de Aquiles de estas técnicas,[33] y se considera uno de los factores que limita su capacidad de análisis.

Por otra parte, la propia naturaleza de la muestra bajo análisis puede dar lugar a una serie de inconvenientes denominadas **interferencias**, producidas por elementos y/o compuestos constituyentes de matriz de la misma. Estas interferencias se pueden clasificar en dos tipos: espectrales y no espectrales, y en ambos casos se consideran otro de los factores que limita la capacidad analítica de las técnicas ICP-OES e ICP-MS.

Las interferencias espectrales, en el caso de ICP-OES, se caracterizan por el solapamiento, total o parcial, de la línea de emisión de una especie interferente con la del analito. Por otro lado, en ICP-MS, donde se utiliza el término relación masa/carga (m/z), las interferencias espectrales se producen cuando la relación m/z de un elemento o molécula cargada coincide con la del analito. Al utilizar la relación m/z se puede distinguir dos fuentes que originan las interferencias, denominadas interferencias poliatómicas e interferencias isobáricas. Las interferencias poliatómicas se producen cuando la relación m/z de moléculas cargadas coincide con la relación m/z del analito. Por otro lado, las interferencias isobáricas se producen cuando un isótopo tiene la misma relación m/z que el analito. Algunos elementos con el segundo potencial de ionización relativamente bajo, como el Ba y el Ce, pueden generar doble carga y por tanto la relación m/z será la mitad de su masa. Para una mejor comprensión, en la Tabla 2.1 se muestran unos ejemplos de diferentes interferencias espectrales que pueden ocurrir en ICP-MS.

Las interferencias no espectrales se deben a las diferencias constitutivas de la matriz en las muestras y en los patrones que se utilizan en el calibrado. Estas diferencias afectan de dos formas diferentes a la generación de la señal. Una de ellas es en la generación del aerosol, que infiere directamente en el transporte de analito al plasma. Por tanto, un cambio en las propiedades físicas de la disolución (*i.e.* tensión superficial, viscosidad o densidad) conlleva a una inmutación en la señal analítica, debido a que la cantidad de analito que alcanza la fuente de excitación/ionización difiere entre los patrones y la muestra. La segun-

Tabla 2.1: Ejemplos de interferencias espectrales en ICP-MS.

Interferente	Isótopo afectado	Abundancia del isótopo afectado (%)
$^{40}Ar_2^+$	$^{80}Se^+$	49.6
$^{40}Ar^+ \, ^{35}Cl^+$	$^{75}Ar^+$	100
$^{140}Ce^{++}$	$^{70}Ge^+$	21.2
$^{48}Ca^+$	$^{48}Ti^+$	73.7

da forma en la que afecta a la señal analítica es en la variación de los diferentes procesos que transcurren en el plasma debido a los compuestos y/o elementos constitutivos de la disolución.

Algunos ejemplos de matrices complejas que originan problemas en el análisis ICP-OES e ICP-MS son: (*i*) matrices acuosas con alto contenido de elementos fácilmente ionizables, (*ii*) matrices orgánicas y (*iii*) matrices acuosas con alto contenido de ácidos inorgánicos. El análisis de estas tres matrices se discutirá más a delante en las secciones 3.1, 3.2 y 3.3, respectivamente.

En el primer ejemplo propuesto, la presencia de **elementos fácilmente ionizables** en la matriz de la muestra altera varios procesos macro y microscópicos descritos en la Sección 2.2.1.1.2.[70–72] Un gran aporte de estos elementos al plasma implica un considerable consumo de energía, reduciendo la temperatura del plasma y, por tanto, afectando a la distribución de átomos y de iones del analito en el seno del mismo.

En el segundo ejemplo, la nebulización de **matrices orgánicas** produce un aerosol primario más fino, en comparación con la nebulización de matrices acuosas. Esta diferencia se debe a sus diferentes propiedades físicas. Al producir un aerosol más fino se produce un aumento en el transporte de analito y de disolvente al plasma, ya que el efecto de filtrado de la cámara de nebulización también se reduce. Por otra parte, el aumento excesivo del transporte de disolvente produce un deterioro significativo de las condiciones del plasma. El primer efecto que se observa al analizar este tipo de muestra es la alteración en el aspecto del plasma. Durante el análisis, se observa una intensa emisión de color verde del sistema c_2 debido a la combustión incompleta del carbono proveniente del disolvente orgánico (*i.e.*, bandas de Swan), produciendo interferencias espectrales en ICP-OES a diferentes líneas de emisión. El segundo efecto negativo al analizar muestras de este tipo es la proliferación de depósitos de carbono en la antorcha y la punta del inyector. Esto provoca una alta inestabilidad y una continua disminución de la señal analítica durante todo el proceso.

Finalmente, en el último ejemplo, un **alto contenido en ácidos inorgánicos** también afecta al transporte de analito y disolvente al plasma, pero en este caso, se produce el efecto inverso al comentado anteriormente. En este tipo de muestras el nebulizador genera un aerosol menos fino en comparación a los que generaría si nebulizase agua, aumentándose el drenaje en la cámara de nebulización. Por tanto, se observa una disminución de la señal analítica en comparación con la señal obtenida en una muestra libre de este tipo de matriz.

2.3.1.1 Estrategias de mejora en ICP-OES e ICP-MS

2.3.1.1.1 Aumento de la eficiencia de transporte del sistema de introducción de muestras líquidas

En las últimas décadas se ha realizado una gran inversión en tiempo y medios económicos para el desarrollo de nebulizadores altamente eficientes que, además, introducen la muestra al plasma en flujos por debajo de un mililitro por minuto (micronebulizadores). Estos nebulizadores de bajo flujo presentan la ventaja, respecto a los nebulizadores convencionales anteriormente citados en la Sección 2.2.1.1.1.1, de consumir una cantidad muy reducida de muestra proporcionando, incluso así, una buena señal analítica por su eficiente nebulización. Entre los micronebulizadores neumáticos comerciales más utilizados se pueden citar el nebulizador de alta eficiencia (HEN – *high efficiency nebulizer*),[73–75] MicroMist® (MM)[76,77] y el nebulizador de inyección directa de alta eficiencia (DIHEN – *direct injection high efficiency nebulizer*),[78–80] entre otros. Entre los micronebulizadores no neumáticos cabe destacar los micronebulizadores ultrasónicos[81] y micronebulizadores electrostáticos.[82]

Sin embargo, a pesar de los avances en los sistemas de micronebulización, éstos siguen siendo uno de los puntos débiles de las técnicas basadas en ICP, por presentar algunos de estos inconvenientes: ser difíciles de manejar, frágiles, propensos a la obturación con disoluciones salinas, ser caros en comparación con los nebulizadores neumáticos convencionales o trabajar a presiones elevadas con la consiguiente necesidad de conexiones especiales. Por consiguiente, los esfuerzos de los investigadores siguen centrados en diseñar nuevos sistemas de nebulización capaces de mantener las ventajas de los micronebulizadores y eliminar, o al menos reducir, sus limitaciones.

Un avance importante hacia un nebulizador que no presenta las limitaciones antes mencionadas es la denominada tecnología *Flow Blurrring*® (FB). FB es un principio de nebulización relativamente nuevo introducido en el campo de la química analítica por la cooperación entre las Universidades de Sevilla y de Alicante. La compañía Ingeniatrics Tecnologías S. L. produce el nebulizador OneNeb,[83] que incluye la tecnología FB y es actualmente comercializado a nivel mundial por la compañía Agilent Technologies,[84] que lo proporciona junto a los instrumentos de espectrometría de emisión óptica con plasma de microondas (MP-OES – *microwave plasma optical emission spectrometry*).[85,86]

La Figura 2.16 muestra los elementos y las características necesarias para obtener un dispositivo de nebulización FB.[88] En él, el líquido l se introduce en el nebulizador por el tubo T. El gas de nebulización g se introduce directamente en la cámara C con una presión P_0, que se libera por el orificio O hacia el ambiente A, con una presión P_a. T y O están perfectamente alineados y son circulares. Los parámetros que afectan de forma más importante a las características del aerosol generado son: D_i, diámetro interno del tubo de suministro de líquido T; H, distancia entre el extremo del tubo de líquido T y el orificio de salida del nebulizador O y; D diámetro del orificio de salida del

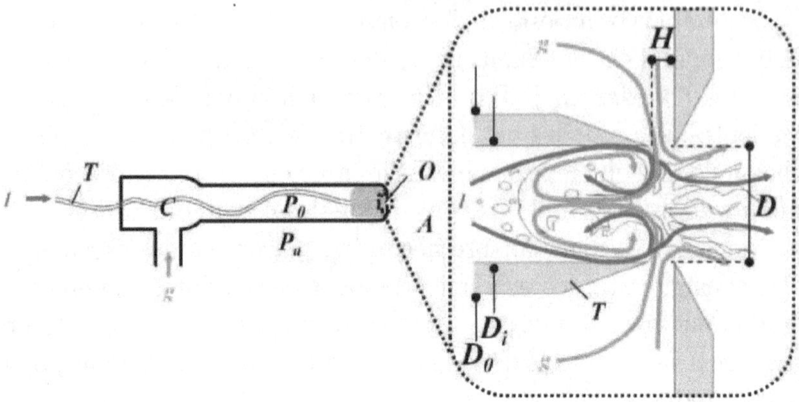

Figura 2.16: *Esquema de un nebulizador Flow Blurring®* (figura adaptada de las referencias [87] y [88]).

nebulizador O (Figura 2.16).

La relación entre los parámetros D_i, D y H es de suma importancia en este tipo de dispositivos, ya que determina si el patrón de fragmentación del líquido para la generación del aerosol es FB. Para este tipo de fragmentación, la relación D_i/D debe ser igual a uno y la relación H/D debe ser menor que 0,65. Con estas características, el flujo de gas sufre una drástica bifurcación en el capilar del líquido situado en la punta del nebulizador. Este fenómeno provoca que una parte del flujo del gas ascienda por el capilar del líquido, donde los flujos tanto de líquido como de gas interactúan turbulentamente (*cf.* Figura 2.16) produciéndose de esta forma lo que se ha denominado mecanismo de nebulización *Flow Blurring®*.[88] El mecanismo de nebulización FB es más eficiente que la nebulización neumática convencional,[87] porque la transferencia de energía cinética del gas al líquido es mucho más eficiente y, además, el aerosol comienza a formase en el interior del tubo del líquido. Autores como Matusiewicz *et al.*[89] corroboraron este hecho realizando un estudio comparativo entre el nebulizador *Flow Blurring®* (FBN – *Flow Blurring®* nebulizer) y diferentes nebulizadores y micronebulizadores neumáticos. En este trabajo se determinó que la combinación del FBN con cualquiera de las cámaras de nebulización utilizadas en este estudio proporcionaba el mayor valor de eficiencia de transporte, lo que pone de relieve que esta tecnología de nebulización mejora las características del aerosol generado.

2.3.1.1.2 Eliminación de las interferencias

Las estrategias utilizadas para resolver las interferencias en ICP-OES e ICP-MS dependen de si son espectrales o no espectrales. De este modo, las primeras se resuelven normalmente escogiendo otra longitud de onda de emisión (en el caso de la técnica ICP-OES) u otro isótopo del analito (en el caso de ICP-MS) que no esté interferido. Si por alguna razón esto no es factible, se puede mejorar el sistema de procesamiento de datos para eliminar, reducir o corregir este tipo de interferencia o incluso adquirir un instrumento con una alta resolución espectral, con el consiguiente coste económico.[90] También se puede optar por eliminar el origen de la interferencia (*e.g.*, mediante una adecuada preparación de la muestra que elimine la especie interferente). Aun siendo importante este tipo de interferencias, resolverlas queda fuera del objetivo de esta memoria.

Para resolver las interferencias no espectrales, también llamadas efectos de la matriz, existe una gran variedad de estrategias. El enfoque más usado y extendido para eliminar los efectos de la matriz producidos por los elementos fácilmente ionizables es utilizar condiciones robustas para el plasma. Sin embargo, su uso no es recomendable para muchos análisis, ya que las condiciones de trabajo empleadas (*i.e.*, bajo caudal de gas de nebulización, alta potencia del generador RF y gran diámetro del inyector[91]) distan de ser, en la gran mayoría de ocasiones, las condiciones de trabajo ideales para obtener una máxima señal de los analitos, con la consecuente pérdida de sensibilidad en el análisis.[92]

En lo referente al análisis de matrices orgánicas, las digestiones ácidas, para la eliminación de la matriz orgánica, es la estrategia más utilizada.[93,94] Las desventajas de este procedimiento son el excesivo consumo de tiempo, el alto riesgo de contaminación, las pérdidas por volatilidad y/o la incompleta mineralización de la matriz orgánica. Otros autores utilizan la vaporización electrotérmica (ETV – *electrothermal vaporization*),[95,96] la formación de emulsiones[97,98] o la dilución de la muestra con los mismos disolventes orgánicos que los usados en la preparación de los patrones de calibración.[99,100] Debido a su simplicidad, el análisis directo de la muestra después de la dilución con disolventes orgánicos es el procedimiento más sencillo, pero sujeto a todos los problemas que se han descrito en la Sección 2.3.1 (*i.e.*, deterioro de las condiciones del plasma, interferencias espectrales debidas a las bandas de Swan y proliferación de depósitos de carbono) para el análisis de este tipo de matriz.

En el caso de muestras con alto contenido en ácidos inorgánicos, las estrategias utilizadas para minimizar los efectos de la matriz incluyen el empleo de sistemas de desolvatación,[101] la utilización de ETV[102] y la separación del analito de la matriz.[103–107] En particular, la última estrategia emplea procesos lentos y tediosos.[107] Sin embargo, en muchos casos, la separación del analito de la matriz puede realizase mediante sistemas dinámicos.[108,109] Estos sistemas tienen como principales desventajas la complejidad de los mismos y el gran consumo de muestra y de reactivos.

Aparte de todas las estrategias mencionadas anteriormente, una herramienta general para corregir los efectos de la matriz, independientemente de su naturaleza, es el uso de una metodología de calibración adecuada. El tipo de calibración utilizado en el análisis desempeña un papel fundamental en la reducción de los efectos de la matriz. La calibración metodológica es un procedimiento obligatorio para un correcto análisis elemental en cualquier técnica instrumental. A continuación se describen las diferentes estrategias de calibración para resolver este tipo de interferencias.

2.3.1.1.3 Reducción del efecto de la matriz mediante metodologías de calibración

2.3.1.1.3.1 Metodologías de calibración convencionales

La **calibración externa** es la forma más sencilla y rápida de obtener la concentración del analito y, por tanto, la más usada, aunque este tipo de calibración está sujeta a resultados no veraces en la determinación del analito debido a que no corrige los efectos de la matriz.

La **calibración mediante simulación de la matriz** se basa en preparar patrones de calibración que posean una matriz lo más parecida posible a la de la muestra. La compensación de los efectos de la matriz utilizando la calibración mediante simulación de la matriz se utiliza ampliamente en los análisis cuantitativos. Cuando se emplea este tipo de calibración se debe tomar muchas precauciones para preparar los patrones de calibración y obtener buena exactitud en los resultados. Esto requiere realizar procedimientos experimentales minuciosamente planificados y llevar un cuidado extremo para evitar errores.[110–115] Este procedimiento consume mucho tiempo y muchos autores prefieren simular únicamente los compuestos constituyentes mayoritarios. Por ejemplo, en muestras digeridas es una práctica común simular únicamente el contenido en ácido inorgánico existente en la muestra después de la digestión.[116–119]

La **calibración mediante patrón interno** consiste en añadir a los patrones y a las muestras una cantidad determinada de un elemento distinto al analito, llamado patrón interno. La elección del patrón interno no se toma a la ligera y debe ser fruto de un profundo estudio. La premisa mayor es que el elemento tomado como patrón interno debe comportase exactamente igual al analito. Cumpliendo esta condición se asegura una correcta corrección del efecto de la matriz y, al mismo tiempo, se corrigen errores producidos por otras fuentes, como por ejemplo los originados por la deriva de la señal del espectrómetro, ya que esta afectará por igual al analito y al patrón interno.

Como se observa en la Figura 2.17, utilizando un patrón interno ideal, el aumento o descenso de la respuesta instrumental que sufre la señal proveniente del analito también debería manifestarse en el patrón interno en la misma proporción. Cuando tenemos varios analitos en la muestra, es posible que se necesiten varios patrones internos para corregir la señal de los diferentes analitos, aumentando así la complejidad del estudio de elección. La manera más eficaz de elegir el patrón interno es haciendo un estudio experimental, aunque existen ciertos indicios que pueden disminuir el campo de búsqueda, ayudando así en la elección del

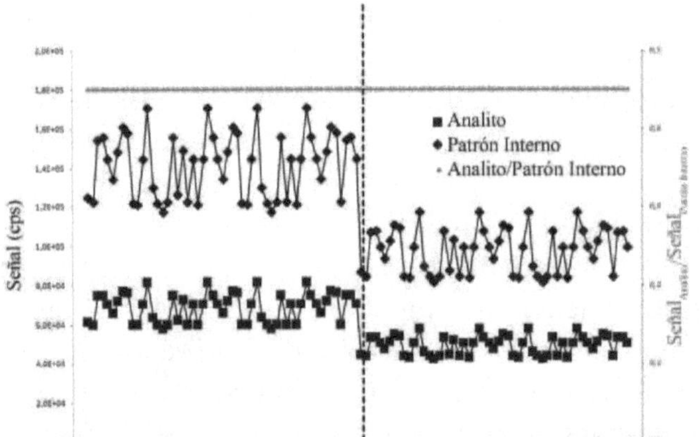

Figura 2.17: *Ejemplo hipotético del comportamiento de un patrón interno ideal para un analito en particular. A partir de la línea de segmentos vertical (situada sobre 40 minutos) se ha introducido un interferente que disminuye la señal para ambos.*

elemento indicado. Basarse en las consideraciones energéticas (*i.e.* energía de ionización, energía de excitación y velocidad de volatilización de los elementos[120]) suele ser muy efectivo, aunque no suficiente.

De forma general, puede decirse que la calibración mediante patrón interno es una técnica útil, especialmente porque es una metodología de costo relativamente bajo en términos de trabajo y tiempo. Sin embargo, la utilización de patrón interno es, en muchos casos, insuficiente para una corrección efectiva de los efectos de la matriz.

Por último, la **calibración mediante adición de estándar** es la más potente para realizar una correcta corrección del efecto de la matriz. El motivo de la gran eficiencia de ese tipo de calibración radica en que el análisis y el calibrado se realizan con la propia muestra.[121] Existen varias maneras de realizar este tipo de calibración, destacando la variación continua de concentración de los patrones añadidos a un mismo volumen de muestra, manteniendo el volumen final de disolución constante.[122] En esta modalidad, todas las disoluciones realizadas poseen la misma concentración de matriz de la muestra, compensándose de esta forma los efectos de la matriz generados por la misma.

Mediante este tipo de calibración, la concentración de la muestra desconocida se obtiene mediante extrapolación en la recta de calibrado. Desgraciadamente, como demuestra la estadística, la obtención de la concentración por extrapolación supone un resultado con mayor incertidumbre que la resultante de la interpolación utilizada en la calibración externa y mediante patrón interno.

En la práctica, la adición de estándar se suele utilizar únicamente como último recurso porque es lenta, tediosa y puede resultar cara. El consumo de tiempo es debido a las numerosas disoluciones que hay que preparar y, en muchas ocasiones, a la necesidad de realizar diluciones adicionales. Como conclusión, para que sea práctica la utilización de la adición de estándar como método de calibración de rutina, debería emplearse con sistemas dinámicos, minimizando el tiempo de análisis y el consumo de reactivos.

2.3.1.1.3.2 Metodologías de calibración dinámicas

El **análisis por inyección de flujo** (FIA – *flow injection analysis*) es un sistema que permite la realización de reacciones químicas y/o mezcla de líquidos de forma dinámica. En FIA se bombea ininterrumpidamente a través del sistema una disolución transportadora, mientras que las disoluciones de interés, por ejemplo la muestra y/o los patrones de calibración, se introducen discretamente en el mismo a través de válvulas. De esta forma, la disolución transportadora se combina con una o más disoluciones de interés para producir una mezcla de ellas o incluso una reacción química. Mediante este procedimiento se elimina el tiempo consumido por la preparación de la muestra, se evita la posible contaminación de la misma y se minimiza los errores humanos. La Figura 2.18 muestra un esquema de montaje FIA para ejecutar la calibración mediante adición de estándar en línea.

El sistema FIA mostrado en la Figura 2.18 está compuesto por una bomba peristáltica como sistema de arrastre de las disoluciones; una válvula de inyección, que tiene como misión introducir una cantidad perfectamente definida de patrón en la corriente de la muestra y un mezclador, para homogeneizar todas las disoluciones introducidas. En estos sistemas es importante que el volumen de patrón insertado por la válvula de inyección sea exacto, perfectamente reproducible y con posibilidad de ser variado dentro de un margen amplio. Otro componente muy usado en FIA, aunque no mostrado en esta figura, es el separador gas-líquido. Éste se utiliza cuando se realizan reac-

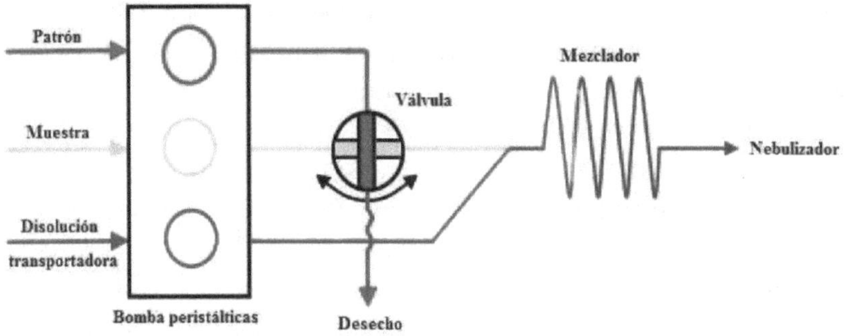

Figura 2.18: *Montaje FIA para la realización de la calibración mediante adición de estándar en línea.*

ciones químicas que forman especies volátiles. De este modo, el gas se introduce directamente en el plasma, sin el uso de un nebulizador, y el líquido se drena.

La **nebulización múltiple** es una estrategia que proporciona la posibilidad de analizar diferentes tipos de muestras usando calibraciones en línea y/o realizando reacciones químicas en línea, incluyendo la generación de vapor químico.

Dado su gran potencial, la nebulización múltiple ha ido ganando en adeptos y en importancia durante las dos últimas décadas, a pesar de ser un campo de investigación relativamente joven. Verdaderamente, ha sido durante este último lustro cuando numerosas investigaciones han sentado las bases futuras para su desarrollo, dadas las importantes aplicaciones que presenta en el análisis químico.

La generación de vapor químico es la aplicación que más seguidores ha captado entre los investigadores que trabajan sobre nuevos avances en la preparación de la muestra mediante nebulización múltiple. Entre los trabajos más sobresalientes podemos destacar los realizados por Sturgeon *et al.*,[123–125] Asfaw *et al.*,[126–129] Murillo *et al.*[130–132] y Matusiewicz y Ślachciński.[133–136] En estos trabajos se plasma la ventaja de los sistemas de nebulización múltiple con respecto a los sistemas basados en FIA, al no tener que utilizar estos un separador líquido-gas. Además, otra ventaja de los sistemas de multinebulización es que permiten analizar simultáneamente los elementos que forman y los que no forman hidruros. En estos trabajos, para formar las especies volátiles se mezclan los aerosoles de los reactivos necesarios para realizar la reducción (*i.e.*, $NaBH_4$ y HCl) con los aerosoles provenientes de la nebulización de los patrones de calibración y de las muestras, que contiene metales formadores de hidruros en potencia. A pesar de que la generación de especies volátiles es un tema muy interesante, e incluso nuestro grupo de investigación ha trabajado sobre ello,[137] una reseña profunda queda fuera de los objetivos de esta memoria.

Por otro lado, la calibración en línea mediante la nebulización simultánea de diferentes disoluciones ha despertado un gran interés en el análisis químico por sus potenciales ventajas. Entre ellas podemos destacar la facilidad y rapidez del análisis, utilizando un sistema simple en comparación con los sistemas FIA. Mediante la nebulización múltiple se eliminan problemas muy comunes en FIA, como son la generación de burbujas, los problemas de difusión del líquido o la utilización de componentes complejos como válvulas de inyección y separadores gas-líquido. Además, las reacciones químicas y mezclas de disoluciones orgánicas con reactivos acuosos no son viables en FIA, por la inherente inmiscibilidad de estas disoluciones.

Para explicar este tipo de calibración se pone como ejemplo la primera aplicación aparecida en la literatura, propuesta por Hamier y Salin[138](*cf.* Figura 2.19). Los autores emplearon la calibración por adición de estándar en línea en muestras con matrices de Al, C, K y Na con diferentes concentraciones. En su montaje experimental, los autores utilizaron dos bombas peristálticas que alimentaban a dos nebulizadores Meinhard tipo C conectados a sendas cámaras de nebulización de doble paso,

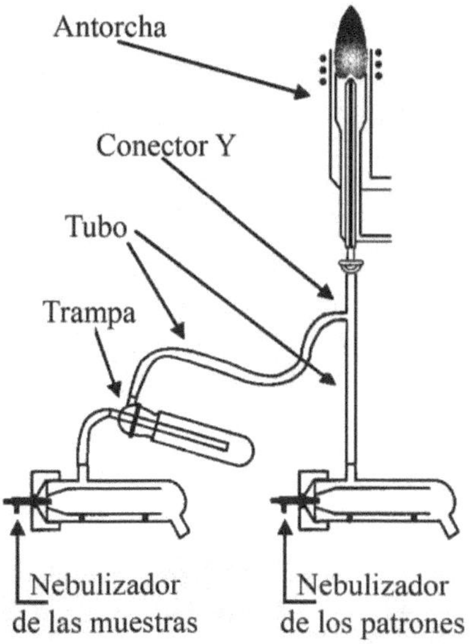

Figura 2.19: *Configuración experimental de un sistema múltiple basado en la introducción simultánea de muestra y patrones mediante dos sistemas de introducción de muestras independientes (figura adaptada de la referencia [138]).*

siendo dos sistemas de introducción de muestras independientes trabajando en paralelo, uno para la nebulización de las muestras y otro para la nebulización de los patrones de calibración. Los aerosoles generados por sendos nebulizadores se mezclaban en un adaptador en forma de Y, alcanzando el plasma simultáneamente. Los autores utilizaron una trampa para reducir la acumulación de grandes gotas de aerosol en el tubo de transporte después del adaptador en forma de Y.

Estos autores fueron los pioneros en emplear este tipo de metodología de calibración, sentando las bases teóricas y el modo de proceder en este tipo de análisis. Los mismos autores introdujeron el concepto de eficiencia de transporte relativa en sistemas de nebulización múltiple (fr), para tener en cuenta la diferente eficiencia de transporte proporcionada por cada uno de los nebulizadores.

Cuatro años más tarde, el mismo grupo de investigación[139] realizó un trabajo similar, con el objetivo de demostrar su aplicabilidad en ICP-MS.

En el año 2006, Maldonado *et al.*[140] realizaron la adicción de estándar en línea utilizando un sistema consistente en una cámara de nebulización de tipo ciclón equipada con dos entradas con un ángulo de 45 ° (*cf.*, Figura 2.20), que permite el funcionamiento simultáneo de dos nebulizadores. En este trabajo se analizaron dos tipos de materiales certificados de referencia diferentes. El primero contenía metales que no forman hidruros.

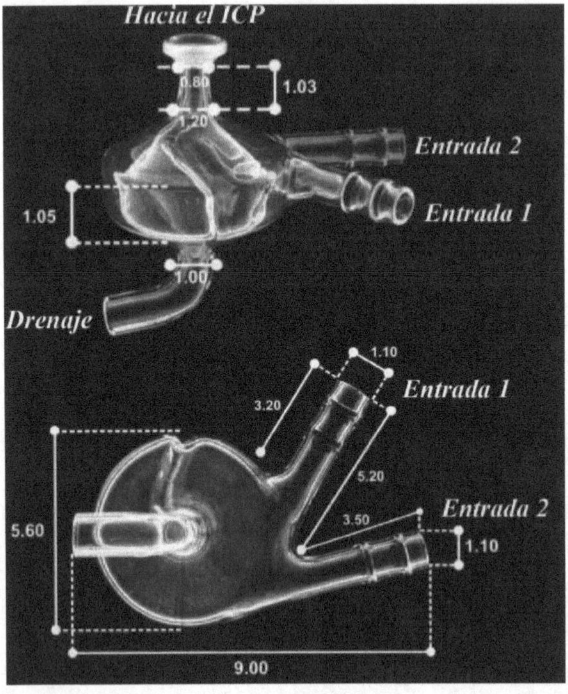

Figura 2.20: *Cámara de nebulización con dos entradas de nebulización (figura tomada de la referencia [140]).*

Para este análisis los autores utilizaron la adición de estándar en línea, introduciendo continuamente la muestra por un nebulizador y nebulizando secuencialmente los patrones de calibración por el otro. En el segundo análisis, el material certificado de referencia contenía metales formadores de hidruros. En este caso se realizó una calibración externa, introduciendo secuencialmente los patrones de calibración y la muestra por un nebulizador y nebulizando continuamente un agente reductor (*i.e.*, $NaBH_4$) por el otro nebulizador.

Varios años más tarde, el mismo grupo de investigación, amplió el estudio utilizando diferentes cámaras de nebulización modificadas.[141] Cada una de estas cámaras de nebulización contenía dos entradas para los nebulizadores en ángulos diferentes (*i.e.*, 0 °, 45 °, 90 ° y 180 °). En este estudio[141] los autores concluyeron que el sistema que proporcionaba las mejores características analíticas era el sistema con entradas a 45 °.

Bauer y Broekaert[142] en el año 2007, evaluaron dos sistemas de multinebulización consistentes en sendos nebulizadores de flujo cruzado modificados. La modificación del nebulizador consistió en la introducción de un capilar de líquido adicional en él, semejante a los diseños utilizados en trabajos previos de Rojas *et al.*[131] y Zoltan *et al.*[132]

En su investigación, Bauer y Broekaert evaluaron dos geometrías diferentes para colocar la entrada de líquido adicional en el nebulizador, formando un ángulo de 90 ° respecto a la entrada del líquido original (*cf.* Figura 2.21A) y formando un ángulo de 180 ° (*cf.* Figura 2.21B). Estos autores aplicaron con sus nebulizadores la adición de estándar en línea y, además, introdujeron por primera vez la calibración por patrón interno en línea con este tipo de sistema. La precisión y los límites de detección obtenidos usando los diferentes nebulizadores modificados fueron similares o peores que los alcanzados por un nebulizador de flujo cruzado convencional. Sin embargo, los autores resaltaron las

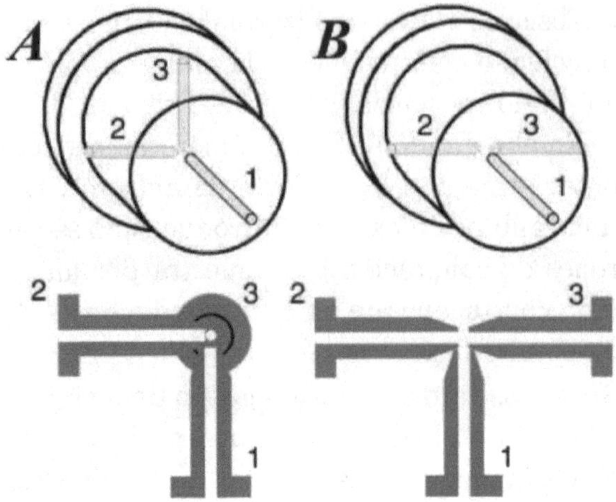

Figura 2.21: *Esquema de dos nebulizadores múltiples de flujo cruzado: 1, entrada de gas; 2, entrada de líquido original; 3, entrada de líquido adicional (figura tomada de la referencia [142]).*

ventajas de su uso por ser una alternativa barata a los sistemas FIA. Los mismos autores utilizaron el nebulizador múltiple de flujo cruzado (*cf.* Figura 2.21B) para el análisis de muestras orgánicas mediante adición de estándar en línea, utilizando para ello patrones de calibración acuosos.[143] En este trabajo, los autores demostraron que la utilización de caros patrones de calibración orgánicos es superflua y se puede realizar el análisis de lubricantes sin necesidad de ellos, lo que supone un gran avance en el desarrollo de metodologías de calibración simples, rápidas y de fácil manejo.

2.3.2 Defectos de la técnica LIBS

A pesar de la versatilidad de la técnica LIBS, aplicable al análisis de muestras de muy distinta naturaleza, sus principales defectos son su baja sensibilidad y reproducibilidad en comparación con otras técnicas de análisis convencionales, tal y como se mencionó anteriormente. Es por este motivo, que la mayoría de las investigaciones sobre LIBS han estado tradicionalmente enfocadas al desarrollo de aplicaciones en las cuales sus ventajas compensasen a sus limitaciones, tales como el análisis directo de muestras sin necesidad de su preparación previa (muestras arqueológicas, aerosoles, gases de combustión, *etc.*) análisis remoto en ambientes de difícil acceso o peligroso, microanálisis, análisis elemental de superficies y perfiles de profundidad de muestras sólidas, *etc.* Este amplio abanico de potenciales aplicaciones de LIBS, no abordables con otras técnicas de análisis sólidamente establecidas, ha estado mayoritariamente enfocado al análisis de materiales sólidos y, aunque en menor extensión, a gases y aerosoles. Sin embargo, las aplicaciones de LIBS para el análisis de líquidos han sido, en comparación, mucho menos numerosas.

La menor atención prestada al análisis de líquidos mediante LIBS se debe a una serie de dificultades inherentes a este tipo de muestras, que hacen que los problemas de baja sensibilidad y reproducibilidad se acentúen aún más que en el análisis de otros tipos de materiales.[144–146] Esto es debido a que cuando el análisis LIBS se realiza en el seno de una masa líquida, gran parte de la energía del plasma se consume en la vaporización del líquido y, como consecuencia, se produce una reducción considerable en la intensidad de emisión del mismo. Además, el tiempo de vida del estado excitado de los analitos es extremadamente corto (alrededor de un microsegundo o incluso menos) comparado con plasmas generados en gas o sobre superficies sólidas (decenas de microsegundos), lo que hace más difícil la separación temporal del fondo continuo de emisión del plasma de las líneas espectrales. Por último, el análisis de líquidos también acarrea una serie de dificultades experimentales. La generación del plasma sobre el líquido provoca la generación de burbujas, ondas y salpicaduras de gotas que pueden ensuciar el sistema óptico.[144]

A pesar de los inconvenientes de la aplicación de LIBS a este tipo de muestras, hay una serie de posibilidades que ofrece esta técnica, como son su capacidad para el análisis *in situ* y en tiempo real, que la convierte en una alternativa muy interesante frente a otras técnicas convencionales. Es por este motivo que el desarrollo de nuevas estrategias de mejora para el análisis LIBS de muestras líquidas es un campo de investigación abierto y de gran interés.

2.3.2.1 Estrategias de mejora en LIBS

De los estudios llevados a cabo a lo largo de los años sobre la técnica LIBS aplicada a muestras líquidas, gran parte de ellos ha tenido como objetivo solventar, o al menos minimizar, las dificultades inherentes al análisis de este tipo de muestras. Algunas estrategias desarrolladas incluyen: (*i*) el análisis LIBS realizado sobre la superficie de un líquido estático o en movimiento;[147–149] (*ii*) el análisis directo de un hilo de líquido,[150,151] aerosoles[150,151] o gotas aisladas;[152,153] (*iii*) el análisis de muestras líquidas mediante la técnica LIBS de doble pulso[154–156] o (*iv*) la conversión de la matriz de la muestra líquida.

Generando el plasma sobre **superficies líquidas**, mediante el enfoque del haz láser perpendicular a dicha superficie, se mejoran los límites de detección respecto a los obtenidos mediante el análisis realizado en el seno del líquido. Esto se debe a que, al incidir el haz láser, la disolución se evapora sobre el líquido, el plasma formado evoluciona en aire y la muestra es excitada de una forma más eficiente, aumentándose el tiempo de vida del plasma. Sin embargo, este tipo de análisis presenta otra serie de inconvenientes. En particular, la creación del plasma y la onda de choque asociada a él provocan la creación de burbujas y salpicaduras.[147] Estas últimas se depositan sobre los componentes ópticos cubriéndolos con gotas y, en el peor de los casos, deteriorándolos, lo que hace inviable un análisis continua-do. Además, la onda de choque produce perturbaciones sobre la superficie líquida que afectan a la reproducibilidad de sucesivas interacciones láser-muestra, lo que deteriora la precisión del análisis.[148]

En el análisis directo de un **hilo de líquido, gotas aisladas o aerosoles**, el láser se enfoca sobre la superficie del hilo de líquido, sobre las gotas aisladas o sobre el aerosol, lo que minimiza las salpicaduras y mejora la precisión de las medidas, debido a que únicamente una pequeña cantidad de muestra es vaporizada con cada pulso láser. Aunque con estas estrategias se obtienen medidas más precisas que en el análisis sobre superficies líquidas, únicamente se consigue aumentar ligeramente la sensibilidad del análisis.[151]

Mediante **LIBS de doble pulso** la muestra es irradiada por dos pulsos láser consecutivos, separados temporalmente unos pocos microsegundos. La finalidad del doble pulso es la de lograr un aumento en la señal LIBS como consecuencia de un mejor acoplamiento de la energía láser con la muestra y el material ablacionado, lo que da lugar a una producción más eficiente de átomos en estado excitado. De esta forma, su potencial analítico se incrementa respecto a la metodología de simple pulso, al conseguirse reducciones considerables en los límites de detección como consecuencia de incremento en la intensidad de emisión obtenida y de una mejora en la relación señal/ruido. Cuando el método de doble pulso se realiza en el seno de un líquido, el primer pulso genera una burbuja gaseosa, mientras que el segundo pulso induce un nuevo plasma en el interior de dicha burbuja y excita a las especies gaseosas contenidas en ella.[155,156] Esto alarga el tiempo de vida del segundo plasma respecto al resultante mediante un único pulso, así como su intensidad de emisión, lográndose una mejora sustancial en los límites de detección. El método de doble impuso ha sido utilizado también junto con las estrategias de análisis sobre superficies, hilo de líquidos, aerosoles y gotas aisladas, obteniéndose en todos los casos un aumento en la sensibilidad del análisis.[153,157,158]

Aun siendo efectivas cada una de las estrategias citadas anteriormente, quizás la conversión de la matriz de la muestra sea la más prometedora, ya que se ha conseguido igualar, o incluso mejorar, los resultados obtenidos con las estrategias mencionadas anteriormente sin aumentar la complejidad y el costo del sistema experimental.

2.3.2.1.1 Conversión de la matriz

La formación de hidruros y, en especial, la conversión a matriz sólida son las principales estrategias de conversión de matriz utilizadas para solventar las desventajas que presenta el análisis de líquido mediante LIBS.

La estrategia de **formación de hidruros** ha sido utilizada por Simeonsson y Williamson.[159] Estos autores analizaron los hidruros de arsénico, selenio y antimonio con unos límites de detección de 0,7, 0,6 y 0,2 mg L^{-1}, respectivamente. Ünal y Yalçin[160] desarrollaron un sistema de generación continua de hidruros con el objetivo de monitorizar la concentración de estaño en muestras medioambientales. El límite de detección obtenido para este elemento fue de 0,3 mg L^{-1}.

En lo referente a la **conversión a matriz sólida**, hay muchos trabajos recientes en la literatura que abarcan numerosas estrategias diferentes. Una de las más simples es la utilizada por Sarkar *et al.*[161] Estos autores determinaron boro en aguas subterráneas mediante la evaporación de alícuotas de la muestra sobre sustratos de grafito, analizando posteriormente los sustratos mediante LIBS de simple pulso.

Otro tipo de estrategia es la utilización de absorbentes como método de conversión. Ésta es una solución que cada vez cuanta con más adeptos. Desde filtros de papel hasta carbón vegetal se han utilizado para absorber metales en disoluciones líquidas. Algunos autores han usado filtros de papel para depositar un determinado volumen de muestra, analizando el residuo seco remanente en el filtro después del secado del líquido.[162–164] Otros autores han prescindido de la etapa de secado, analizando el material absorbente inmediatamente después de depositar el líquido.[165–168] Esta última modalidad se ha evaluado utilizando materiales absorbentes muy variados, como filtros de papel,[165] láminas de madera[166,167] o incluso carbón vegetal procedente del bambú.[168] Los dos últimos materiales poseen la ventaja de su bajo coste. Sin embargo, su principal desventaja es la baja pureza que los caracteriza, lo que resulta en numerosos problemas de interferencias espectrales. Una modalidad ligeramente diferente al uso de absorbentes es la inmovilización y concentración de los analitos utilizando membranas de intercambio iónico, que posteriormente son analizadas mediante LIBS.[169,170] Utilizando estas membranas, Dockery *et al.*,[170] consiguieron desarrollar un método de análisis para la especiación de cromo en diferentes tipos de agua (*i.e.*, agua de lluvia, residual y de grifo) mediante LIBS.

Una estrategia ligeramente más compleja, que proporciona un elevado aumento en la sensibilidad, es la basada en la electrodeposición de metales sobre láminas o barras de aluminio, con el posterior análisis mediante LIBS de los metales electrodepositados.[171,172] Además de las mencionadas anteriormente, se pueden encontrar otras estrategias de análisis muy variadas en la literatura, como la congelación de la muestra[173,174] o la separación de los metales después de su precipitación como hidróxidos.[175]

Independientemente de la estrategia de conversión de la matriz utilizada, todas ellas dan como resultado una mejora en la sensibilidad y reproducibilidad frente al análisis LIBS de la muestra en estado líquido, llegándose a alcanzar, en algunos casos, límites de detección por debajo del μg L^{-1}.[170,172]

SECCIÓN 2.4

Nuevas estrategias de mejora basadas en la preparación de la muestra

2.4.1 Nuevas estrategias de mejora para el análisis mediante ICP-OES e ICP-MS

Dado que los sistemas de introducción de muestras líquidas adolecen de una baja eficiencia de transporte debido, principalmente, a las deficientes características de los aerosoles generados, en esta memoria se emplea, por primera vez, un nebulizador múltiple basado en la tecnología *Flow Blurring*®. Esta tecnología permite generar un aerosol con excelentes características usando una presión de gas relativamente baja y, además, posibilita la nebulización directa (*i.e.*, sin dilución) de muestras con alto contenido en sales sin riesgo de obturación. Por otra parte, el hecho de que sea múltiple le confiere ventajas adicionales en lo que el análisis de muestras complejas se refiere:

- La nebulización simultánea de muestras y patrones de calibración permite realizar calibraciones en línea, tanto para la modalidad de calibración mediante patrón interno como para la calibración mediante adición de estándar. Estos procedimientos en línea pueden proporcionar grandes ventajas en el análisis ICP-OES e ICP-MS, tales como reducir el número total de disoluciones a preparar, minimizando así la intervención humana, disminuir el tiempo de análisis o reducir el consumo de la cantidad de muestra utilizada.

- En el caso de muestras con matriz orgánica, la nebulización múltiple ofrece la posibilidad de realizar el análisis utilizando patrones de calibración acuosos. El uso de patrones acuosos, además de ser ventajoso desde el punto de vista económico, puede traer consigo una serie de efectos beneficiosos en el procedimiento de análisis, como favorecer el proceso de combustión de la matriz orgánica en el plasma, debido al suministro de oxígeno proveniente de los propios patrones de calibración o disminuir las interferencias espectrales asociadas a este tipo de matrices (*i.e.*, bandas de Swan)

- El análisis de muestras digeridas mediante nebulización múltiple ofrecería una alternativa simple al método usualmente empleado de calibración mediante simulación de la matriz, evitando el procedimiento lento y tedioso de simular la concentración de ácido de la muestra en los patrones de calibración.

Por todo lo anterior, en esta memoria se ha evaluado el uso de metodologías de calibración en línea usando nebulizadores múltiples basados en la tecnología *Flow Blurring*,® con el fin de aumentar la sensibilidad del método y eliminar de una forma simple y económica los efectos de la matriz provocados por diferentes matrices complejas.

2.4.2 Nuevas estrategias de mejora para el análisis mediante LIBS

Una estrategia muy común en Química Analítica para el desarrollo de métodos de análisis sensibles es la utilización de procedimientos de extracción. Con estos procedimientos se simplifica el análisis mediante la separación de los analitos de interés de la matriz de la muestra, a menudo compleja, y se concentran los mismos hasta límites fácilmente detectables por las técnicas de medida utilizada, disminuyendo así los límites de detección.

Hay diversos procedimientos de extracción, entre los que se encuentra la extracción líquido-líquido (LLE – *liquid-liquid extraction*), que ha sido ampliamente utilizada. No obstante, la

LLE es una metodología lenta y laboriosa que necesita grandes cantidades de disolventes, con el consecuente alto coste y la producción de un gran volumen de residuos, en muchos casos tóxicos. Además, los procedimientos tradicionales de extracción líquido-líquido son difícilmente automatizables. Por ello, durante las últimas décadas se han desarrollado nuevos procedimientos de extracción líquido-líquido más rápidos, económicos y ecológicos a partir de la miniaturización de los ya existentes, denominados procedimientos de microextracción líquido-líquido (LLME – *liquid-liquid microextraction*). La aplicación de la LLME da como resultado un microvolumen de fase extractante, que es posteriormente analizado mediante una técnica analítica adecuada en función del tipo de analito y el agente extractante empleado, pudiendo tratarse este último de un disolvente orgánico, líquido iónico o surfactante.[176] Debido a que los analitos de la muestra son extraídos en un volumen muy pequeño (*i.e.*, del orden de microlitros), la LLME se caracteriza por sus elevados factores de enriquecimiento, lo que da lugar a un elevado aumento en la sensibilidad del análisis.

Los procedimientos de microextracción presentan una amplia gama de variantes, destacando: (*i*) microextracción en gota (SDME – *single-drop microextraction*, (*ii*) microextracción en fibra hueca (HF-LPME – *hollow fibre liquid phase microextraction*) y (*iii*) microextracción líquido-líquido dispersiva (DLLME – *dispersive liquid-liquid microextraction*). Todas ellas poseen las ventajas mencionadas anteriormente respecto a la extracción líquido-líquido convencional y, además, son más fáciles de automatizar.

La SDME fue la primera variante desarrollada.[177,178] La SDME se basa en el uso de una microgota de fase extractante suspendida en la punta de una microjeringa. Esta gota puede estar sumergida en la muestra (*i.e.*, modalidad de inmersión directa) o sobre la superficie de la muestra, en el espacio superior del recipiente cerrado que la contiene (*i.e.*, modalidad de espacio de cabeza). La utilización de una u otra modalidad depende de la volatilidad de los analitos. Así, en el caso de analitos poco volátiles se emplea la inmersión de la gota dentro de la muestra. Sin embargo, cuando el analito es volátil se utiliza la modalidad de espacio de cabeza. En esta modalidad es necesario que el sistema se encuentre cerrado para alcanzar el equilibrio líquido-gas. En ambos casos, transcurrido un cierto tiempo, la fase extractante con una concentración mayor de analito, se recoge con la microjeringa y se analiza con una técnica analítica adecuada.

Sin embargo, este procedimiento presenta algunos inconvenientes, siendo el más importante la inestabilidad de la gota. Una solución a este problema fue confinar la fase extractante dentro de un soporte inerte, como una fibra hueca. De este modo se desarrolló la técnica HF-LPME.[179] En este caso, la fase extractante se coloca en los poros y en el interior de la fibra hueca. De este modo, los analitos migrarán hacia la fase extractante a través de la membrana, confiriéndole una mayor estabilidad que en el caso de la SDME.[180]

Posteriormente se desarrolló la microextracción líquido-líquido dispersiva (DLLME),[181] la cual consiste en el uso de un tercer disolvente miscible con ambas fases utilizadas (*i.e.*, disolvente dispersante). Cuando una mezcla de disolvente extractante y dispersante se inyecta rápidamente en la muestra se produce una gran turbidez (*i.e.*, emulsión). También es posible lograr dicha turbidez de forma mecánica, sin la necesidad de emplear un agente dispersante. De esta forma, la utilización de energía de ultrasonidos o la agitación mecánica para realizar la emulsión dan lugar a las microextracciones asistidas por ultrasónicos[182] o vórtex,[183] respectivamente.

Aunque en su origen las técnicas de microextracción fueron diseñadas para analizar analitos orgánicos, actualmente su uso también abarca el análisis elemental. De hecho, no fue hasta el año 2003 que se combinó por primera vez la microextracción en gota con la espectrometría atómica.[184]

Desde entonces, el número de publicaciones ha crecido sin cese, siendo la espectrometría de absorción atómica por vaporización electrotérmica (ETAAS – *electrothermal atomic absorption spectrometry*), espectrometría de absorción atómica en llama (FAAS – *flame atomic absorption spectrometry*), ICP-OES, ICP-MS y ETV-ICP-MS las técnicas de análisis elemental más utilizadas en combinación con la microextracción líquido-líquido (*cf.* Figura 2.22).

Con los datos de la Figura 2.22 se puede concluir que la combinación con las técnicas ETAAS y FAAS son las más empleadas. No es desdeñable mencionar que, posiblemente, FAAS sea de las más utilizadas únicamente por su asequibilidad en un laboratorio de investigación, ya que no es una técnica adecuada para ser combinada con la microextracción líquido-líquido. Esto es debido a que, en la mayoría de casos, se necesita diluir

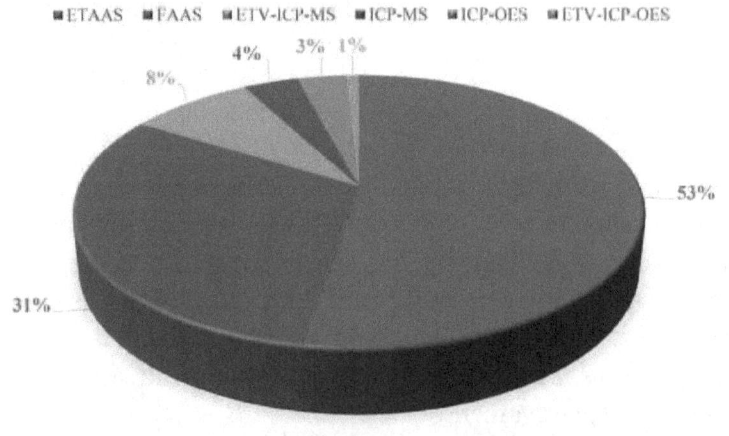

Figura 2.22: *Distribución de las distintas técnicas de análisis elemental que han sido combinadas con diferentes procedimientos de microextracción de fase líquida (i.e., SDME, HF-LPME y DLLME) desde el año 2003 hasta 2013. Fuente SciFinder. Fecha 24/06/2014.*

la fase extractante para obtener el mínimo volumen de muestra necesario para poder llevar a cabo el análisis. Esto hecho va en contra del objetivo del procedimiento de microextracción (*i.e.*, concentrar). Además, los disolventes orgánicos no suelen ser compatibles con esta técnica y en ocasiones requieren que la fase extractante sea llevada a sequedad y que el residuo seco posteriormente se redisuelva en una disolución acuosa ácida.[185]

Por otro lado, técnicas como ETAAS y ETV-ICPMS son compatibles con el uso de volúmenes muy pequeños de muestra, característicos de los procedimientos de microextracción, de ahí su uso tan extendido. Sin embargo, el análisis llevado a cabo con estas técnicas suele ser relativamente lento y complejo, además del elevado coste instrumental, especialmente en el caso del ETV-ICP-MS.

Al igual que ocurre en ETAAS y ETV-ICP-MS, la técnica LIBS únicamente necesita de una mínima cantidad de muestra para el análisis, debido a su carácter puntual, lo que la hace idónea para ser combinada con procedimientos de microextracción líquido-líquido. Por este motivo, y teniendo en cuenta el gran éxito del uso de los procedimientos de microextracción en espectrometría atómica, se ha creído oportuno evaluar la combinación de LIBS con estos procedimientos como estrategia para aumentar la sensibilidad de la técnica. Para ello, en esta memoria se propone una metodología de análisis que contribuye a mejorar la capacidad de LIBS para el análisis de muestras líquidas, con objeto de hacer extensible su uso a la determinación elemental, a nivel de trazas, en este tipo de muestras. La metodología propuesta incluye, por una parte, el uso de una estrategia de conversión a matriz sólida para eliminar los inconvenientes típicos del análisis LIBS de líquidos y, por otra, la aplicación de un procedimiento de microextracción en gota que contribuye a mejorar la sensibilidad del método.

El asistir a conferencias y leer libros no será de provecho para quien se limite a eso, pues la química sólo se puede estudiar con el fin de avanzar en la práctica. Un experimento bien realizado y observado con gran atención por parte del estudiante, desde el principio hasta el final, aporta más conocimientos que la mera lectura determinada de todo un volumen. A esto se puede añadir que las operaciones químicas son, por lo general, lo más interesante que se podría haber ideado. ¡Lector! ¿Qué más hace falta para inducirte a EXPERIMENTAR?

John Joseph Griffin, Chemical Recreations, 1834

3

RESULTS AND DISCUSSION

SECTION 3.1

Manuscript 1

PAPER www.rsc.org/jaas | Journal of Analytical Atomic Spectrometry

Compensation for matrix effects on ICP-OES by on-line calibration methods using a new multi-nebulizer based on Flow Blurring® technology†

Miguel Ángel Aguirre,[a] Nikolay Kovachev,[a] Beatriz Almagro,[b] Montserrat Hidalgo[a] and Antonio Canals*[a]

Received 1st April 2010, Accepted 22nd July 2010
DOI: 10.1039/c004854b

† *Flow Blurring® and Flow Focusing® are technologies patented by Ingeniatrics Tecnologías S.L.*

[a] *Department of Analytical Chemistry and Food Sciences and University Institute of Materials, University of Alicante, P.O. Box 99 - 03080, Alicante, Spain.*
[b] *OneNeb (division of Ingeniatrics Tecnologías S.L.), P.I. Parque Plata. Camino Mozárabe, 41, 41900 Camas, Sevilla, Spain.*
* *Corresponding author: a.canals@ua.es*

3.1.1 Abstract

In this work, on-line calibration methods were applied for compensation for matrix effects in Inductively Coupled Plasma-Optical Emission Spectrometry (ICP-OES) using three novel multiple sample introduction systems based on *Flow Blurring®* technology. The methods were compared with conventional calibration methods, using a Conikal nebulizer and a cyclonic spray chamber (*i.e.*, Standard Sample Introduction (SSI) system). Experiments were carried out with synthetic samples containing different matrices. The total liquid flow through the multinebulizers was 400 μL min^{-1} whereas in the SSI system it was 1000 μL min^{-1}. One type of calibration method tested was external calibration. By using this calibration method, the mean of absolute values corresponding to the relative error values of different multiple sample introduction systems and all the matrices was 14 % and uncertainty was 0.6 %. When on-line internal standard calibration was used, the mean relative error value dropped to 3 % and uncertainty was 0.6 %. With on-line standard addition calibration, relative error values went down to 2 %. However, uncertainty values increased to 2 % in all cases. With all the calibration methodologies, the trueness and uncertainty of the obtained results were very similar for both standard and multiple sample introduction systems. The main difference was a significant reduction in resource consumption (*i.e.*, samples, reagents and time) when multinebulization systems were used. Sensitivity, precision and limits of detection were evaluated for the different *Flow Blurring®* based systems and SSI system. For most of the emission lines evaluated, all the *Flow Blurring®* based systems gave higher precision values and lower limits of detection than SSI system. A certified reference material (Estuarine Water, LGC6016), without prior sample treatment (*i.e.*, dilution), was analyzed using external calibration with the SSI system and on-line standard addition calibration with *Flow Blurring®* based systems. The certified reference material analysis gave relative error values ranging between +20 % and -30 % for the SSI system, and between +4 % and -2 % for *Flow Blurring®* based systems.

3.1.2 Introduction

Nowadays, Inductively Coupled Plasma-Optical Emission Spectrometry (ICP-OES) is widely used in many analytical laboratories owing to its high sensitivity and capacity for simultaneous analysis. However, the analytical potential of ICP-OES is still hampered by important drawbacks, mainly associated to the low transport efficiency of currently used sample introduction systems, or to non-spectral interferences (matrix effects) that occur during the analysis.[186] Consequently, attempts are being made to overcome such limitations.

In order to improve the transport efficiency, a great variety of new and more efficiently designed nebulizers have been developed. Among them, *Flow Focusing®* Pneumatic Nebulizers (FFPN) and *Flow Blurring®* Pneumatic Nebulizers (FBPN) have proved to be very promising nebulization devices for plasma-based spectroscopic techniques. The hydrodynamic working principles of these nebulizers allows highly efficient interaction between liquid and gas streams,[87,88,187] thereby leading to the generation of a fine aerosol. This increases sample transport efficiency to the plasma and, therefore, improves the analytical performance of the nebulizers in ICP-OES, ICP-Mass Spectrometry (MS) and Microwave Induced Plasma (MIP)-OES when compared to other commercially available nebulizers.[89,188–191]

The second important drawback of ICP-OES is related to the so-called non-spectral interferences or matrix effects[192–194] (and references therein). The type of calibration used in the analysis plays a crucial role in minimizing matrix effects. Among the different calibration methodologies, standard addition calibration produces the most accurate results, free from matrix effects. However, it is often used only as a last resort because it is slow, tedious and can be expensive. In general terms, standard addition calibration is not recommended for routine analysis because it requires a great many solutions to be prepared.

A recent trend in elemental plasma spectrometry is the development of new liquid sample introduction systems which enable on-line calibration processes through a new analytical methodology called tandem calibration.[138–140,142,143] Generally, a dual sample introduction system is employed with two nebulizers working in parallel; one of them is used to introduce the sample while the other introduces different calibration standards. Thus, calibration occurs as a result of the interaction between the aerosols generated by each nebulizer. This configuration is compatible with on-line calibration and, therefore, has the advantage of combining the ease of use of external calibration with the accuracy provided by the standard addition technique.

Although there is previous research on this new methodology, tandem calibration is still a relatively young research field, which has gained support and importance in recent years. Therefore, a new challenge for researchers is to develop new systems enabling more efficient nebulization and combining this type of on-line calibration methodology. Recently, Kovachevet *et al.*[195] used a Flow Focusing® (FF)-based multiple nebulizer for tandem calibration in ICP-OES. Although this preliminary evaluation was promising, a more detailed investigation is needed to take advantage of the more efficient *Flow Blurring*® (FB) technology[87] in tandem calibration.

Therefore, the aim of this work was to evaluate three different configurations of multiple sample introduction systems for on-line calibration methodologies. These systems use two high-efficiency nebulizers based on the *Flow Blurring®* nebulization principle. Synthetic samples prepared in four different matrices of Ba, K, Na and Rb were analyzed by using external calibration, on-line internal standard calibration and on-line standard addition methodologies. The severity of the matrix effect was assessed by applying the above mentioned calibration methodologies to the analysis of synthetic samples using the different introduction systems. An aqueous (matrix-free) synthetic sample was used to evaluate the analytical figures of merit obtained with the different systems and calibration methodologies. In all cases, the results were compared to those obtained with a standard sample introduction system using conventional (off-line) methodologies of calibration. Finally, a certified reference material was analyzed.

3.1.3 Experimental

3.1.3.1 Sample introduction systems

The three multinebulization prototypes, named *Flow Blurring®* Dual Nebulization systems (FBDN), consist of two independent *Flow Blurring®* Pneumatic Nebulizers (FBPN)[87,88] joined together by a home-made PTFE ring (Fig. 3.1). *Flow Blurring®* principle is based on a single fundamental geometrical parameter $\psi = H/D$, where "H" is the distance between the end of the liquid capillary and the nebulizer exit orifice, and "D" is the nebulizer exit orifice diameter. The nebulizing gas flows around the liquid capillary to the nebulizer exit orifice. When H/D ratio is higher than 0.65, the liquid flow follows the "Flow Focusing®" pattern and a liquid vein is formed at the exit of the liquid capillary, which is "focused" and accelerated towards the nebulizer exit orifice and, after that, breaks into small droplets.[88] When H/D ratio is lower than 0.65 "*Flow Blurring®*" regime appears. The gas flow becomes significantly radial, perpendic-

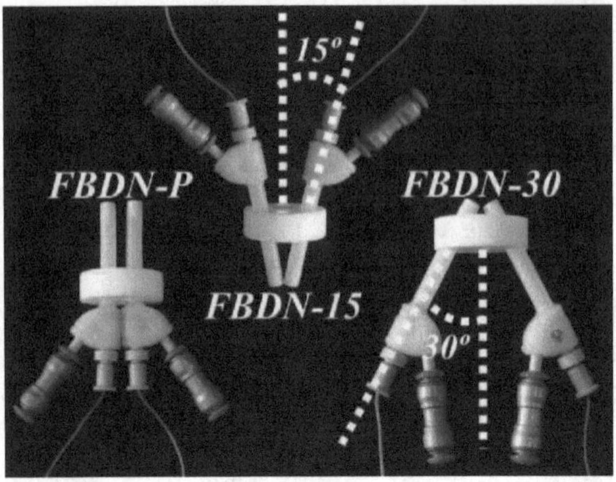

Figure 3.1: *Flow Blurring® Dual Nebulization systems. From left to right; Flow Blurring® Dual Nebulizer with parallel coupling (FBDN-P), Flow Blurring® Dual Nebulizer coupled with an angle of 15° (FBDN-15), Flow Blurring® Dual Nebulizer coupled with an angle of 30° (FBDN-30).*

ular to the nebulizer symmetry axis, and part of the gas flow upstream into the liquid capillary and mixes turbulently with the incoming liquid (see Fig. 1 in ref. [89]). This fact leads to energy-efficiency improvements over other atomization processes (*i.e.*, several times more energy efficient than FF® indeed than any pneumatic atomization) therefore producing a very fine aerosol. The FB® multinebulizers were operated in a commercial cyclonic-type spray chamber (Model Tracy PEEK, 70 mL internal volume, Glass Expansion Ptr. Ltd, West Melbourne, Victoria, Australia). The three multinebulizers differed in terms of the position of the individual nebulizers. In the first, both nebulizers were positioned in parallel (FBDN-P), while in the other two the angle between the longitudinal axes of both nebulizers was adjusted to approximately 15° (FBDN-15) and 30° (FBDN-30) (Fig. 3.1).

A concentric pneumatic nebulizer (model Conikal, Glass Expansion Ptr. Ltd, West Melbourne, Victoria, Australia) coupled to a 50 mL internal volume cyclonic-type spray chamber (model Tracy, Glass Expansion Ptr. Ltd, West Melbourne, Victoria, Australia) was used as Standard Sample Introduction (SSI) system. This SSI system was used as a reference system for comparison with the FBDN-based systems.

In all cases, the liquid uptake flow (Ql) was controlled *via* a four-channel peristaltic pump (Perimax 12, Spectec GmbH, Erding, Germany). The spray chamber wastes were removed with the peristaltic pump of the ICP-OES spectrometer used in this study. The nebulizing gas flow (Qg) was controlled with a pressure regulator (Model, ref. 0.821.302.025, Bosch GmbH, Stuttgart, Germany) and a manometer (Digitron Model 2003P, Sifam Instruments Limited, Torquay, England). Argon was always used as the nebulizing-carrier gas. The liquid uptake rate and nebulizing gas flow rate were optimized for each liquid sample introduction system (Table 3.1). Unless stated otherwise, the terms Ql and Qg used throughout this work correspond to the total flow through the FBDN-based systems, and not to the individual flows for each nebulizer.

3.1.3.2 ICP-OES instrumentation

All the experiments were carried out using an inductively coupled plasma optical emission spectrometer (Perkin Elmer, Model Optima 4300DV, Norwalk, CT, USA) working in axially-viewed plasma mode. Technical details of this spectrometer have been reported previously[188] and the operating conditions used in this work are given in Table 3.1. Several atomic and ionic emission lines corresponding to different elements contained in the samples were selected in order to cover a wide range of energy sum values, Esum (the energy sum is defined as the sum of the ionization and excitation energies for ionic emission lines and as the excitation energy for atomic emission lines). Table 3.2 shows the

Table 3.1: *ICP-OES operating conditions.*

Plasma parameters	**Value**
Outer gas flow (L min^{-1})	15
Intermediate gas flow (L min^{-1})	0.2
RF power (W)	1300
Nominal frequency (MHz)	40
Integration time (s)	Variable
Read time (s)	Variable
Number of replicate	4
Viewing mode	Axial
Conikal nebulizer:	
Gas flow rate (L min^{-1})	0.7
Liquid uptake rate (μL min^{-1})	1000
FBDN-based systems:	
Gas flow rate (L min^{-1})	0.7
Liquid uptake rate (μL min^{-1})	400
Internal standard:	
ZnI (213.857 nm)[a]	
ZnII (206.200 nm)[b]	
ZnII (202.548 nm)[c]	

[a]Internal standard for all atomic emission lines.
[b]Internal standard for NiII (231.604 nm) and PbII (220.353 nm).
[c]Internal standard for the other emmision lines.

elements, wavelengths and energy values of the lines evaluated.

3.1.3.3 Reagents and standards

Synthetic samples with 500 μg L^{-1} of Cd, Co, Cr, Cu, Fe, Mn, Ni and Pb were prepared in four different matrices containing 40 mM Ba, K, Na and Rb, respectively. The samples were made by using the respective concomitants (Ba, K, Na and Rb chlorides) (Merck Pro Analysis, Darmstadt, Germany), with 1000 mg L^{-1} single-element standard solutions of the different analytes (High-Purity Mono Element Standard Solutions, Charleston, UK). For the different calibration methodologies evaluated, five aqueous calibration standards were prepared by appropriate dilution of the 1000 mg L^{-1} single-element stock solutions up to analyte concentrations of 200, 400, 600, 800 and 1000 μg L^{-1}, respectively. For off-line calibration with standard addition calibration using the SSI system, a set of standard solutions was prepared

Table 3.2: *Emission lines and energy values.*

Emission line (nm)	Excitation energy (eV)	Ionization energy (eV)	Energy sum (eV)
CrI (357.869)	(6.77)	3.46	3.46
NiI (341.476)	(7.64)	3.65	3.65
CuI (327.393)	(7.73)	3.79	3.79
MnI (279.482)	(7.44)	4.43	4.43
CdI (228.802)	(8.99)	5.42	5.42
MnII (257.610)	7.44	4.81	12.25
CrII (267.716)	6.77	6.16	12.93
FeII (238.204)	7.87	5.24	13.11
FeII (273.955)	7.87	5.51	13.38
CoII (238.892)	7.88	5.60	13.48
CoII (231.160)	7.88	5.93	13.81
NiII (231.604)	7.64	6.39	14.03
CdII (214.434)	8.99	5.78	14.77
PbII (220.353)	7.42	7.37	14.79
CuII (224.700)	7.73	8.23	15.96

by spiking the synthetic samples with stock analytes. A 1000 $\mu g\ L^{-1}$ Zn solution prepared from a 1000 mg L^{-1} single-element stock solution (High-Purity Mono Element Standard Solution, Charleston, UK) was used as internal standard for on-line internal standard calibration. The same stock solution was added to samples and calibration solutions up to the same Zn concentration for conventional internal standard calibration methodology using the SSI system. All solutions were acidified by adding HNO_3 65 % (w w^{-1}) high-purity acid (Merck p.a., Darmstadt, Germany) up to 4 % (w v^{-1}). Distilled deionized water (18.3 $M\Omega$ cm) was used throughout this work. The certified reference material analyzed was LGC6016 Estuarine water (LGC Deselaeres S.L., Middlesex, UK).

3.1.3.4 Calibration methodologies

Three types of calibration methodologies were assessed with FBDN-based systems for the analysis of synthetic samples: one off-line calibration (external calibration) and two on-line calibration (internal standard calibration and standard addition calibration) methodologies. In all cases, the results obtained with the FBDN-based systems were compared to those obtained with the SSI system for the three types of conventional (off-line) calibration methodologies.

When external calibration was used with the FBDN-based systems, calibration standards and synthetic samples were introduced in the multinebulizers in the usual off-line way. That is, calibration standards and samples were sequentially nebulized by the two nebulization nozzles of the FBDN-based systems.

For on-line internal standard calibration, one individual nebulizer was used to sequentially introduce calibration standards and samples, and the other one was used to continuously aspirate the internal standard solution. Since the total liquid uptake rate through the multinebulizers (400 μL min^{-1}) was, in all cases, equally distributed through the different nebulizers, the sample (or standards) uptake rate was 200 μL min^{-1}, whereas the internal standard uptake rate was 200 μL min^{-1}. For the on-line standard addition calibration with the FBDN-based systems, the sample was continuously introduced through one nebulizer, while calibration standards were sequentially nebulized through the other one. As with internal standard calibration, the sample uptake rate was 200 μL min^{-1}, whereas the standard uptake rate was 200 μL min^{-1}.

3.1.4 Results and discussion

3.1.4.1 Matrix effect evaluation

The matrix effect induced by the presence of Ba, K, Na and Rb in the samples was evaluated for the different liquid sample introduction systems and calibration methodologies. To this end, accuracy values obtained with the FBDN-based systems on analysing four synthetic samples were compared to those obtained with the SSI system. Here, accuracy is expressed as percent relative error, *i.e.*, relative deviation from the true value.

The uncertainty values associated to the percent relative errors have been calculated from the uncertainty values of the determined concentration (S_{dc}), by assuming the true concentration to be error-free. For external calibration and internal standard calibration S_{dc} has been calculated as the standard combined uncertainty according to the following equation.

$$S_{dc} = \sqrt{S_r^2 + S_{cc}^2} \tag{3.1}$$

where S_r is the repeatability of the measurement in terms of standard deviation of the calculated concentration and S_{cc} is the standard deviation of the regression equation at the same concentration.[121] The reason for using the last equation (eqn 3.1) was because the term S_{cc} ignores the error caused by the repeatability of the replicates when matrix composition is not well matched to the calibration standard. Therefore, this error (S_r) is added to S_{cc} by propagation of uncertainty.

For standard addition calibration, a different formula was used where S_{dc} stands for the standard deviation of the regression equation for the extrapolated concentration.[121] In all cases, the concentration of analytes in the synthetic samples was close to the centroid of the calibration graph, to fulfill the condition for minimum S_{cc} value. All the results shown are the mean of four replicates.

3.1.4.1.1 External Calibration

Fig. 3.2 shows the relative errors obtained with the different liquid sample introduction systems (*i.e.*, SSI and FBDN-based systems) and matrix element evaluated on applying external calibration, without matrix-matching. The emission lines studied are presented in order of increasing Esum values (Table 3.2).

As observed, relative error values obtained with this calibration methodology do not show any appreciable dependence on the introduction system used. For all of them, the absolute value of the percent relative error values range between approximately 3 % and 30 %, depending only on the emission line and, to a lesser extent, on the matrix element. Signal enhancements (*i.e.*, positive relative error values in the analyte concentration) are observed for those atomic lines having the lowest Esum values (*i.e.*, CrI (357.869 nm); NiI (341.476 nm) except Rb matrix; CuI (327.393 nm) except FBDN-15, and MnI (279.482 nm)). However, the lines with Esum values above 5 eV (*i.e.*, CdI (228.802 nm); and the set of ionic lines) present signal depression, leading to negative errors.[196,197]

Signal enhancement for low excitation energy (Eexc) atomic lines due to matrix effect has been observed by other authors previously.[197–199] Furthermore, Fig. 3.2 shows that the low Eexc atomic lines display erratic behavior, which does not seem to follow any trend related to the matrix element, sample introduction system or excitation energy of the lines (*i.e.*, plasma-related effects). An example is the behavior of CuI (327.393 nm), which shows the lowest relative error values for all the sample introduction systems evaluated, with the exception of FBDN-15. Excluding this sample introduction system, the mean relative error value for this line is approximately 3 %, somewhat lower than the other low Eexc atomic lines.

However, this effect does not seem to be correlated to the excitation energy values of CuI (3.79 eV) since other lines having similar excitation energies, such as CrI (357.869 nm) or NiI (341.476 nm), present higher relative errors. Moreover, CuI is the only line showing a strong variation in the errors obtained due to the sample introduction system, with FBDN-15 being the only configuration leading to negative errors in all the matrices studied. Lastly, NiI (341.476 nm) behaves differently only when Rb is used as the matrix element, independently of the sample introduction system used.

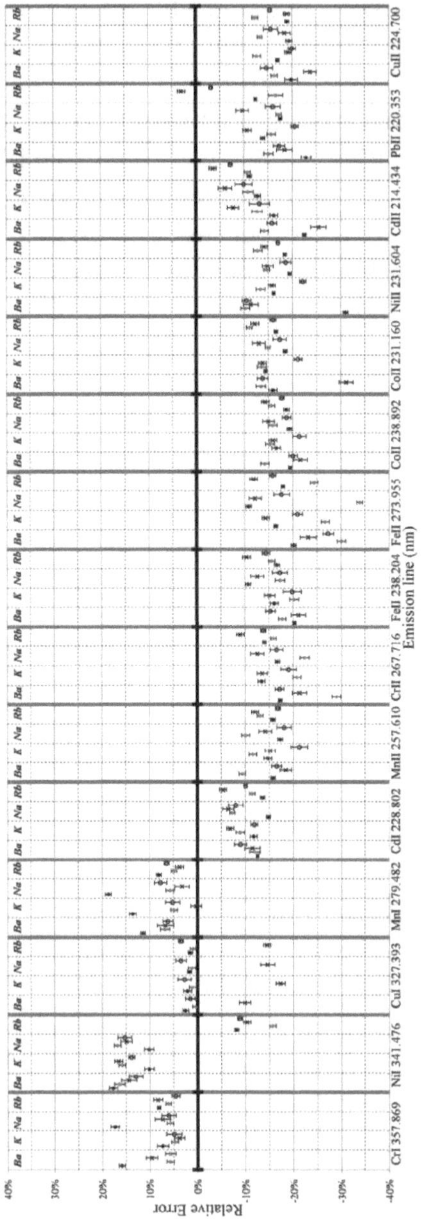

Figure 3.2: *Relative error values obtained with different matrices (Ba, K, Na, Rb) (the subdivision of the graph) using external calibration.*●*: SSI;* ●*: FBDN-P; x: FBDN-15;* ○*: FBDN-30.*

The use of this matrix element produces negative errors close to 10 % with all the sample introduction systems, while positive errors in the order of 10-15 % are observed for the other matrices, with only slight variations between SSI and FBDN-based systems. Negative relative errors (signal depression) observed in Fig. 3.2 for the highest Esum atomic line and ionic lines due to matrix effects have also been reported in literature.[142,194,199–202] In addition, signal variation of ionic lines appears to be energy dependent when plasmas are used under non-robust conditions, whereas robust conditions lead to a relatively flat response for all the ionic lines,[142,199,202] as observed in Fig. 3.2. Relative errors obtained for all these high-energy lines are similar for the different sample introduction systems evaluated and also seem to be very similar in all the matrices.

Uncertainty associated to the relative error value when using this calibration methodology was found to be dependent on both the sample matrices and the sample introduction systems evaluated. In all the matrices, uncertainty values obtained with the SSI system were lower than those obtained with the FBDN-based systems. With the SSI system the average uncertainty values over the whole set of emission lines evaluated were of 0.6 %, 0.7 %, 0.6 % and 0.4 % for Ba, K, Na, and Rb, respectively. FBDN-15 and FBDN-30 were the systems showing the greatest overall uncertainty values. For Ba and Rb matrices, the greatest uncertainties were obtained with FBDN-15, with average values of 1.5 % and 0.8 %, respectively. However, for K and Na the greatest values were obtained with FBDN-30, with means of 1.2 % and 1.4 %, respectively. In general for all sample introduction systems evaluated the smallest uncertainty values were obtained for Rb matrix.

3.1.4.1.2 On-line internal standard calibration

Internal standard calibration methodology was also used to improve the inaccurate results obtained with external calibration when matrix mismatch occurred between calibration standards and samples. Conventional (off-line) internal standard calibration was used with the SSI system, whereas an on-line internal standard calibration methodology was evaluated with the different FBDN-based systems. As stated in Section 3.1.3.4, the on-line internal standard calibration methodology implies that internal standard and sample (or calibration standards) are simultaneously nebulized by different nebulizers, and the resulting aerosols are subsequently mixed in the spray chamber prior to the ICP inlet.

Regarding the internal standard used, it seems from previous investigations that there is not a general agreement on the choice of the most adequate internal standard for correcting signals in ICP-OES. Some authors have reported that the use of a single internal standard is insufficient to improve precision in ICP-OES measurements[203,204] since such standards will fully compensate only the intensity of the lines having a similar energy sum. However, when internal standard calibration is used for correcting accuracy due to matrix effects, it has been suggested that any element can be selected as an internal standard provided that the measurements are carried out under plasma robust conditions.[199–201,205] In such circumstances, when signal variations are mainly due to the aerosol formation and transport, but not to changes in the excitation and ionization conditions of the plasma, then matrix effects induced in ionic lines can be efficiently corrected by a single internal standard. On the contrary, this internal standard calibration appears to be less efficient for atomic lines due to their complex (sometimes erratic) behaviour induced by the matrix.[199]

In this work, Zn emission lines were chosen as the internal standard since they have been satisfactorily tested by other authors for the correction of inaccuracies.[142] Three different Zn emission lines were evaluated as possible internal standards for the compensation of the observed matrix effects: ZnI(213.857 nm), ZnII(202.548 nm) and ZnII (206.200 nm). The experimental results showed that ZnI (213.857 nm) atomic line was the best choice for the correction of the inaccuracy observed for atomic lines, whereas ZnII (202.548 nm) showed better results for the correction of most of the ionic lines tested. Two exceptions were NiII(231.604 nm) and PbII (220.353 nm) emission lines, which were more efficiently corrected by using ZnII (206.200 nm) as internal standard.

Fig. 3.3 shows the relative errors obtained with the three FBDN-based configurations in the analysis of the different synthetic samples when using the on-line internal standard calibration methodology. The results obtained with the off-line internal standard calibration methodology (*i.e.*, SSI system) were also included for comparative purposes. As can be observed, relative error values were considerably reduced when using this calibration methodology in both off-line and on-line modes compared with external calibration. Moreover, no significant differences were observed among relative errors obtained for the different matrices.

In general, relative error values for most of the lines evaluated were below 8 % when on-line internal standard calibration was used with FBDN-based systems. The same trend was observed for off-line internal standard calibration used with the SSI system. One exception was CuI (327.393 nm) for which relative errors increased regarding those observed in external calibration (Fig. 3.2). Therefore, an internal standard other than ZnI (213.857 nm) should be selected in order to compensate the anomalous behaviour of this line.

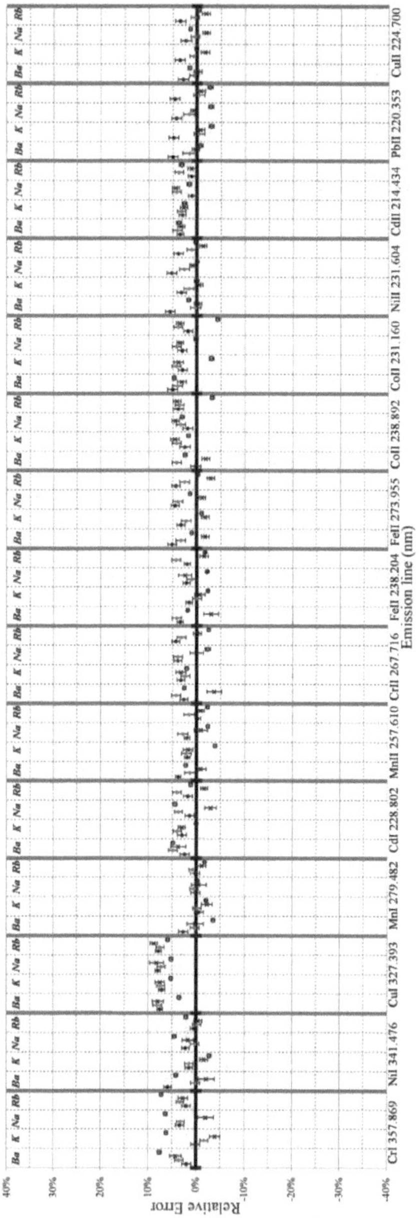

Figure 3.3: *Relative error values obtained with different matrices (Ba, K, Na, Rb) (the subdivision of the graph) using on-line internal standard calibration. •: SSI (off-line conventional internal standard calibration); •: FBDN-P; x: FBDN-15; ○: FBDN-30.*

Relative errors obtained with the FBDN-15 were slightly lower than those obtained with the other sample introduction systems evaluated, with a mean relative error of 2 % for all matrices. The highest relative errors were obtained with the SSI system, with mean values of 4 %, 3 %, 3 % and 2 % for Ba, K, Na and Rb, respectively. It should be borne in mind that due to the anomalous behaviour of CuI (327.393 nm), relative errors obtained with this line were not included in the mean relative error calculations, so as not to distort them.

In general, uncertainty was shown to be almost independent of the sample matrix when the internal standard calibration methodology was used. Moreover, uncertainty values obtained with this calibration were greater than those obtained with external calibration for SSI and FBDN-P systems, but were similar or slightly lower for FBDN-30 and FBDN-15 systems. The average uncertainty values were 0.9 %, 0.9 % and 0.8 % for SSI, FBDN-P and FBDN-15 systems, respectively, with the best uncertainty values corresponding to the FBDN-30 system, with an average uncertainty value of about 0.4 % for all the matrices.

3.1.4.1.3 On-line standard addition calibration

The conventional standard addition calibration methodology was compared to the on-line standard addition calibration modality carried out with the different FBDN-based systems evaluated. When on-line standard addition methodology is used, samples and calibration standards are nebulized through different nebulizers (see section 3.1.3.4 above). Therefore, a mathematical correction is needed for the different transport efficiencies of the nebulized samples and standard solutions. The mathematical correction used was first introduced by Salin *et al.*[138,139] In the latter works, the relative transport efficiency of two nebulizer-spray chamber combinations (*fr*) were obtained by pumping a standard solution through one nebulizer while aspirating a blank solution through the other, and *vice versa.* The ratio between the emission intensity measured for the same solution in both configurations was then used to calculate the relative transport efficiency (*fr*). With the knowledge of *fr*, the measured (apparent) analyte concentration was finally converted into "true" analyte concentration. By using the same calculation methodology, Maldonado *et al.* obtained individual relative transport efficiencies (*fr*) measuring the emission intensity for each element being analyzed in the sample, and the mean value of all emission lines (*fr*) was then used to obtain the true sample concentration.[140] In a recent investigation, the mathematical correction approach introduced by Salin *et al.* was slightly modified by Bauer and Broekaert.[142] These authors calculated the *fr* factor from the measurement of a single emission line (PbII (220.353 nm)) by using a mono-element standard solution. The obtained *fr* was then used to correct the concentrations of standards used on the standard addition calibration model. Thus, the true concentration was obtained directly by extrapolation.

One might think that there are different *fr* values for each emission line. However, variations in emission intensity from different emission lines are only plasma-related, and therefore no differences among their *fr* values due a different transport efficiency should be observed. A second possibility would be to have different *fr* values for the different calibration standards, owing to Aerosol Ionic Redistribution (AIR) interferences due to an increasing analyte concentration in the solutions.[206] AIR interferences are critically dependent upon droplet size and also vary with the ratio of the major to minor cation, as well as with the amount of the major ion. Nevertheless, it should be emphasized that the magnitude of AIR interferences is highly related to nebulizer design and operation. The two abovementioned possibilities were tested in the present study. However, the obtained results indicated no statistically significant differences neither between different *fr* values for different emission lines or between different calibration standards. With these results in mind, for FBDN-based systems, in which two nebulizers are used, each *fr* value was determined according to the Salin *et al.* methodology; *i.e.*, by measuring the signal of the emission line x when nebulizing a set of standard solutions through one nebulizer and a blank solution through the other, and then switching the nebulizers and measuring the set of standard solutions again. The ratio between the sensitivities obtained from the two previous calibration graphs was used as the correction factor *fx* for the emission line x. Then, the average *fx* value (*fr*) was used to correct the concentration of standards in the standard addition calibration model, in accordance with Bauer and Broekaert methodology.[142] That is, for each calibration standard a corrected concentration was obtained as follows:

$$C_{corr} = fr \cdot c \tag{3.2}$$

where *fr* is the average of the *fx* values over the whole set of emission lines tested and c is the concentration of the standard solution aerosol mixed with the sample aerosol during the nebulization process.

The corrected calibration curves were finally used to obtain the true concentration of the different analytes in the sample. The obtained experimental *fr* values for the different FBDN configurations were 1.24±0.04, 1.06±0.02 and 1.15±0.08 for FBDN-30, FBDN-15 and FBDN-P, respectively, which indicate good nebulizer matching in all cases, in special in the FBDN-15 configuration.

The results obtained by applying this calibration methodology for the FBDN-based systems are shown in Fig. 3.4. In this figure, the results are compared with those obtained using the conventional standard addition methodology (SSI system).

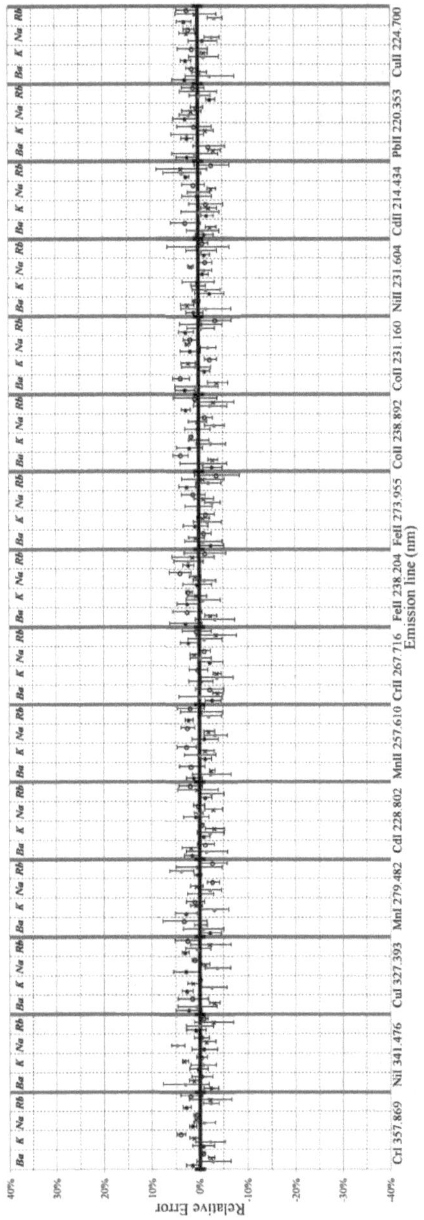

Figure 3.4: *Relative error values obtained with different matrices (Ba, K, Na, Rb) (the subdivision of the graph) using on-line standard addition calibration. •: SSI (off-line conventional internal standard calibration); •: FBDN-P; x: FBDN-15; ○: FBDN-30.*

As can be observed, compared to the other calibration methodologies discussed before, the on-line standard addition calibration approach markedly improved the results in terms of accuracy, reducing the relative errors to less than 3 % in most cases. Among the FBDN-based systems the most accurate results were obtained with the FBDN-15 and the FBDN-30 systems. The mean relative errors for these systems were 2 %, 1.5 %, 1.5 % and 1.5 % with FBDN-15 and 2 %, 1.3 %, 1.4 % and 2 % with FBDN-30 for Ba, K, Na and Rb matrices, respectively. Mean relative error values obtained with the conventional standard addition calibration were similar than those obtained with the two FBDN-based systems above, with values of 2 %, 2 %, 1.1 % and 2 % for the same matrices.

In general, uncertainty increases in standard addition calibration methodology. In fact, standard addition calibration is an extrapolation method, and therefore less precise than interpolation methods. The uncertainty values (Fig. 3.4) were found to be dependent on the sample matrix and on the liquid sample introduction system used. For instance, FFDN-15 was the system giving the lowest uncertainty values for most of the matrices, with average values of 1.3 %, 1.4 % and 1.3 % for Ba, K and Na. However, the same system gave the greatest uncertainty values for the Rb matrix, with a mean value of 4 %.

In this matrix, the best uncertainty values were obtained with the SSI system (*i.e.*, 1.2 % mean value), but this system gave the greatest uncertainties for the Na matrix (2 % mean value). For Ba and K matrices the worst results were obtained with the FBDN-P system, with mean uncertainty values of 4 % and 3 % for Ba and K, respectively.

3.1.4.2 Analytical figures of merit

In order to assess the analytical potential of the different FBDN-based systems studied for ICP-OES measurements, sensitivity, precision and limits of detection obtained with external calibration and internal standard calibration applied to matrix-free samples were considered. In the case of standard addition calibration, the figures of merit are not comparable with previous methodologies because both sensitivity and precision are dependent on the matrix of each solution.

3.1.4.2.1 Sensitivity

On reading this section, one must bear in mind the different sample introduction systems and, therefore, the different liquid uptake rate for each system. Fig. 3.5 shows the relative sensitivity of the different FBDN-based systems evaluated when using external calibration and internal standard calibration, respectively. Here, relative sensitivity is defined as the ratio between the sensitivity values obtained with each FBDN-based system and that obtained with the SSI system. Therefore, the relative sensitivity of one means no differences between the SSI system and the corresponding FBDN-based system. Sensitivity for the different nebulization systems has been calculated as the slope of the calibration function. The emission lines evaluated in this figure are plotted in order of increasing Esum values.

As observed in Fig. 3.5A, the FBDN-30 system shows the highest sensitivity among all the FBDN-based systems when external calibration methodology is used. The sensitivity of this nebulizer compared to the SSI system is close to one for all the emission lines evaluated, independently of their Esum values. The remaining FBDN-based systems show lower sensitivity than the SSI system, with an average relative sensitivity value of 0.8 and 0.7 for FBDN-P and FBDN-15, respectively. However, it is worthy of remark here that the liquid uptake rate for all the FBDN-based systems is 2.5 times lower than the SSI system (*i.e.*, 400 mL min^{-1} for FBDN-based systems compared to 1000 mL min^{-1} for SSI system). This means that the efficiencies on signal generation (*i.e.*, mean relative sensitivity/Ql) is 2.5, 2.0 and 1.8 for FBDN-30, FBDN-P and FBDN-15, respectively. In general, relative sensitivities for all the FBDN-based systems seem to be Esum independent, indicating that the observed variations are not plasma-related and can mainly be attributed to a transport efficiency effect.

The same trend is observed when an internal standard calibration methodology is used (Fig. 3.5B). However, in this case relative sensitivities for FBDN-based systems seem to be emission line-dependent. As can be observed, the higher the emission line Esum the bigger the relative sensitivity for FBDN-based systems. This behavior is more marked with the FBDN-30, for which relative sensitivity increases from about 0.5 for low Esum lines to about 1.0 (*i.e.*, the same sensitivity than the SSI system) for high Esum lines. In general, all the FBDN-based systems give sensitivities lower than or similar to the SSI system. However, in this case also the liquid uptake rate for the FBDN-based systems is lower than that for the SSI system. In other words, liquid uptake rate is 5 times lower for FBDN-based systems, considering that only one nozzle of the FBDN-based systems are used to nebulize standards.

3.1.4.2.2 Precision

Table 3.3 shows the RSD (%) values obtained with external and internal standard calibration, at three different concentration levels (0.2, 0.6 and 1.0 mg L^{-1}), for all the emission lines measured with the liquid sample introduction systems studied.

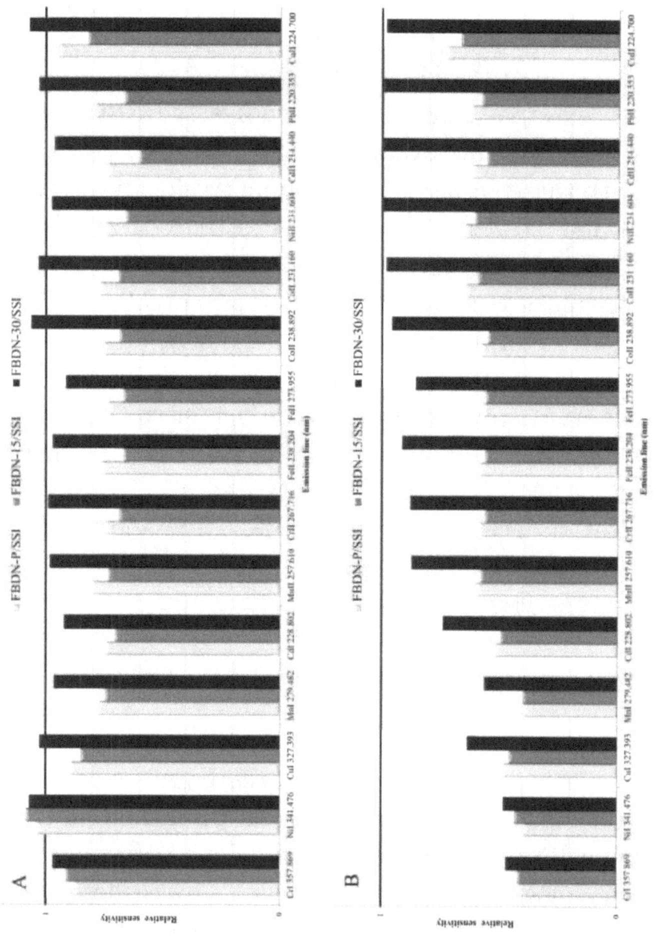

Figure 3.5: *Relative sensitivity obtained with external calibration (A) and internal standard calibration (B) methodologies for the different multinebulization systems. (See text for relative sensitivity definition).*

According to the results, it can be stated that FBDN-based systems provide, in general, more precise results than the SSI system at all the concentration levels evaluated with both calibration methodologies (Table 3.3). In general, there is no appreciable trend when comparing precision at different concentration levels within a methodology. However a slight improvement in precision can be observed when comparing internal standard calibration with external calibration. The average RSD over the whole set of emission lines evaluated, at a 0.2 mg L^{-1} concentration level, with the external calibration methodology was 1.2 %, 0.7 %, 0.7 % and 0.6 % for SSI, FBDN-P, FBDN-15 and NDFB-30 systems, respectively. At 0.6 mg L^{-1} concentration level, the RSD average values were 1.3 %, 0.5 %, 0.6 % and 0.6 % for the same set of introduction systems and, similarly, at 1.0 mg L^{-1} concentration level the results were 1.3 %, 0.7 %, 0.6 % and 0.7 %. When internal standard calibration was used, the average RSD values were 0.7 %, 0.5 %, 0.6 % and 0.4 % at a 0.2 mg L^{-1} concentration level; 1.6 %, 0.6 %, 0.5 % and 0.5 % at a 0.6 mg L^{-1} concentration level and 1.5 %, 0.6 %, 0.5 % and 0.4 % at a 1.0 mg L^{-1} concentration level for SSI, FBDN-P, FBDN-15 and FBDN-30 systems, respectively.

3.1.4.2.3 Limits of detection

Table 3.4 shows the limits of detection (based on 3σ of the blank signal, 10 replicates) obtained with all the liquid sample introduction systems evaluated using external calibration and internal standard calibration methodologies. Comparing both calibration methodologies, external calibration gave the lowest LOD values in almost all cases. In general, the best performance was obtained with SSI system under external calibration and with FBDN-30 system under internal calibration.

Table 3.3: *Precision of the FBDN-based and SSI systems at three different concentration levels obtained using external calibration and internal standard calibration.*[a]

Emission line (nm)	RSD(%) SSI External 0.2[b]	SSI External 0.6[b]	SSI External 1.0[b]	SSI Internal 0.2[b]	SSI Internal 0.6[b]	SSI Internal 1.0[b]	FBDN-P External 0.2[b]	FBDN-P External 0.6[b]	FBDN-P External 1.0[b]	FBDN-P Internal 0.2[b]	FBDN-P Internal 0.6[b]	FBDN-P Internal 1.0[b]	FBDN-15 External 0.2[b]	FBDN-15 External 0.6[b]	FBDN-15 External 1.0[b]	FBDN-15 Internal 0.2[b]	FBDN-15 Internal 0.6[b]	FBDN-15 Internal 1.0[b]	FBDN-30 External 0.2[b]	FBDN-30 External 0.6[b]	FBDN-30 External 1.0[b]	FBDN-30 Internal 0.2[b]	FBDN-30 Internal 0.6[b]	FBDN-30 Internal 1.0[b]
CrI (357.869)	1.1	0.8	1.1	1.3	1.2	2	0.8	0.3	0.9	0.5	0.3	0.3	0.9	0.8	0.7	0.7	0.7	0.6	0.8	0.8	0.9	0.4	0.4	0.5
NiI (341.476)	1.2	1.2	1.4	0.4	1.2	0.9	0.5	0.8	1.1	0.4	0.7	0.7	0.4	0.4	0.6	0.5	0.9	0.4	0.4	0.6	0.8	0.3	0.6	0.5
CuI (327.393)	0.3	1.2	1.5	1.3	1.3	2	0.4	0.2	0.7	0.6	0.9	0.9	0.6	1.0	0.7	0.6	0.4	0.12	0.8	0.7	0.8	0.4	0.4	0.5
MnI (279.482)	0.6	0.6	1.1	0.2	1.2	2	1.0	0.5	0.6	0.2	0.9	0.5	0.8	0.9	0.7	0.2	0.3	0.2	0.8	0.9	0.4	0.6	0.5	0.5
CdI (228.802)	1.2	0.8	0.9	0.5	1.0	1.0	0.9	0.4	0.9	0.7	0.6	0.4	0.7	0.3	0.4	0.7	0.7	0.5	0.4	0.9	0.8	0.5	0.4	0.7
MnII (257.610)	1.2	0.7	1.1	1.0	3	2	0.7	0.5	1.0	0.8	0.13	0.7	0.9	0.9	0.5	0.4	0.3	0.7	0.6	0.8	0.7	0.4	0.6	0.3
CrII (267.716)	0.9	1.0	1.2	0.3	3	2	0.9	0.5	0.8	0.6	0.8	0.7	0.7	0.9	0.5	0.3	0.2	0.7	0.6	0.8	0.6	0.5	0.3	0.4
FeII (238.204)	1.1	1.0	1.1	1.1	3	2	0.7	0.6	0.6	0.7	0.3	0.8	0.9	0.8	0.6	1.0	0.2	0.7	0.4	0.7	0.8	0.3	0.5	0.3
FeII (273.955)	1.0	2	1.0	1.2	0.7	0.6	0.7	0.5	0.3	0.4	0.7	0.4	0.5	0.4	0.4	0.8	0.5	0.6	0.3	0.9	0.5	0.2	0.5	0.5
CoII (238.892)	1.5	1.3	1.4	0.4	1.4	2	0.8	0.4	0.8	0.9	0.6	0.6	0.6	0.6	0.6	0.6	0.3	0.3	0.4	0.5	0.4	0.7	0.8	0.4
CoII (231.160)	1.4	2	2	0.3	0.9	0.4	0.4	0.6	0.3	0.1	0.7	0.4	0.4	0.5	0.5	0.7	0.3	0.5	0.5	0.6	0.5	0.3	0.7	0.3
NiII (231.604)	1.4	2	1.1	0.4	1.0	2	0.5	0.6	0.8	0.4	0.9	0.4	0.9	0.4	0.6	1.0	0.9	0.4	0.6	0.4	0.6	0.5	0.3	0.3
CdII (214.434)	1.1	0.8	1.2	0.3	3	2	0.3	0.8	0.7	0.4	0.5	0.5	0.7	0.7	0.6	0.3	0.5	0.2	0.9	0.2	0.6	0.6	0.4	0.3
PbII (220.353)	2	2	1.5	1.0	1.5	2	0.9	0.3	0.2	0.9	0.2	0.5	0.7	0.4	0.4	1.0	1.0	0.6	0.7	0.2	0.9	0.3	0.6	0.6
CuII (224.700)	2	2	2	0.2	0.7	0.3	0.7	0.4	0.3	0.6	0.6	0.5	1.0	0.6	0.5	0.7	1.0	0.9	0.3	0.3	0.6	0.4	0.6	0.6

[a]Underlined numbers represent RSD (%) values higher than the reference (results obtained with SSI at the same concentration level).
[b]mg L^{-1}.

In external calibration, the lowest LOD values were obtained with the SSI or the FBDN-based systems, depending upon the line evaluated. The lines providing the best and the worst LOD values were dependent upon the nebulization system employed. For the SSI system, CrII (267.716 nm) was the line showing the smallest LOD values whereas for the remaining nebulization systems the best LOD was obtained for MnII (257.610 nm). The highest LOD value with the SSI system was for NiI (341.476 nm) line. However, with FBDN-based systems the highest LOD value was obtained for PbII (220.353 mn). The lowest LOD value was 0.011 mg L^{-1}, which was obtained for MnII (257.610 nm) with the FBDN-30. The highest LOD value was 3 mg L^{-1}, obtained for NiI (341.476 nm) with the SSI system and for PbII (220.353 nm) with the FBDN-15 and FBDN-30 systems.

With internal standard calibration the best LOD values were obtained with the FBDN-based systems for most of the lines evaluated, in particular with the FBDN-30. However, for the two lines having the highest Esum values, the SSI system was always the one showing the smallest LOD values. Among the whole set of emission lines and liquid sample introduction systems evaluated, the smallest LOD value was found to be 0.02 mg L^{-1}, obtained for MnII (257.610 nm) with the FBDN-30, FBDN-15 and SSI systems.

The highest LOD value was 6 mg L^{-1}, obtained for FeII (273.955 nm) and NiI (341.476 nm) with the SSI and FBDN-P systems, respectively. These LOD values seem to disagree with Fig. 3.5, where it is clear that the sensitivities of the FBDN-based systems are similar or lower than sensitivities of the SSI system. However, the lack of sensitivity of the FBDN-based systems is offset by its higher background precision. As an example, in the case of FeII (238.204 nm) with internal standardization, sensitivity for SSI was 31754 cps L mg^{-1} and background precision (SD) was 28 cps.

Table 3.4: *Limits of detection (LOD) obtained using external calibration and internal standard calibration.*[a,b]

	LOD ($\mu g\ L^{-1}$)							
	SSI		FBDN-P		FBDN-15		FBDN-30	
Emission line (nm)	External	Internal	External	Internal	External	Internal	External	Internal
CrI (357.869)	0.3	0.4	0.04	0.5	0.4	1.1	0.7	0.4
NiI (341.476)	3	5	0.4	6	2	4	2	5
CuI (327.393)	0.4	1.3	1.0	1.1	0.6	1.0	0.3	0.9
MnI (279.482)	0.06	0.3	0.2	0.4	0.7	1.0	0.5	0.2
CdI (228.802)	0.06	0.2	0.4	0.13	0.09	0.3	0.11	0.2
MnII (257.610)	0.10	0.02	0.02	0.08	0.02	0.02	0.011	0.02
CrII (267.716)	0.05	0.5	0.04	0.05	0.03	0.08	0.06	0.13
FeII (238.204)	0.3	3	0.09	0.10	0.10	0.2	0.11	0.13
FeII (273.955)	0.11	6	0.08	0.3	0.3	0.5	0.4	0.7
CoII (238.892)	0.10	0.4	0.3	0.10	0.09	0.3	0.2	0.3
CoII (231.160)	0.2	0.9	0.08	0.2	0.10	0.3	0.2	0.3
NiII (231.604)	0.08	2	0.10	0.12	0.2	0.2	0.3	0.3
CdII (214.434)	0.2	0.4	0.3	0.4	0.6	0.5	0.2	0.6
PbII (220.353)	0.3	0.5	2	3	3	2	3	3
CuII (224.700)	0.3	0.4	1.1	1.2	1.1	2	1.3	2

[a] Liquid and gas flows used with FBDN-based systems as on Table 3.1.
[b] Underlined numbers represent LOD values higher than the reference (results obtained with SSI).

With FBDN-based systems, sensitivity value was always lower (20723 cps L mg^{-1}, 20604 cps L mg^{-1} and 29569 cps L mg^{-1} for FBDN-P, FBDN-15 and FBDN-30, respectively) whereas background precision was higher (0.7 cps, 1 cps and 1 cps for the same FBDN-based systems), which leads to an improvement in the obtained LOD values (3 mg L^{-1}, 0.10 mg L^{-1}, 0.2 mg L^{-1} and 0.13 mg L^{-1} for SSI, FBDN-P, FBDN-15 and FBDN-30, respectively).

3.1.4.3 Analysis of certified samples

A certified reference material (Estuarine Water, LGC6016) was analyzed using external calibration with the SSI system and on-line standard addition calibration without sample treatment with FBDN-based systems. The sole purpose of the analysis by external calibration with the SSI system was to verify the strong matrix effects in this certified reference material. It was impossible to analyze the certified reference material by internal standard calibration because it contained Zn as analyte. The results obtained with the three FBDN-based and SSI systems are shown in Table 3.5. Certified values and relative error values are also given. The matrix effects presented by this certified reference material (relative error values ranges between +20 % and -30 %) were eliminated, or at least substantially reduced, when the on-line standard addition methodology was used with FBDN-based systems (relative error values ranges between +4 % and -2 %). As observed, the most accurate results were obtained with the FBDN-30 system. The concentration values obtained with this system match the certified concentration intervals for all the elements analyzed. Relative error values ranged from -1.1 % to +2 % for the FBDN-30, from -2 % to +4 % for the FBDN-15, and from -2 % to +4 % for the FBDN-P. Precision, among the different FBDN-based systems, was, in general, better with the

Table 3.5: *Analysis of LGC6016 certified reference material (estuarine water) by external calibration with SSI system and on-line standard addition with all the FBDN-based systems.*

		SSI		FBDN-P		FBDN-15		FBDN-30	
Emission line (nm)	Certified value[a]	Found value[a]	RE[b]	Found value[a]	RE[b]	Found value[a]	RE[b]	Found value[a]	RE[b]
CdII (214.440)	101±4	74±6	-30	99±8	-2	105±10	+3	100±6	-1.1
CdI (228.802)		86±15	-14	103±5	+2	105±15	+4	102±9	+0.7
CuII (224.700)	190±2	147±8	-20	190±20	+2	190±20	+0.13	190±20	+0.4
CuI (327.393)		196±6	+3	196±15	+3	196±13	+3	192±4	+1.3
MnII (257.610)	980±30	760±20	-20	1020±40	+4	1000±30	+3	1000±40	+2
NiII (231.604)		145±12	-20	190±20	+3	190±20	+1.1	188±15	+1.0
NiI (341.476)	186±3	225±6	+20	184±3	-0.8	181±12	-2	186±11	-0.02
PbII (220.353)	196±3	156±3	-20	200±20	+2	200±20	+3	190±20	-0.7

[a]In μg L^{-1} ± confidence interval at 95 %.
[b]Relative error (%).

FBDN-30 system.

3.1.5 Conclusions

A *Flow Blurring®* Dual Nebulizer (FBDN)-based sample introduction system has been proposed as a promising multiple-nozzle platform for ICP-OES quantitative analysis. Among the different FBDN-based configurations, FBDN-30 gave the best analytical performance in terms of sensitivity, precision and limits of detection.

The more striking point is that on-line internal standard calibration and on-line standard addition calibration, carried out with FBDN-based systems, led to a substantial reduction in matrix effects. Relative error values were less than 10 % on-line internal standard calibration -and 3 % on-line standard addition calibration- for synthetic solutions and a certified reference material when compared to the external calibration methodology.

Similar accuracy and uncertainty in the analysis of synthetic samples was achieved by FBDN-based systems, even when using liquid flow 2.5 times lower than SSI system. On the other hand, the sensitivity of FBDN-based systems was similar or lower than that obtained with the SSI system, although the efficiencies on signal generation by FBDN-based systems were higher than the

SSI system. Moreover, for the majority of emission lines evaluated, higher precision and better LOD values were obtained for FBDN-based systems than for the SSI system. Finally, there are other additional advantages of on-line calibration methodologies using FBDN-based systems, which include handling simplicity, significant reduction in the total analysis time, reagent and sample consumption and number of solutions to be prepared.

3.1.6 Acknowledgements

The authors are grateful to the Spanish Ministry of Education and Science (PET 2006706-00, CTQ 2005-09079-C03-01, CTQ 2008-06730-C02-01), the Valencian Government (ACOMP/2007/053, ACOMP/2009/144 and A-04/09) for the financial support, and to OneNeb (Division of Ingeniatrics Tecnologías S.L.) for the FBPN prototypes provided. M.A.A. is grateful to the University of Alicante for his Ph.D. fellowship. This work is part of the Ph.D. degree of M.A.A. Valuable comments and suggestions provided by the reviewers are gratefully acknowledged.

SECTION 3.2

Manuscript 2

www.rsc.org/jaas **PAPER**

Analysis of biodiesel and oil samples by on-line calibration using a *Flow Blurring*® multinebulizer in ICP OES without oxygen addition

Miguel Ángel Aguirre, Nikolay Kovachev, Montserrat Hidalgo and Antonio Canals*

Received 10th July 2012, Accepted 8th October 2012
DOI: 10.1039/c2ja30202k

3.2.1 Abstract

A new multinebulizer, based on *Flow Blurring*® technology (FB-MN), is evaluated for a simple, fast and direct analysis of organic samples in Inductively Coupled Plasma Optical Emission Spectrometry (ICP-OES). Organic samples are analyzed by on-line standard addition calibration using aqueous calibration standards. A Standard Sample Introduction (SSI) system (*i.e.*, MicroMist® commercial nebulizer (MM) and a spray chamber) is used for comparison using a conventional standard addition with organic calibration standards. Both systems are coupled to the same cyclonic-type spray chamber and organic samples are nebulized at the same flow rate (100 μL min^{-1}). Aerosol characterization revealed that when using the FBMN, practically all the organic primary aerosol volume is contained in droplets smaller than 33 μm, whereas when using the MM nebulizer, it is contained in droplets smaller than 114 μm. The on-line standard addition calibration was tested with diluted oil samples, providing results as accurate as those obtained with the reference system, with percent relative error values ranging from

Department of Analytical Chemistry and Food Sciences and University Institute of Materials, University of Alicante, P.O. Box 99 - 03080, Alicante, Spain.
* *Corresponding author: a.canals@ua.es*

-5 % to 4 % for the reference system, and slightly lower, from -3 % to 3 % for the FBMN-based system. Figures of merit estimation shows that sensitivity, precision and limits of detection are better in the on-line calibration analysis than in the conventional one. In particular, long-term stability studies reveal that the addition of water in the on-line standard addition calibration significantly contributes to carbon compounds combustion, and therefore eliminates spectral interferences from carbon compounds and avoids carbon deposits in ICP components. After 2 hours of continuous organic sample introduction, the RSD (%) values ranged between 1.5 % and 2 % with the FBMN-based system and between 10 % and 13 % with the SSI system. Accuracy and uncertainty of the proposed on-line calibration was also evaluated in the analysis of various organic samples (*i.e.*, biodiesel certified material and real diesel samples). In the analysis of certified reference material, the relative error values were found to be in the range from -4 % to +4 % for the SSI system and from -4 % to +1.0 % for the FBMN-based system. Recovery values of real samples of 5 % biodiesel in diesel were, in all cases, close to 100 %.

3.2.2 Introduction

The analysis of metallo-organic species in organic samples, and particularly in fuels, is of increasing significance since it provides useful information for engineers about component wear, additive depletion/fuel dilution, contamination, ingress of dirt, etc. Sensitive techniques are required for the analysis of petrochemical products[207–209] (*i.e.*, lubricant oils, diesel fuel, gasoline, kerosene, *etc.*) and relatively new renewable alternative fuels -biodiesel and bioethanol. Most analytical methods reported in the literature are based on atomic spectrometric techniques such as Flame Atomic Absorption Spectrometry (FAAS),[98] Electrothermal Atomic Absorption Spectrometry (ETAAS),[210,211] Inductively Coupled Plasma Optical Emission Spectrometry (ICP-OES)[93,212,213] and Inductively Coupled Plasma Mass Spectrometry (ICP MS).[93,99] Despite the relatively higher costs for equipment acquisition and operation, ICP-OES is by far the most applied technique for organic sample analysis, mainly due to its high sensitivity and multi-elemental analysis capability. However, the analysis of organic material by ICP-OES is not a simple task, and even experienced analysts had to face many difficulties when attempting to analyse such sample types.

To date, most analytical procedures found in the literature for ICP-OES analysis of organic samples involve a previous step of sample preparation, such as acid digestion,[93,94] electro-thermal vaporization (ETV),[95,96] emulsification[97,98] or direct sample analysis by dilution of the sample with organic solvents.[99,100] The acid digestion is usually tedious and extremely time-consuming, with a high risk of sample contamination, volatile analyte losses or incomplete mineralization of the organic matrix. The ETV technique can potentially and considerably reduce the organic matrix interferences. However, ETV parameters have to be carefully optimized for each element and the discrete sampling makes sample throughput considerably slow, even when using automatic samplers, thereby prolonging the procedure. An alternative methodology is to use emulsions. In this way, the organic phase is incorporated into an aqueous phase that can be directly introduced into the plasma. This procedure does not require the destruction of the organic matter or the use of large amounts of organic solvents. Moreover, when the organic phase is evenly dispersed in the water phase, the sample behaves similarly to an aqueous solution and, therefore, it is possible to carry out the ICP-OES analysis using aqueous calibration standards, thus minimizing both time and cost of the analysis.[97,212,214] The most important drawback of this method is the low stability of the emulsions, which depends on the chemical conditions (*i.e.*, pH, characteristics and concentration of the emulsifier) affecting the sensitivity and reproducibility of the ICP-OES signal. Due to its simplicity, direct analysis after sample dilution with organic solvents is the most common and preferred method. However, it is widely known that direct introduction of organic material into the plasma is fraught with several drawbacks (*i.e.*, deterioration of the thermal plasma properties, selection of suitable sample introduction system components, carbon deposits on the torch and at the tip of the injector tube and spectral (Swan bands) and non-spectral (matrix effects) interferences).[215] Moreover, not all organic matrices are soluble in the more common organic solvents suitable for ICP-OES measurements. There have been numerous studies striving to solve the disadvantages of the direct analysis of organic samples, most of them focused on the reduction of the amount of organic solvent entering the plasma in different manners: (*i*) decreasing the sample uptake rate[216] (less than 200 μL min^{-1}); (*ii*) increasing or decreasing the temperature inside the spray chamber;[100] or (*iii*) using membrane-based[217] and thermal-based[207] desolvation systems.

Bauer and Broekaert have introduced a new methodology for direct analysis of oil samples dissolved in kerosene using a modified cross-flow nebulizer (*i.e.*, a conventional cross-flow nebulizer with an additional channel for the introduction of liquids).[143] By using this dual-channel nebulization device, the organic sample is continuously introduced through one channel of the nebulizer, while aqueous calibration standards are sequentially nebulized through the other one. In this way, aerosol droplets generated by both channels are mixed in the spray chamber and the resulting mixture reaches the ICP, thus allowing the analysis of organic samples by on-line standard addition calibration using aqueous calibration solutions.

Recently, our research group has reported on the successful

elimination of the matrix effects caused by high concentration of easily ionized elements using multinebulization systems based on *Flow Focusing®*[195] and *Flow Blurring®*[218] technologies.

The present work describes the use of the *Flow Blurring®* multinebulizer for a simple, fast, direct and reliable way of analysing organic matrices by ICP-OES. To this end, an on-line standard addition calibration using aqueous calibration standards has been used.

Multinebulizer evaluation includes studies on aerosol characterization, figures of merit estimation and the analysis of various organic samples (*i.e.*, Conostan oil standard, biodiesel certified material and real diesel samples).

3.2.3 Experimental

3.2.3.1 Sample introduction systems

The multinebulization device used in this work, called *Flow Blurring®* multinebulizer (FBMN), is the result of the evolution of diverse multinebulizer prototypes already described elsewhere.[195,218] Briefly, it consists of three *Flow Blurring®* nebulization units (nozzles) embedded in a cylindrical PTFE body (Fig. 3.6). The multinebulizer has a common nebulization gas inlet, and independent liquid inlets for each nozzle. The hydrodynamic principles and main features of the *Flow Blurring®* nebulization nozzles have been previously reported.[88,218] The cylindrical body of the nebulizer has dimensions that allow its direct connection to most commercial spray chambers used with ICP-based spectrometers. In this work, the FBMN was operated in a commercial cyclonic-type spray chamber (Model Tracy, Glass Expansion Ptr. Ltd., West Melbourne, Victoria, Australia) having a 50 mL internal volume. This association is called FBMN-based system.

A concentric pneumatic nebulizer (Model MicroMist® (MM),

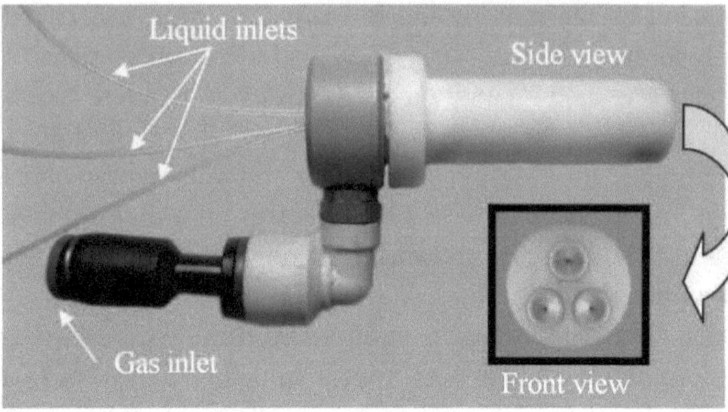

Figure 3.6: *Photograph of the Flow Blurring® multinebulizer (FBMN) and its front view with the three nebulization units.*

Glass Expansion Ptr. Ltd, West Melbourne, Victoria, Australia) coupled to the same cyclonic-type spray chamber was used as a standard sample introduction (SSI) system. This SSI system was used as a reference system for comparison with the FBMN-based system.

In all cases, the liquid uptake rate was controlled via a four-channel peristaltic pump (Perimax 12, Spectec GmbH, Erding, Germany). Two different types of peristaltic tubes were used depending on the sample: (*i*) for organic solutions, peristaltic tubes compatible with most petroleum-based products (F-4040-A, id. 0.25 mm, Ismatec, Switzerland) were employed; and (*ii*) for aqueous solutions, Tygon® peristaltic tubes (R-3607, id. 0.51 mm, Ismatec, Switzerland) were used. For the operation of the FBMN-based system, each channel of the pump supplied one nozzle of the multinebulizer. Therefore, peristaltic tubes with different inner diameters were chosen for organic and aqueous solutions in order to achieve different liquid uptake rates by using the same pump settings. Waste from the spray chamber was removed with the peristaltic pump of the ICP-OES spectrometer used in this study. The nebulizing gas flow was controlled with a pressure regulator (model, ref. 0.821.302.025, Bosch GmbH, Stuttgart, Germany) and a manometer (Digitron Model 2003P, Sifam Instruments Limited, Torquay, England). Argon was always used as the nebulizing-carrier gas. The liquid uptake rate and nebulizing gas flow rate were optimized for each liquid sample introduction system (see Table 3.6 and Section 3.2.3.5 below).

3.2.3.2 ICP-OES instrumenation

All the experiments were carried out using an inductively coupled plasma optical emission spectrometer (model Optima 4300 DV, Perkin Elmer, Norwalk, CT, USA) working in axially viewed plasma mode. Technical details pertaining to this spectrometer have been previously reported[188] and the operating conditions used in this work are shown in Table 3.6. In all cases, the ICP-OES spectrometer was operated with a standard quartz torch. A 2.0 mm i.d. ceramic injector was used with the FBMN-based system, whereas a 0.8 mm i.d. ceramic injector was used with

Table 3.6: *ICP-OES operating conditions.*

Plasma parameters	FBMN-based system	SSI system
Outer gas flow (L min^{-1})	15	15
Intermediate gas flow (L min^{-1})	0.2	1.2
RF power (W)	1300	1350
Integration time (s)	Variable	Variable
Read time (s)	Variable	Variable
Number of replicate	5	5
Viewing mode	Axial	Axial
Sample introduction system		
Nebulizer type	FBMN	MicroMist
Spray chamber	cyclonic	cyclonic
Gas flow rate (L min^{-1})	0.6	0.40
Pressure gas suplied (mbar)	400	800
Total liquid uptake rate (μL min^{-1})	500	100
Organic sample uptake rate (μL min^{-1})	100	100
Aqueous standard uptake rate (μL min^{-1})	400	-
Injector tube (mm i.d.)	2.0	0.8

the SSI system.

Several atomic and ionic emission lines corresponding to different elements contained in the samples were selected in order to cover a wide range of total excitation energy or energy sum, Esum (*i.e.*, excitation energy for atomic emission lines and the sum of ionization energy and excitation energy for ionic emission lines). Table 3.7 shows the elements and emission lines tested, with the corresponding Esum value. The same set of emission lines were evaluated using both introduction systems, with the exception of that for sodium. For sodium, both NaI 589.592 nm and NaI 588.995 nm lines underwent interference by strong molecular bands from carbon compounds when the SSI system was operated. From these two lines, NaI 588.995 nm was chosen when using this system, since it provided a better sensitivity and limit of detection than the former one. No spectral interferences were found when using the FBMN-based system. Therefore, the line providing better analytical results (NaI 589.592 nm) was evaluated in this case. Potassium was also problematic with the SSI system due to spectral interferences with the most intense KI 766.490 nm line. However, in this case KI 766.490 nm was maintained because it provided better analytical results than other available lines tested, not subject to interference.

3.2.3.3 Drop size and velocity measurement instrumentation

Drop size and velocity distributions of both primary aerosols generated with FBMN and MM, and tertiary aerosols exiting the torch injector tube were determined using a two-dimensional Phase Doppler Particle Analyzer (2D-PDPA, TSI Inc., Shoreview, Minnesota, USA)[74,78,191,219,220] equipped with data acquisition software (FlowSizer v. 2.0.1.0, TSI Inc., Shoreview, Minnesota, USA). The PDPA receiver was held at a forward scat-

Table 3.7: *Emission lines and energy values.*

Emission line (nm)	Excitation energy (eV)	Ionization energy (eV)	Energy sum (eV)
KI (766.490)	1.62	-	1.62
NaI (589.592)[a]	2.10	-	2.10
NaI (588.995)[b]	2.11	-	2.11
AlI (396.153)	3.14	-	3.14
AgI (328.068)	3.78	-	3.78
MgI (285.213)	4.34	-	4.34
SnI (283.998)	4.78	-	4.78
SiI (251.611)	4.95	-	4.95
CdI (228.802)	5.41	-	5.41
ZnI (213.857)	5.80	-	5.80
CaI (317.933)	7.04	-	7.04
PI (213.617)	7.22	-	7.22
BaII (493.408)	2.51	5.21	7.72
BaII (455.403)	2.72	5.21	7.93
CaII (393.366)	3.15	6.11	9.26
TiII (334.940)	3.74	6.82	10.56
VII (309.310)	4.40	6.74	11.14
MgII (280.271)	4.42	7.65	12.07
MnII (257.610)	4.81	7.44	12.25
CrII (205.560)	6.03	6.77	12.80
FeII (238.204)	5.20	7.87	13.07
MoII (202.031)	6.13	7.10	13.23
NiII (231.604)	6.39	7.64	14.03
CdII (214.440)	5.78	8.99	14.77
PbII (220.353)	7.37	7.42	14.79
ZnII (202.548)	6.12	9.39	15.51
CuII (224.700)	8.23	7.73	15.96

[a]Only measured with FBMN-based system.
[b]Only measured with SSI system.

tering angle of 30° with respect to the transmitting probe. Pursuant to the conditions used in ICP-OES, the nebulizers (FBMN or MM) and injector tubes connected to the spray chamber were horizontally positioned for primary and tertiary aerosol measurements. In all cases, droplet size, axial velocity (*i.e.*, velocity along the centre line of the aerosol) and radial velocity (*i.e.*, velocity component perpendicular to the centre line of the aerosol) of the generated aerosol were simultaneously determined. The primary aerosol was measured 3 mm from each nozzle along the centre line of the aerosol cone (*i.e.*, position in which radial velocity mean value drops to approximately zero). The tertiary aerosol was measured 1 mm from the exit orifice of the corresponding injector tube used (*i.e.*, injector tube of 0.8 mm i.d. for the SSI system and 2.0 mm i.d. for the FBMN-based system) and at the centre line of the exit orifice. In each PDPA acquisition, approximately 10000 droplets were measured. The parameters to be set in the PDPA system (*i.e.*, detector voltage, burst threshold, band pass filter, downmix frequency, intensity validation, *etc.*) were optimized separately for each measurement, strictly following the manufacturer's recommendations for these types of samples.[221] All these measurements were performed in triplicate.

3.2.3.4 Samples and reagents

3.2.3.4.1 Organic samples

Three different types of organic samples were analyzed by conventional standard addition and on-line standard addition calibrations: (*i*) one sample (CONOSTAN) prepared by mixing two metallo-organic standard oil solutions with 1000 μg g^{-1} in K (mono-element standard, Conostan, Ponca city, Oklahoma, USA) and 500 μg g^{-1} in different analytes (multi-element standard, Conostan S-21, Ponca city, Oklahoma, USA); (*ii*) a 100 % biodiesel certified reference material with 10 μg g^{-1} certified concentration in different elements (Catalog no. BFM-10Y, Spex, Certiprep, USA); and (*iii*) a set of three real samples containing 5 % biodiesel in diesel fuel from different petrol stations in the region of Alicante (Spain).

The prepared metallo-organic standard oil solution (CONOSTAN) was analyzed after its dilution with petroleum ether (QP, Panreac, Barcelona, Spain. Boiling range: 190–250 °C) to form a solution having 1 μg g^{-1} in all the analytes. The oil percentage in petroleum ether was 5 %. This diluted sample is referred to as "diluted oil sample" throughout this work.

3.2.3.4.2 Calibration standards

The same set of five aqueous calibration standards was always used for on-line standard addition calibration with the FBMN-based system. Aqueous calibration standards were prepared by appropriate dilution of a 1000 mg L^{-1} multi-elemental stock solution (ICP Multi Element Standard Solution IV, CetriPUR, Merck, Darmstadt, Germany) and 1000 mg L^{-1} mono-element standard solutions of Mo, P, Si, Sn, Ti and V (High-Purity mono-element standard solutions, Charleston, UK) in distilled deionized water (18 MΩ cm resistivity). All aqueous solutions were acidified by adding up to 2 % (w w^{-1}) of HNO_3 65 % (w w^{-1}) high-purity acid (Merck p.a., Darmstadt, Germany). An aqueous calibration blank containing the same amount of HNO_3 was also prepared.

For conventional standard addition calibration using the SSI system, a set of organic standard added solutions were prepared on batch for each sample by spiking the sample (*i.e.*, diluted oil sample, reference material or real samples) with the abovementioned metallo-organic Conostan standard solutions up to the desired added concentration.

3.2.3.4.3 Solutions used in the evaluation of figures of merit

Sensitivity of SSI and FBMN-based systems was evaluated with the aid of aqueous and organic calibration standards. Aqueous calibration standards were prepared as described above. Organic calibration standards were obtained by spiking petroleum ether with metallo-organic Conostan standard solutions to the desired concentrations.

Standard deviation of the blank for limit of detection (LOD) calculation was measured by using aqueous and organic blank solutions. The aqueous blank solution consisted of deionized water with 2 % (w w^{-1}) HNO_3. The organic blank contained 5 % of base oil in petroleum ether, free of analytes (blank standard solution, Conostan, Ponca City, OK, USA). For the evaluation of limit of quantification (LOQ) in 100 % biodiesel certified reference material a certified matrix blank of 100 % biodiesel (Catalog no. BF-BLKY, Spex, Certiprep, USA) was used.

Precision was evaluated with the use of aqueous and organic (petroleum ether matrix) solutions, both containing 1 μg g^{-1} in different analytes. The solutions were prepared using the same aqueous (ICP-standards) and organic (Conostan) multi-elemental and mono-elemental standard solutions mentioned above.

3.2.3.4.4 Auxiliary organic solutions

The mathematical correction applied to the on-line standard addition calibration of organic samples requires the use of an "auxiliary organic solution" which is characteristic for each sample. This auxiliary organic solution is always made up of the analyzed sample (*i.e.*, diluted oil sample, biodiesel certified material or real samples) spiked with Conostan standard solutions to a known concentration of analytes (usually, this known concentration coincides with one of the most concentrated calibration standards used).

3.2.3.5 Experimental procedure

3.2.3.5.1 Standard addition calibration procedures

The metallo-organic oil samples (Conostan standards), real samples and certified reference material were analyzed using the FBMN-based and SSI systems by on-line and conventional standard addition calibration, respectively. In all cases, the results obtained using the FBMN-based system were compared to those obtained using the SSI system.

Analysis by conventional standard addition calibration using the SSI system was carried out by nebulizing a set of organic standard added solutions at 100 μL min^{-1}, with a carrier gas flow rate of 0.4 L min^{-1}.

Analysis by on-line standard addition calibration with the FBMN-based system was performed by continuously nebulizing the organic sample through one of the three nozzles of the nebulizer, while sequentially nebulizing the different aqueous calibration standards through the other two. In this case, the organic solutions were also nebulized at 100 μL min^{-1}. However, aqueous calibration standards were simultaneously nebulized at a 400 μL min^{-1} uptake rate (200 μL min^{-1} per nebulization unit). Therefore, the total liquid flow through the multinebulizer was 500 μL min^{-1}. The carrier gas flow rate was 0.6 L min^{-1} (*i.e.*, approximately 0.2 L min^{-1} per nebulization nozzle).

Optimization of the nebulization conditions for both nebulizers was based on both maximum ICP-OES emission signal and minimum plasma instability (Table 3.6). Among them, plasma instability was found to be the limiting factor, particularly regarding the liquid flow rate adjustment.

For the FBMN-based system, the flow rate of added water was found to be critical for the maximum organic solvent load taken by the ICP. For instance, the maximum organic load was 50 μL min^{-1} when water was added at 50 μL min^{-1} per nebulization unit (using the same sized peristaltic tubes). However, by increasing the water flow to 200 μL min^{-1} per nebulization unit (using different sized peristaltic tubes), it was possible to increase the organic flow rate up to 100 μL min^{-1} without causing plasma extinction or instabilities. Unfortunately, a further increase in the water load did not allow higher organic flow rates and, consequently, these values were chosen as the optima.

With the SSI system, the ICP was found to be stable even at

organic flow rates as high as 500 μL min^{-1}. However, the rapid growth of carbon deposits at the tip of the injector tube at such a high organic flow rate creates instabilities in the analytical signal (see Section 3.2.4.3.4). Organic flow rate for the SSI system was set to 100 μL min^{-1} for two main reasons: (*i*) this flow rate allows more than one hour of continuous work without signal instability problems associated with carbon deposits; and (*ii*) SSI and FBMN-based systems can be more easily compared if the sample is nebulized at the same flow rate. As for the FBMN-based system, carrier gas flow was also optimized for a maximum emission signal.

3.2.3.5.2 Mathematical correction for on-line standard addition calibration

An essential requirement to perform on-line standard addition calibration with the multi-nebulization system is to obtain the relative transport efficiency (*fr*) of the aerosol produced by the different nebulization units (*i.e.*, aerosols generated from the sample and from calibration standards). Physical characteristics of the generated aerosols can be modified due to small differences in the nebulization unit geometry or in the physical properties of the nebulized solutions (viscosity, surface tension, *etc.*), therefore affecting the aerosol transport efficiency to the ICP and the corresponding analyte signal. The different behaviour for sample and calibration standards can lead to underestimation or overestimation of the real analyte concentration in the sample, unless a mathematical correction based on the knowledge of the relative transport efficiency is applied.

Different mathematical corrections have been used by several authors when the only difference between sample and calibration standards nebulization can be attributed to geometrical factors.[138–140,142] However, to date, the only attempt to correct for differences due to physical properties of the solutions has been carried out by Bauer and Broekaert.[143] This correction procedure was applied to the analysis of organic samples by on-line standard addition calibration.

This work introduces a new correction approach. As in previous works,[195,218] the mathematical correction is based on the evaluation of the *fr* value. However, since the multinebulizer uses three nebulization nozzles (two of them for aqueous calibration standards and one for organic samples), the *fr* value of the device is calculated by jointly considering the two nozzles used for aqueous calibration standards as a whole, according to the following equation:

$$fr = \frac{S_{nz(2,3)}}{S_{nz(1)}} \tag{3.3}$$

where *fr* is the relative transport efficiency of the system for each emission line analyzed, $S_{nz(2,3)}$ is the sensitivity when the aqueous standard solutions are nebulized through nozzles 2 and 3 while an organic blank standard solution is nebulized through nozzle 1, and $S_{nz(1)}$ is the sensitivity when an auxiliary organic solution (*i.e.*, organic sample spiked with a known amount of analyte) is nebulized through nozzle 1 while an aqueous blank standard is nebulized through the other nozzles. The *fr* value is calculated for each emission line evaluated and, finally, the average value ($\overline{fr}$) of all emission lines evaluated is used to calculate the real sample concentration.

Calibration by on-line standard addition and evaluation of the *fr* values can be carried out almost simultaneously in the following manner: (*i*) as a first step, a blank signal is obtained by simultaneously nebulizing organic blank solution (nozzle 1) and aqueous blank standard (nozzles 2 and 3); (*ii*) secondly, an auxiliary organic solution (*i.e.*, organic sample spiked with a known amount of analyte) is nebulized through nozzle 1 while the blank aqueous standard is introduced through the other two nozzles; and (*iii*) finally, in order to perform the on-line standard addition calibration, the organic sample is continuously introduced through nozzle 1 and five aqueous calibration standards are sequentially nebulized through nozzles 2 and 3.

Once the abovementioned measurements have been carried out, the *fr* values for the different emission lines can be evaluated from eqn (3.3) as follows: the $S_{nz(2,3)}$ value is obtained from the slope of the standard addition calibration curve obtained in step (*iii*), and the $S_{nz(1)}$ value is calculated by subtracting the signal intensity corresponding to the first point of the standard addition calibration curve (step (*iii*)) from that obtained by nebulizing the auxiliary organic solution (step (*ii*)), and then dividing the resulting signal by the concentration of the added analyte in the auxiliary organic solution.

Finally, the real analyte concentration in the sample can be obtained from the mean value of *fr* ($\overline{fr}$) as follows:

$$C_{found} = \overline{fr} C_{app} \tag{3.4}$$

where C_{app} is the apparent concentration using standard addition calibration without mathematical correction (*i.e.*, C_{app} = b/m, where b is the intercept and m is the slope of the calibration curve obtained in (*iii*)).

In order to assess eqn (3.3), an experiment was conducted showing that the signal additivities from organic and aqueous solutions can be accepted.

3.2.4 Results and discussion

3.2.4.1 Aerosol characterization

Fig. 3.7 shows the accumulated percent volume of primary and tertiary aerosols produced by the SSI and the FBMN-based systems under optimized conditions of gas and liquid flow rates.

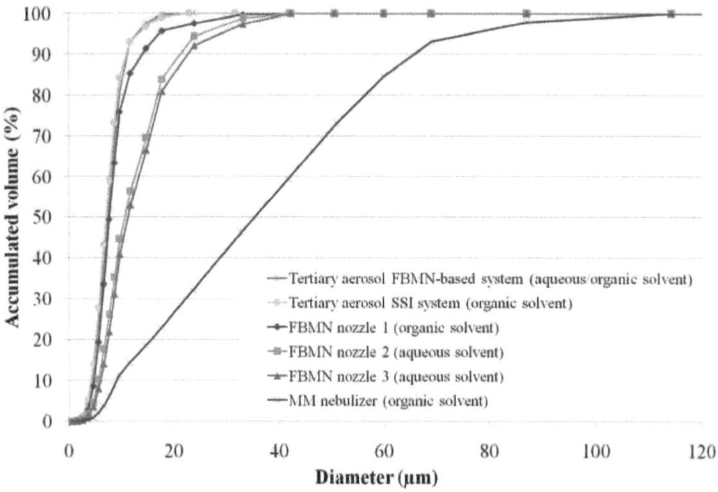

Figure 3.7: *Accumulated percent volume of primary and tertiary aerosols produced by the FBMN-based system and the SSI system under optimized gas and liquid flow rate conditions (Table 3.6).*

For the FBMN-based system, primary aerosols generated by each nozzle of the nebulizer from either organic or aqueous solutions were studied separately (*i.e.*, organic aerosol generated by nozzle 1 and aqueous aerosols generated by nozzles 2 and 3). Tertiary aerosol produced by the FBMN-based system, consisting on a mixture of organic and aqueous aerosols generated from the different nozzles, was measured at the exit of a 2.0 mm i.d. injector tube connected to the cyclonic-type spray chamber, pursuant to the conditions used in ICP-OES measurement. With the MM nebulizer and the corresponding SSI system, only primary and tertiary organic aerosols were studied. In this case, tertiary organic aerosol was measured at the exit of the 0.8 mm i.d. injector tube connected to the same cyclonic spray chamber.

Fig. 3.7 shows how primary aqueous aerosols generated with the FBMN from nozzles 2 and 3 have very similar characteristics, evidencing a good matching between these two nozzles.

As expected, aerosol droplets generated from organic solutions (FBMN nozzle 1) are slightly smaller than those generated from aqueous solutions. In this case, the mean reasons for this behaviour are the lower viscosity and surface tension of organic solvent and the lower liquid uptake rate through nozzle 1 of the FBMN.[215,222–226] According to Fig. 3.7, practically all the organic aerosol volume is contained in droplets smaller than 33 μm, whereas all the aqueous aerosol volume is contained in droplets smaller than 42 μm. The aforementioned figure also shows how that MM nebulizer generates coarser droplets than FBMN, with practically all the organic aerosol volume contained in droplets smaller than 114 μm.

The analysis of accumulated percent volume of tertiary aerosol obtained for the two systems reveals that droplets larger than approximately 20 μm are, in both cases, removed by the spray chamber. This result can be associated with the spray chamber cut-off diameter (d_c) if neglecting the injector tube contribution to the obtained tertiary aerosol distribution. The percent volume of primary aerosols contained in droplets smaller than the d_c(20 μm) was 96 %, 88 % and 85 % for nozzles 1, 2 and 3 of the FBMN, respectively, and 27 % μm for the MM nebulizer, which predicts a higher spray chamber filtering action for the SSI system.

It is also interesting to evaluate the percent volume of aerosol droplets that, entering the ICP torch, contributes positively to signal. According to the literature, droplets larger than approximately 8 μm in diameter moving at relatively high velocities, normally contribute negatively to the signal-to-background ratio in ICP spectrometry.[227] From Fig. 3.7 it can be seen than the percentage of the aerosol volume contained in droplets smaller than 8 μm was approximately equal for the two systems (58 % and 64 % for FBMN-based system and the SSI system, respectively). However, the mean velocities of the tertiary aerosol produced by the FBMN-based system was lower (4 m s^{-1}) than that of the SSI system (11 m s^{-1}). This fact could be due to the i.d. of the injector tube (see Table 3.6) and could positively contribute to the signal obtained with the multinebulization system.

Other useful information regarding the obtained aerosols (*i.e.*, Sauter mean diameter ($D_{3,2}$), axial mean velocity (V_m), volume median diameter (D_{50}) and droplet diameter containing 99 % of the total aerosol volume (D_{99})) is also available in Table 3.8.

Lastly, it is noteworthy that the results obtained correspond to measurements carried out with both nebulizers working at the optimized gas and liquid flow rates for ICP-OES measurements of organic samples (see Table 3.6), and not under the working conditions recommended by the MM manufacturer. To reach optimum conditions in ICP-OES, the MM nebulizer needs a higher carrier gas supply than FBMN for the same 100 μL min^{-1} liquid sample inlet (*i.e.*, 800 mbar (0.4 L min^{-1}) and 400 mbar (0.2 L min^{-1} per each nozzle, approximately) for the MM nebulizer and FBMN, respectively). This fact makes the use of *Flow Blurring*® nebulization devices ideal for a multiple nozzle platform in ICP-OES analysis, because the efficient mixing between the gas and liquid phases leads to energy-efficiency improvements

Table 3.8: ***Primary and tertiary aerosol characterization of MM nebulizer, FBMN, SSI system and FBMN-based system.***

Primary aerosol	$D^a_{3,2}$	V^b_m	D^c_{50}	DV^d_{99}
FBMN nozzle 1 (organic aerosol)	10.7±0.3	12.1±0.2	7.7±0.3	30±515
FBMN nozzle 2 (aqueous aerosol)	16.5±0.3	18.1±0.3	10.6±0.8	34±4
FBMN nozzle 3 (aqueous aerosol)	16.67±0.12	18.0±0.4	11.2±0.2	39±2
MM nebulizer (organic aerosol)	40±2	35.4±0.2	36±3	102±21
Tertiary aerosol				
FBMN-based system	7.80±0.14	3.7±0.2	7.4±0.2	16.8±1.0
SSI system	8.06±0.09	11.14±0.08	7.07±0.10	17.9±0.7

[a]Sauter mean diameter (μm).
[b]Axial mean velocity (m s^{-1}).
[c]Volume median diameter (μm).
[d]Droplet diameter containing 99 % of the total aerosol volume (μm).

over other pneumatic nebulizers.

3.2.4.2 Analysis of standard oil samples by conventional and on-line standard addition calibration: accuracy and uncertainty evaluation

Table 3.9 shows the results obtained in the analysis of the diluted oil sample (see Section 3.2.3.4.1 above) using conventional standard addition calibration (SSI system) and on-line standard addition calibration (FBMN-based system). The results obtained with these calibration modalities were compared by evaluating the accuracy and uncertainty obtained in each case. Here, measurement uncertainty is expressed as a confidence interval at 95 % and accuracy is evaluated as a percent relative error with respect to the Conostan certified value. In all cases, the concentration of analytes in the diluted oil sample was close to the centroid of the calibration graph, to fulfill the condition for minimum uncertainty value.

As described in Section 3.2.3.5 above, a mathematical approach was applied to the results obtained with the FBMN-based system in order to obtain the corrected analyte concentration. As shown in Table 3.9, no significant difference was observed in the accuracy between the two calibration methodologies, with percent relative error values ranging from -5 % to 4 % for the SSI system and slightly lower, from -3 % to 3 %, for the FBMN-based system.

Likewise, slightly lower uncertainty values were obtained with the multinebulization system for all the emission lines evaluated. The average uncertainty values over the whole set of emission lines measured were 49 $\mu g\ g^{-1}$ and 37 $\mu g\ g^{-1}$ for SSI and FBMN-based systems, respectively. Even if both systems provide similar results regarding accuracy and uncertainty of the measurements, the numerous advantages that on-line standard addition

Table 3.9: *Analysis of CONOSTAN multi-elemental metallo-organic standard by conventional standard addition calibration with the SSI system and on-line standard addition calibration with the FBMN-based system.*

		SSI system		FBMN-based system	
Emission line (nm)	Certified value[a]	Found value[a,b]	RE[c]	Found value[a,b]	RE[c]
AgI (328.068)	500±0.6	482±52	-4	511±36	2
AlI (396.153)	500±0.9	483±50	-4	512±19	2
BaII (455.403)	500±0.5	489±45	-2	488±36	-2
BaII (493.408)	500±0.5	498±58	-0.4	503±31	0.5
CaI (317.933)	500±0.6	490±45	-2	497±32	-0.5
CaII (393.366)	500±0.6	506±49	1.2	511±44	2
CdI (228.802)	500±0.7	511±40	2	492±35	-2
CdII (214.440)	500±0.7	503±39	0.6	501±35	0.2
CrII (205.560)	500±1.0	511±50	2	511±32	2
CuII (224.700)	500±1.2	483±45	-3	487±35	-3
FeII (238.204)	500±0.7	477±23	-5	511±49	2
KI (766.490)	1000±1.0	979±77	-2	973±67	-3
MgI (285.213)	500±1.2	487±44	-3	502±31	0.5
MgII (280.271)	500±1.2	488±47	-2	503±44	0.6
MnII (257.610)	500±1.1	498±43	-0.3	509±31	2
MoII (202.031)	500±0.5	480±75	-4	499±47	-0.14
NaI (588.995)	500±0.4	497±51	-0.5	-	-
NaI (589.592)	500±0.4	-	- 4	91±36	-2
NiII (231.604)	500±1.0	512±43	2	503±30	0.6
PbII (220.353)	500±1.6	488±57	-2	513±47	3
PI (213.617)	500±1.0	514±25	3	508±36	2
SiI (251.611)	500±0.6	481±46	-4	512±17	2
SnI (283.998)	500±1.5	518±56	4	511±35	2
TiII (334.940)	500±0.3	483±43	-3	498±36	-0.4
VII (309.310)	500±1.2	504±60	0.7	498±34	-0.3
ZnI (213.857)	500±0.6	501±54	0.3	511±47	2
ZnII (202.548)	500±0.6	493±58	-1.5	510±32	2

[a] In μg g^{-1} ± confidence interval at 95 %.
[b] Number of runs = 5.
[c] Relative error (%).

calibration offers should be kept in mind, such as handling simplicity and a significant reduction in reagent and sample consumption, in the number of solutions to be prepared and in the total analysis time.

3.2.4.3 Analytical figures of merit

The performance of SSI and FBMN-based sample introduction systems for the analysis of organic samples in ICP-OES was compared by evaluating different analytical figures of merit: (*i*) sensitivity, (*ii*) precision and (*iii*) limits of detection.

3.2.4.3.1 Sensitivity

Due to the different operation modes of the two sample introduction systems for organic sample analysis, a sensitivity comparison study is difficult to perform. On the one hand, only organic matrices are nebulized through the SSI system, whereas both aqueous and organic matrices are simultaneously nebulized through the FBMN-based system. On the other hand, different liquid and carrier gas uptake rates were used with each system in order to obtain their optimum conditions in ICP-OES. Equal nebulization conditions for both systems are almost impossible to achieve due to the high efficiency of the FBMN, which results in plasma extinction if water addition is not used. In order to overcome this limitation, as far as this is possible, two different sensitivity evaluations were carried out.

The aim of the first evaluation was to compare the sensitivity of both systems when analytes that are contained in the same organic matrix are, furthermore, nebulized at the same uptake rate by the two nebulizers. For this purpose, the FBMN-based system was operated by sequentially nebulizing organic calibration standards at 100 μL min^{-1} through one of the nebulizer nozzles, while an aqueous blank was continuously introduced through the other two nozzles (at 200 μL min^{-1} each). Sensitivity was obtained from the slope of the resulting calibration graph. The results were compared with those obtained with the SSI system when nebulizing the same set of organic calibration standards at the same uptake rate.

The aim of the second evaluation was to compare the sensitivity of both systems when operated in the manner presented in this work for conventional and on-line standard addition calibration. To this end, the FBMN-based system was operated by sequentially nebulizing aqueous calibration standards through two of the multinebulizer nozzles (at 200 μL min^{-1} each), while the third nozzle was used to continuously introduce an organic blank at 100 μL min^{-1}. The SSI system was operated by nebulizing organic calibration standards at 100 μL min^{-1}, as in the previous evaluation.

The results of the two sensitivity evaluations are represented in Fig. 3.8. Relative sensitivity in the figure is defined as the ratio between the value of sensitivity obtained with the FBMN-based system and the value of sensitivity obtained with the SSI system (*i.e.*, a relative sensitivity value of 1 means no difference between the two sample introduction systems). The uncertainty values are the standard deviations of the slope of the regression equations. The sensitivity comparison for sodium was excluded from the figure since different emission lines were studied with both systems. In both cases, sensitivity obtained with the FBMN-based system was higher than that obtained with the SSI system. When the same organic standards were nebulized through the two systems, the mean relative sensitivity over the emission lines evaluated was 1.4 (black bars in Fig. 3.8 corresponding to the first evaluation). The potassium (KI 766.490 nm) emission line was not included in the mean calculation due to its anomalous behaviour.

This line was interfered by molecular bands from the organic matrix in the SSI system but it was free from interferences in the FBMN-based system due to the effect of water addition (see Section 3.2.3.2). When organic calibration standards were introduced through the SSI system and aqueous calibration standards were introduced through two nozzles of the FBMN-based system, the mean relative sensitivity increased up to 2 (gray bars in Fig. 3.8 corresponding to the second evaluation).

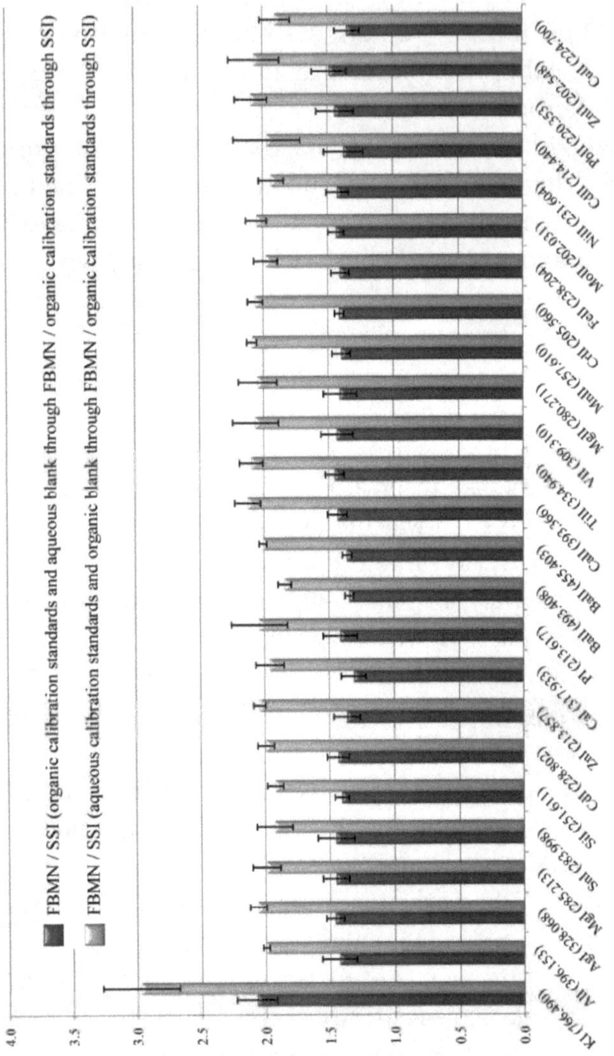

Figure 3.8: *Relative sensitivity of FBMN and SSI systems ($S_{rel} = S_{FBMN-based\ system} \ / \ S_{SSI\ system}$) in two different sensitivity evaluation experiments (see main text for explanation).*

It should be borne in mind, however, that in this case the calibration standards uptake rate was four times higher for the FBMN-based system than for the SSI system, and that analytes were contained in a different matrix. Therefore, a direct comparison of the two systems was not achievable.

3.2.4.3.2 Precision

Short-term (1 minute) and long-term (2 hours) precision was evaluated in this work. In short-term precision studies, three different concentration levels (0.4, 1.2 and 2.0 μg g^{-1}) of organic standard solution were nebulized by the SSI system.

In case of FBMN-based system, the same organic standard solution were introduced through one nozzle and an aqueous blank through the other two. In long-term precision studies, the SSI system was operated by nebulizing 1 μg g^{-1} of organic standard solution and the FBMN-based system was operated by nebulizing the same organic standard through one nozzle and an aqueous blank through the other two. In both cases, precision was expressed as a percent relative standard deviation of the emission signal obtained from several replicate measurements carried out over the period of time evaluated.

3.2.4.3.3 Short-term precision (STP)

Table 3.10 shows the short- and long-term precision obtained with the SSI and FBMN-based systems for all the emission lines studied. In general, and especially for the lowest concentration level, the FBMN-based system provides more precise results than the SSI system. At a 0.4 μg g^{-1} concentration level, the RSD average values of short-term precision over the whole set of emission lines evaluated were 3 % and 1.5 % for SSI and FBMN-based systems, respectively.

Table 3.10: *RSD (%) values for short-term precision (STP) at three different concentration levels and for long-term precision (LTP) using the SSI and FBMN systems.*

	RSD (%)							
	SSI system				FBMN-based system			
	STP (%)[a]			LTP (%)[b]	STP (%)[a]			LTP (%)[b]
Emission line (nm)	0.4[c]	1.2[c]	2.0[c]		0.4[c]	1.2[c]	2.0[c]	
KI (766.490)	3	3	3	12	2	1.2	1.3	2
NaI (589.592)	-	-	-	-	1.4	2	2	2
NaI (588.995)	2	2	3	11	-	-	-	-
AlI (396.153)	3	3	2	12	1.4	1.2	1.5	2
AgI (328.068)	1.5	3	2	10	2	1.3	1.5	2
MgI (285.213)	3	3	2	12	2	1.5	1.2	2
SnI (283.998)	2	2	2	12	2	1.5	2	2
SiI (251.611)	2	2	2	12	2	1.4	2	2
CdI (228.802)	1.3	2	2	11	1.4	2	2	2
ZnI (213.857)	2	2	2	11	2	1.4	2	2
CaI (317.933)	4	2	2	12	1.4	1.5	1.4	2
PI (213.617)	2	2	2	13	2	2	2	2
BaII (493.408)	2	2	2	12	0.7	0.9	0.8	2
BaII (455.403)	2	2	2	12	1.1	1.2	1	1.5
CaII (393.366)	2	1.2	2	11	1.5	0.9	2	2
TiII (334.940)	2	2	2	11	2	2	2	2
VII (309.310)	5	4	2	12	1.4	1	1.5	2
MgII (280.271)	2	2	2	11	0.9	1.3	1.1	2
MnII (257.610)	2	3	2	12	1.5	1.4	1.3	2
CrII (205.560)	2	2	3	12	2	1.3	2	2
FeII (238.204)	2	2	3	11	1.3	2	1.2	2
MoII (202.031)	2	1.5	2	12	2	2	2	2
NiII (231.604)	3	2	3	12	2	2	2	2
CdII (214.440)	3	2	3	11	0.6	1.4	1	2
PbII (220.353)	4	4	4	12	2	2	1.4	2
ZnII (202.548)	5	4	3	12	1.5	1.4	2	2
CuII (224.700)	2	2	2	12	1.4	2	2	2

[a] The RSD values of the signal over one minute (n=5 replicates).
[b] The RSD values of the signal over two hours (n= 600 replicates).
[c] In μg g^{-1}.

The same RSD average values of 2 % and 1.5 % for SSI and FBMN-based systems, respectively, were obtained at 1.2 μg g^{-1} and 2.0 μg g^{-1} concentration levels.

3.2.4.3.4 Long-term precision (LTP)

Stability of the systems in the analysis of organic samples was evaluated by the long-term precision analysis. Long-term stability tests are critical in ICP-OES analysis of organic samples.

For these samples, incomplete carbon combustion usually gives rise to carbon deposits on the ICP torch and at the tip of the injector tube. This can lead to both signal drift and signal instability, and therefore deteriorates the LTP values. Carbon deposits need to be regularly checked when working with organic matrices and, if necessary, eliminated by burning off the carbon on the ICP torch and injector tube in a muffle furnace at 550 °C during 4 hours. This time-consuming process can be avoided by adding a small amount of oxygen to the intermediate gas flow, as recommended by several authors.[100,228–230] However, the use of oxygen to support complete combustion of carbon is economically disadvantageous.

The results of the long-term stability tests are shown in Fig. 3.9A and B, and also in Table 3.10 in terms of RSD values. Fig. 3.9 shows the resulting normalized signal of the average of all emission lines evaluated during 2 hours of continuous sample nebulization with the FBMN-based system (Fig. 3.9A) and the SSI system (Fig. 3.9B). The normalized signal is defined as the ratio between the signal value obtained at a given time and the signal value obtained at time zero (initial value). A normalized value of one implies no difference between the two measurements (*i.e.*, no signal drift). In both cases, data were acquired every five minutes over the two-hour nebulization period. Comparison of Fig. 3.9A and B shows that the signal stability for the FBMN-based system is enhanced as compared to the SSI system.

Inspection of Fig. 3.9B shows a progressive signal depression starting after one hour of continuous organic solution introduction with the SSI system, which is most probably due to carbon deposit formation on the injector tube. Emission signals decrease during approximately 30 minutes, while carbon deposits grow. Subsequently, when part of the carbon deposit is dislodged from the injector, signals partially recover but remain lower than their initial value.

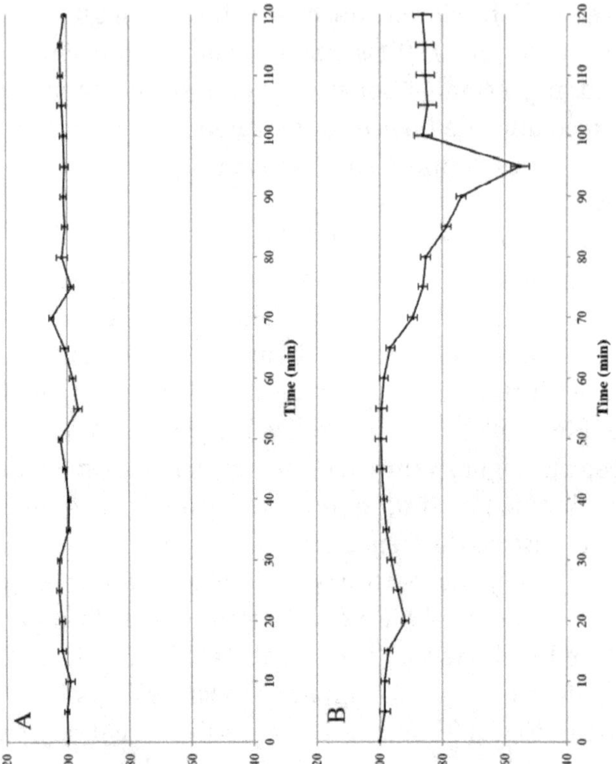

Figure 3.9: *Evolution of the emission signal of the average of all emission lines evaluated during two hours of continuous nebulization with (A) FBMN-based system (1 $\mu g\ g^{-1}$ of organic standard solution at 100 $\mu L\ min^{-1}$ and aqueous blank at 400 $\mu L\ min^{-1}$) and (B) SSI system (1 $\mu g\ g^{-1}$ of organic standard solution at 100 $\mu L\ min^{-1}$).*

After the two-hour test, emission signals had decreased to 0.8–0.9 times (depending on the emission line) their initial values. On the other hand, signal stability using the FBMN-based system is excellent (see Fig. 3.9A). The results of the long-term stability test expressed as RSD values are given in Table 3.10. RSD values ranged between 1.5 % and 2 % with the FBMN-based system and between 10 % and 13 % with the SSI system. From the results obtained and from visual inspection of the ICP torch and injector tube after the two-hour stability test for both introduction systems (see Fig. 3.10), it is evident that the addition of aqueous solution in the FBMN-based system achieves a more complete organic sample combustion and produces a reduction of carbon deposits at the tip of the injector tube and the torch tulip.

3.2.4.3.5 Limits of detection

Table 3.11 shows the limits of detection obtained with both liquid sample introduction systems evaluated. LOD calculation

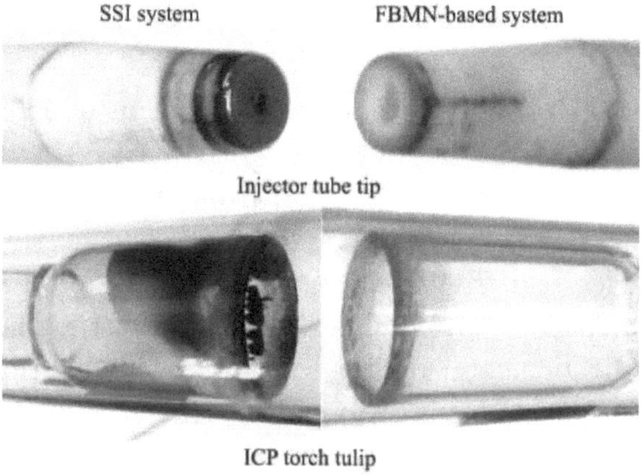

Figure 3.10: *Real pictures of the tip of the injector tube and the tulip of the ICP torch after 2 hours of continuous organic sample introduction.*

Table 3.11: *Limits of detection (LOD) obtained using conventional standard addition calibration with the SSI system and on-line standard addition calibration with the FBMN-based system.*

	LOD (ng g^{-1})	
Emission lines (nm)	SSI system	FBMN-based system
KI (766.490)	6	1.3
NaI (589.592)	-	1.4
NaI (588.995)	9	-
AlI (396.153)	12	6
AgI (328.068)	1.5	0.2
MgI (285.213)	0.8	0.14
SnI (283.998)	9	1.4
SiI (251.611)	4	2
CdI (228.802)	1.3	0.3
ZnI (213.857)	1.2	0.4
CaI (317.933)	6	1.0
PI (213.617)	8	4
BaII (493.408)	0.4	0.11
BaII (455.403)	1.0	0.12
CaII (393.366)	6	2
TiII (334.940)	2	0.12
VII (309.310)	2	0.7
MgII (280.271)	1.2	0.3
MnII (257.610)	0.3	0.04
CrII (205.560)	5	2
FeII (238.204)	2	0.6
MoII (202.031)	10	4
NiII (231.604)	8	1.0
CdII (214.440)	2	0.4
PbII (220.353)	14	7
ZnII (202.548)	2	0.8
CuII (224.700)	5	1.2

was based on 3 times the standard deviation of 10 blank determinations. For LOD evaluation with the FBMN-based system, the sensitivity was calculated from the calibration graph obtained by nebulizing the organic blank solution through one of the nozzles and the different aqueous calibration standards through the other two. Standard deviation of the blank signal was evaluated by nebulizing the same organic blank through one nozzle and aqueous blank through the others.

With the SSI system, standard deviations of the blank and sensitivity were obtained by measuring the organic blank solution and a set of organic calibration standards.

Limits of detection obtained with the FBMN-based system are lower than those obtained with the SSI system for all the emission lines evaluated. This fact can be mainly due, on the one hand, to the higher sensitivity of the FBMN-based system (see Section 3.2.4.3.1 above) and, on the other hand, to a blank precision improvement due to the addition of water in the FBMN-based system, which reduces instabilities caused by the organic solvent.

With the FBMN-based system, limits of detection ranged from 0.04 ng g^{-1} (for MnII 257.610 nm) to 7 ng g^{-1} (for PbII 220.353 nm). The limits of detection for the SSI system ranged from 0.3 ng g^{-1} to 14 ng g^{-1} for the same two emission lines.

3.2.4.4 Analysis of real samples and a certified reference material

Accuracy and uncertainty of the proposed on-line calibration was also evaluated in the analysis of three real samples of 5 % biodiesel in diesel and a 100 % biodiesel certified reference material.

It should be noted that the analysis of these samples using on-line standard addition calibration with the FBMN-based system were carried out without any sample treatment. Moreover, from a practical point of view, no clogging problems due to carbon deposits were observed during various weeks of working with the FBMN-based system. In contrast, carbon deposit formation was a continuous source of sensitivity and precision degradation during the analysis with the SSI system.

3.2.4.4.1 Analysis of a certified reference material

Table 3.12 shows the results obtained in the analysis of a 100 % biodiesel reference material by conventional and on-line standard addition calibration with SSI and FBMN-based systems,

Table 3.12: *Analysis of a certified 100 % biodiesel certified reference material (Catalog no. BFM-10Y, Spex, Certiprep, USA) by conventional standard addition calibration with the SSI system and on-line standard addition calibration with the FBMN-based system.*

		SSI system		FBDN-based system	
Emission line (nm)	Certified value[a]	Found value[a]	RE[b]	Found value[a]	RE[b]
CaI (317.933)	9.90±0.10	9.8±3.3	-1.0	10.0±2.1	+1.0
CaII (393.366)	9.90±0.10	9.9±2.9	-0.2	—	—
KI (766.490)	10.00±0.10	9.6±3.2	-4	9.6±2.0	-4
MgI (285.213)	9.90±0.10	9.7±2.8	-3	10.0±1.8	+1.0
MgII (280.271)	9.90±0.10	9.6±3.0	-3	9.9±1.6	-0.4
NaI (588.995)	10.00±0.10	9.7±3.3	-3	—	—
NaI (589.592)	10.00±0.10	—	—	9.6±2.4	-4
PI (213.617)	9.90±0.10	10.3±2.8	+4	10.0±2.3	+0.8

[a]In μg L^{-1}±confidence interval at 95 %.
[b]Relative error (%)

respectively. Certified values are also included.

Since reference material was directly nebulized with the FBMN, CaII emission measurement was not feasible with this system due to detector saturation. Calcium quantification was possible from the CaII line with the SSI system due to the 1:10 sample dilution used.

In general, satisfactory results were obtained with both sample introduction systems. As can be observed, the concentrations obtained with the evaluated systems match the certified concentration intervals for all the elements analyzed. The relative error values found ranged from -4 % to +4 % for the SSI system and from -4 % to +1.0 % for the FBMN-based system. Uncertainty values were lower for the FBMN-based system.

3.2.4.4.2 Analysis of real samples

Three diesel samples containing 5 % biodiesel were acquired from different petrol stations within the area of Alicante, Spain (*i.e.*, petrol station 1, petrol station 2 and petrol station 3). The samples were analyzed using the proposed methods and were then spiked with 1 μg g^{-1} of different analytes in order to assess the method accuracy by recovery assays. Spiked recovery values were calculated as the difference between the analyte concentrations found after and before spiking the samples.

The results of this study are shown in Table 3.13 for the FBMN-based system and in Table 3.14 for the SSI system, respectively. It is noted that concentrations of many analytes in the samples are below the LOQ of the evaluated methods, with LOQ being calculated following the criteria of 10 times the standard deviation of 10 blank determinations. Even if LOQ for real samples cannot be calculated due to the lack of blank solutions, LOQ values can be approximated to be between those obtained for a diluted oil sample and those obtained for a 100 % biodiesel sample, both of them also shown in Tables 3.13 and 3.14. Such an assumption is based on the following experimental evidences: (*i*) sensitivity was found to decrease in the following order; diluted oil samples, real samples and 100 % biodiesel samples; and (*ii*) a similar standard deviation of the blank was obtained for diluted oil samples and 100 % biodiesel samples. Standard deviation of the blank and LOQ calculation for 100 % biodiesel was obtained from the analysis of a certified blank of biodiesel and a set of standard-added biodiesel samples (SSI system) or aqueous calibration standards (FBMN-based system).

Data shown in Tables 3.13 and 3.14 indicate that there is a general agreement between the results obtained in the two systems for those elements having concentrations higher than 100 % biodiesel LOQ. Results of the recovery test are also shown in Tables 3.13 and 3.14. The reported recovery intervals were calculated from the mean recovery value of five replicate measurements and the corresponding standard deviation. Recovery values were, in all cases, close to 100 %.

Table 3.13: *Concentration (ng g^{-1}) and recovery values (%) of three real samples of diesel using the FBMN-based system.*

	LOQ (ng g^{-1})		Petrol station 1		Petrol station 2		Petrol station 3	
Emission line (nm)	Diluted oil sample	100 % biodiesel	Found value^{a,b}	SR (%)^{c}	Found value^{a,b}	SR (%)^{c}	Found value^{a,b}	SR (%)^{c}
AgI (328.068)	0.7	2	<LOQ	94–101	<LOQ	96–105	24.7±0.2	93–104
AlI (396.153)	18	26	<LOQ	94–107	463±18	101–110	544±23	90–103
BaII (455.403)	0.4	0.5	<LOQ	90–104	<LOQ	100–106	4.01±0.02	100–109
BaII (493.408)	0.4	0.6	<LOQ	93–101	<LOQ	99–106	3.97±0.02	99–108
CaI (317.933)	3	6	62.9±1.1	95–102	46.8±0.7	99–105	32.43±0.03	95–109
CaII (393.366)	6	16	65±2	96–107	49.2±1.0	100–108	30.92±0.13	96–108
CdI (228.802)	1	2	<LOQ	94–103	43.4±0.9	96–107	68.0±0.6	92–100
CdII (214.440)	1.2	1.3	<LOQ	93–102	40.1±0.6	100–107	65.1±1.0	89–103
CrII (205.560)	6	7	<LOQ	97–105	<LOQ	95–103	<LOQ	98–106
CuII (224.700)	4	9	461±20	93–102	341±7	98–105	389±6	93–109
FeII (238.204)	2	2	<LOQ	99–107	19.6±0.2	100–108	<LOQ	96–101
KI (766.490)	4	7	<LOQ	96–103	25.6±0.7	100–110	<LOQ	96–103
MgI (285.213)	0.5	0.8	<LOQ	98–106	5.7±0.2	99–107	18.7±0.2	89–101
MgII (280.271)	1	1.2	<LOQ	95–103	5.9±0.2	100–107	18.0±0.2	91–101
MnII (257.610)	0.13	0.3	<LOQ	95–103	7.0±0.2	100–101	16.4±0.2	99–109
MoII (202.031)	14	28	<LOQ	93–101	<LOQ	100–109	<LOQ	97–103
NaI (589.592)	5	7	<LOQ	99–106	86±2	93–101	37.4±0.2	98–109
NiII (231.604)	3	4	<LOQ	96–102	<LOQ	98–106	<LOQ	97–104
PbII (220.353)	22	28	139±4	89–102	461±14	94–102	826±33	90–102
PI (213.617)	14	20	463±3	96–102	<LOQ	100–105	<LOQ	98–105
SiI (251.611)	7	7	<LOQ	98–104	248±4	92–101	158±3	91–101
SnI (283.998)	5	32	453±21	93–100	<LOQ	97–106	144±3	91–102
TiII (334.940)	0.4	0.8	<LOQ	95–101	<LOQ	92–100	1.83±0.07	91–101
VII (309.310)	2	5	<LOQ	95–103	<LOQ	98–102	<LOQ	90–103
ZnI (213.857)	1.5	2	<LOQ	100–105	<LOQ	100–110	<LOQ	96–104
ZnII (202.548)	3	4	<LOQ	100–105	<LOQ	99–106	<LOQ	97–102

[a]The uncertainty values are the estimated standard deviations of the extrapolated concentration.[121]
[b]In ng g^{-1}.
[c]Spike recovery of 1 μg g^{-1}.

Table 3.14: *Concentration (ng g^{-1}) and recovery values (%) of three real samples of diesel using the SSI system.*

	LOQ (ng g^{-1})		Petrol station 1		Petrol station 2		Petrol station 3	
Emission line (nm)	Diluted oil sample	100 % biodiesel	Found value[a,b]	SR (%)[c]	Found value[a,b]	SR (%)[c]	Found value[a,b]	SR (%)[c]
AgI (328.068)	0.7	2	<LOQ	94–101	<LOQ	96–105	24.7±0.2	93–104
AgI (328.068)	5	20	<LOQ	92-104	<LOQ	85-103	25.1±0.6	100-114
AlI (396.153)	41	64	<LOQ	97-112	440±15	84-102	540±22	93-109
BaII (455.403)	3	4	<LOQ	89-112	<LOQ	98-113	4.08±0.04	87-109
BaII (493.408)	1	3	<LOQ	97-108	<LOQ	93-109	4.00±0.04	94-106
CaI (317.933)	20	30	61.5±1.3	93-107	48.4±0.9	93-103	30.8±0.4	98-112
CaII (393.366)	19	31	62.1±1.1	95-109	47.0±0.4	94-105	31.6±0.2	91-101
CdI (228.802)	4	11	<LOQ	89-104	44.6±0.5	91-101	68.2±0.9	92-104
CdII (214.440)	7	8	<LOQ	97-113	45.3±1.0	87-101	69.6±1.4	99-114
CrII (205.560)	15	25	<LOQ	93-110	<LOQ	98-109	<LOQ	91-108
CuII (224.700)	16	33	455±24	93-112	354±16	91-101	379±7	84-106
FeII (238.204)	5	9	<LOQ	91-114	19.3±0.2	88-102	<LOQ	95-104
KI (766.490)	21	24	<LOQ	90-101	25.4±0.8	95-114	<LOQ	98-108
MgI (285.213)	3	4	<LOQ	88-106	5.73±0.12	91-104	18.6±0.4	89-103
MgII (280.271)	4	5	<LOQ	93-106	5.86±0.06	93-108	18.3±0.3	98-110
MnII (257.610)	1	1.4	<LOQ	90-109	7.0±0.3	88-102	16.2±0.2	91-102
MoII (202.031)	34	94	<LOQ	89-103	<LOQ	90-101	<LOQ	92-104
NaI (588.995)	29	33	<LOQ	97-100	88±2	85-103	36.5±0.2	98-107
NiII (231.604)	27	45	<LOQ	91-106	<LOQ	97-109	<LOQ	99-109
PbII (220.353)	47	60	137±4	83-101	453±21	94-108	836±33	89-103
PI (213.617)	25	58	466±9	93-111	<LOQ	92-101	<LOQ	87-105
SiI (251.611)	13	37	<LOQ	93-106	252±7	89-106	163±4	95-105
SnI (283.998)	29	50	438±24	97-114	<LOQ	86-101	142±3	83-104
TiII (334.940)	7	9	<LOQ	96-105	<LOQ	94-109	<LOQ	93-101
VII (309.310)	7	12	<LOQ	100-112	<LOQ	91-108	<LOQ	95-108
ZnI (213.857)	4	7	<LOQ	98-108	<LOQ	88-104	<LOQ	99-110
ZnII (202.548)	6	7	<LOQ	89-100	<LOQ	91-101	<LOQ	89-100

[a]The uncertainty values are the estimated standard deviations of the extrapolated concentration.[121]
[b]In ng g^{-1}.
[c]Spike recovery of 1 μg g^{-1}.

Based on the analysis of the three real samples, it was observed that elements such as Cr, Mo, Ni, V or Zn were undetectable in this kind of sample, whereas Ca, Cu and Pb were always present. Cu and P were the most concentrated elements in fuel of petrol station 1, Al and Pb in the sample from petrol station 2 and Pb in that of petrol station 3.

3.2.5 Conclusions

This work has demonstrated that by using a new *Flow Blurring*® multinebulizer, organic matrices can be analyzed by online standard addition calibration using aqueous standards. In addition, the use of aqueous calibration standards has two advantages: (*i*) the use of organic calibration standards which are relatively expensive, less available and relatively toxic is avoided; and (*ii*) the addition of water to the ICP considerably reduces carbon deposition formation. The latter factor eliminates spectral interferences created by carbon compounds and avoids injector clogging and the resulting sensitivity loss and precision degradation. This implies an important advantage over conventional systems since it does not require the continuous cleaning of ICP components or the use of expensive additional components such as cooled spray chambers or an auxiliary oxygen supply.

In short, it can be concluded that the use of the FBMN-based system provides a simple, fast, economic and reliable alternative for direct analysis of organic samples.

3.2.6 Acknowledgements

The authors wish to thank the Spanish Government (CTQ2008-06730-C02-01) and the Valencia Government (ACOMP/2010/047) for the financial support, and also OneNeb® (Division of Ingeniatrics Tecnologías S.L.) for the FBMN prototype provided.

M.A.A. is grateful to the University of Alicante for his Ph.D. fellowship. This work is part of the Ph.D. degree of M.A.A.

SECTION 3.3

Manuscript 3

JAAS

PAPER

View Article Online
View Journal

Cite this: DOI: 10.1039/c4ja00079j

Compensation of inorganic acid interferences in ICP-OES and ICP-MS using a Flow Blurring® multinebulizer

Miguel Ángel Aguirre,[a] Lucimar L. Fialho,[b] Joaquim A. Nóbrega,[b] Montserrat Hidalgo[a] and Antonio Canals*[a]

3.3.1 Abstract

A new and easy method has been proposed for compensation of inorganic acid matrix effects in ICP-OES and ICP-MS. The method consists on an on-line standard addition calibration using a *Flow Blurring®* multinebulizer (FBMN-based system). Experimental conditions of the FBMN-based system are optimized for both ICP-OES and ICP-MS. Under optimized conditions recovery values obtained in the analysis of synthetic acid samples were close to 100 % for HNO_3 and HCl (with acid concentrations of up to 15 % (w w^{-1})) and H_2SO_4 (up to 10 % (w w^{-1})) for both plasma-based spectrochemical techniques. The applicability of the proposed method has been evaluated analyzing two whole milk powders, a certified reference material and a

[a]*Department of Analytical Chemistry and Food Sciences and University Institute of Materials, University of Alicante, P.O. Box 99 - 03080, Alicante, Spain.*

[b]*Group of Applied Instrumental Analysis, Department of Chemistry, Federal University of São Carlos, P.O. Box 676 - 13560-970 São Carlos, São Paulo, Brazil.*

**Corresponding author: a.canals@ua.es*

commercial product, showing excellent recovery values. Compared with other calibration strategies and experimental setups used, the on-line standard addition calibration using the FBMN-based system is faster, easier to handle and significantly reduces reagents and sample consumption.

3.3.2 Introduction

Inductively coupled plasma optical emission spectrometry (ICP-OES) and inductively coupled plasma mass spectrometry (ICP-MS) are widely used instrumental techniques allowing multi-elemental analysis at trace and ultra trace levels, respectively. It is well known that conventional liquid sample introduction systems for ICP techniques are based on the use of nebulizers, which transform the liquid sample into an aerosol. Small changes in the fundamental processes occurring during both liquid-aerosol transformation and aerosol transport to the plasma, as well as in the excitation/ionization processes in the plasma, can result in non-spectroscopic interferences, also known as matrix effects. These kinds of matrix effects lead to similar effects in ICP-MS and ICP-OES provided that both techniques use similar liquid sample introduction systems and excitation/atomization/ionization sources.

Inorganic acids are often present at high concentrations in sample solutions for ICP-MS and ICP-OES analysis, as a result of previous sample preparation steps such as microwave-assisted or conventional sample digestion. The effects of solutions containing inorganic acids differ from those of matrix-free solutions: (*i*) a change in primary and tertiary drop size distributions of the generated aerosol;[231,232] and/or (*ii*) a change in the ICP energetic properties if non-robust plasma conditions are used.[233,234]

In contrast to matrix effects caused by easily ionized elements, which can induce either analyte signal suppression or enhancement, inorganic acids basically produces signal suppression as compared to matrix-free solutions.

To eliminate, or at least to reduce inorganic acid matrix effects, several experimental strategies have been developed. These strategies include sample pretreatment for analyte-matrix separation,[103–107] alternative sample introduction systems,[101,102] instrumental parameter optimization,[235] as well as the use of different calibration modalities.[112,113,115–119]

Most analyte-matrix separation methods and analyte-preconcentration methods are slow and tedious processes and can even require overnight treatments.[107] However, in many cases, analyte-matrix separation approaches can be carried out either off-line or on-line using flow injection or lab-on-valve (LOV)[108,236] approaches based on sequential injection. Nevertheless, relatively large sample/reagent consumption is required in flow injection analysis and relatively complex systems are often needed.

The use of alternative sample introduction systems has also some disadvantages. Normally, the addition of new components, such as an electrothermal vaporizer[102] or a desolvation unit,[101] increases the cost of the system and complicates the adjustment of experimental conditions and, therefore, the analytical procedure itself becomes more complex. Moreover, instrumentation including these additional components is also more difficult to commercialize, since most customers prefer user-friendly instruments.

Compensation for matrix effects using proper calibration methods is also widely used in quantitative analysis by ICP-based techniques. Matrix matching calibration is one of the most common approaches. However, great care must be taken to prepare and handle calibration standards in order to ensure uncertainty and trueness when matrix matching calibration is used. This requires gravimetric and volumetric-based methods, carefully planned details of experimental procedures and extreme care to avoid errors such as those due to evaporation.[112,113,115] This procedure is time-consuming and several authors prefer to match only the acid concentration after acid digestion.[116–119] When matrix matching is not practical, other calibration methods can also be used to compensate for matrix effects. These include standard addition and internal standard approaches. With internal standardization, common analyte internal standardization[109] or interference standard (IFS)[237] methods, the selection of appropriate internal standards (or argon species in the case of the IFS method) is difficult, because in addition to energy, wavelength or mass, chemical stability and matrix concentration considerations, several unpredictable processes occurring in the sample introduction system and inside the plasma also need to be taken into account. When matrix complexity is such that matrix matching calibration and internal standardization are ineffective, the standard addition calibration offers a robust strategy for the compensation of matrix effects. However, this calibration method is slow, tedious and time-consuming as numerous solutions need to be prepared. To avoid such problems, standard addition calibration can be carried out on-line. On-line calibration combines the trueness of the classical standard addition calibration with the simplicity and speed of external calibration. For this reason, there is an increasing interest in systems offering easier calibration strategies. In general, these systems provide a simple, fast and easy way to analyze different kinds of samples using on-line calibration modalities. The various ways of performing on-line calibration using simultaneous nebulization can be found in the literature: (*i*) using a modified nebulizer[142,143] or multinebulizer;[137,195,238,239] (*ii*) using two nebulizers[218] and/or spray chamber arrangements;[140,141] and (*iii*) using two independent sample introduction systems.[138,139]

Our research group has recently reported the successful removal of matrix effects caused by high concentration of easily ionized elements[137,195,218,239] and organic solvents[238] using multi-nebulization systems.

The aim of this work was to propose an easy method for compensation of inorganic acid matrix effects in ICP-OES and ICP-MS analyses. The method consists in the application of the on-line standard addition calibration using a *Flow Blurring*® multinebulizer-based introduction system. A standard sample introduction (SSI) system was also used throughout this work for comparison purposes. Analytical capabilities of both systems were firstly assessed by evaluating the analytical figures of merit obtained in the analysis of matrix-free solutions with the external calibration. Subsequently, the capability of the on-line standard addition calibration for acid effect compensation was evaluated and compared with that of traditional off-line calibration procedures performed with the SSI system. To this end, different kinds of samples (*i.e.*, synthetic acid samples and acid-digested samples- a real and a certified reference material of whole milk powder) were analyzed using the proposed (on-line) and the traditional off-line calibration methods in both ICP-OES and ICP-MS spectrometers. Results obtained from the different calibration methods were compared in terms of trueness and uncertainty.

3.3.3 Experimental

3.3.3.1 Equipment

An axially-viewed inductively coupled plasma optical emission spectrometer (model Vista AX, Varian Inc., Melbourne, Australia) and an inductively coupled plasma mass spectrometer (model 820-MS, Varian Inc., Melbourne, Australia) were used. When the ICP-MS was operated with the SSI system, an automatic sampler (model SPS3, Varian) was used. For both ICP-OES and ICP-MS instruments, quartz torches with 2.3 mm diameter injector tubes were employed. To avoid heating and also for easy accessibility, the sample introduction systems were always located outside the ICP torch compartment. Technical details of these spectrometers have been previously reported[240,241] and the optimized operating conditions adopted in the work here described are shown in Table 3.15.

For ICP-OES analysis, several atomic and ionic emission lines corresponding to different elements contained in the samples were selected in order to cover a wide range of energy sum, Esum (*i.e.*, excitation energy for atomic emission lines and the sum of excitation energy and ionization energy for ionic emission lines). Similarly, a range of masses corresponding to different isotopes were chosen for ICP-MS analysis (see Table 3.16).

3.3.3.2 Sample introduction systems

The FBMN-based system evaluated by this work consisted of a *Flow Blurring®* multinebulizer coupled to a spray chamber. The FBMN, already described in detail elsewhere[238,239] consists of two *Flow Blurring®* nebulization units (nozzles) joined together by a cylindrical PTFE body, as shown in Figure 3.11. The multinebulizer has a common nebulization gas inlet, and independent liquid inlets for each nozzle. The hydrodynamic principles and main features of the *Flow Blurring®* nebulization have been previously introduced.[87,88] The FBMN was operated in two different commercial spray chambers: (*i*) a commercial cyclonic-type spray chamber (Model Tracey, 50 mL internal volume, Glass Expansion, Melbourne, Australia) for ICP-OES analysis; and (*ii*) a double pass spray chamber (Scott type, 110 mL internal volume, Glass Expansion) for ICP-MS analysis. This chamber was contained within a Peltier cooler device operated at 3°C to condensate excess solvent, thus minimizing oxides formation in the argon plasma. In all cases, the spray chamber-FBMN

Table 3.15: *ICP-OES and ICP-MS experimental parameters.*

Parameter	Varian Vista AX	Varian 820-MS
RF applied power (kW)	1.3	1.4
Outer gas flow rate (L min^{-1})	15	15
Intermediate gas flow rate (L min^{-1})	0.2	1.2
Number of replicate	5	5
Dwell time (ms)	-	20
Viewing mode	Axial	-
SSI system		
Nebulizer	MicroMist	MicroMist
Spray chamber	Cyclonic-type	Scott-type
Spray chamber Temperature (°C)	-	3
External calibration		
Gas flow rate (L min^{-1})	0.7	1.05
Sheath gas flow rate (L min^{-1})	-	0.10
Standard/sample uptake rate (μL min^{-1})	400	400
Conventional standard addition calibration		
Gas flow rate (L min^{-1})	0.7	1.05
Sheath gas flow rate (L min^{-1})	-	0.10
Standard/sample uptake rate (μL min^{-1})	400	400
FBMN-based system		
Nebulizer	FBMN	FBMN
Spray chamber	Cyclonic-type	Scott-type
Spray chamber Temperature (°C)	-	3
External calibration		
Gas flow rate (L min^{-1})	0.7	1.05
Sheath gas flow rate (L min^{-1})	-	0.10
Standard/sample uptake rate (μL min^{-1})	400	400
On-line standard addition calibration		
Gas flow rate (L min^{-1})	0.7	1.05
Sheath gas flow rate (L min^{-1})	-	0.10
Total liquid uptake rate (μL min^{-1})	400	400
Standard uptake rate (μL min^{-1})	200	200
Sample uptake rate (μL min^{-1})	200	200

association is referred to as the FBMN-based system.

A concentric pneumatic nebulizer (model MicroMist (MM), Glass Expansion) coupled to the same abovementioned spray chambers depending on the ICP-based technique, was used as the standard sample introduction system. This SSI system was used as a reference system for comparison with the FBMN-based system.

For ICP-OES analysis, the liquid uptake rate was controlled via a multichannel peristaltic pump (model MCP, Ismatec, Glattbrugg, Switzerland). However, the peristaltic pump of the spec-

Table 3.16: *Emission lines and isotopes evaluated in ICP-OES and ICP-MS, respectively.*

Emission line (nm)	Excitation energy (eV)	Ionization energy (eV)	Energy sum (eV)
KI (766.491)	1.62	-	1.62
LiI (670.783)	1.80	-	1.80
NaI (588.995)	2.10	-	2.10
AlI (396.152)	3.14	-	3.14
CuI (324.754)	3.82	-	3.82
MgI (285.213)	4.35	-	4.35
SbI (217.582)	5.70	-	5.70
ZnI (213.857)	5.80	-	5.80
SeI (196.026)	6.32	-	6.32
AsI (188.980)	6.57	-	6.57
BaII (455.403)	2.72	5.21	7.93
SrII (407.771)	3.04	5.69	8.73
CaII (396.847)	6.31	2.93	9.24
MgII (280.270)	4.42	7.65	12.07
MnII (257.610)	4.81	7.44	12.25
CrII (267.716)	6.15	6.77	12.92
FeII (238.204)	5.20	7.87	13.07
CoII (238.892)	5.60	7.86	13.46
NiII (216.555)	6.76	7.64	14.40
CdII (226.502)	5.48	8.99	14.47
PbII (220.353)	7.37	7.42	14.79
Isotope (amu)	Natural abundance	Ionization energy (eV)	Energy sum (eV)
Pb (208)	52	7.42	7.42
Mn (55)	100	7.44	7.44
Ag (107)	52	7.58	7.58
Cu (63)	69	7.72	7.72
Co (59)	100	7.88	7.88
Sb (121)	57	8.61	8.61
Cd (114)	29	8.99	8.99
Se (77)	8	9.75	9.75
As (75)	100	9.79	9.79

trometer was used in ICP-MS analysis for the controlling of the liquid uptake rate. In all cases, the same Tygon® peristaltic tubes (R-3607, i.d. 0.51 mm, Ismatec) were used.

The spray chamber waste was removed with the peristaltic pump of the spectrometers used in this study. Argon was always used as the nebulizing-carrier gas, and the nebulizing argon flow rates were also controlled by the spectrometers. In ICP-OES, the liquid uptake rate and nebulizing gas flow rate were optimized for both FBMN-based and SSI systems by simultaneously maximizing all the studied emission signals. A univariate optimization analysis was carried out at three different liquid flow

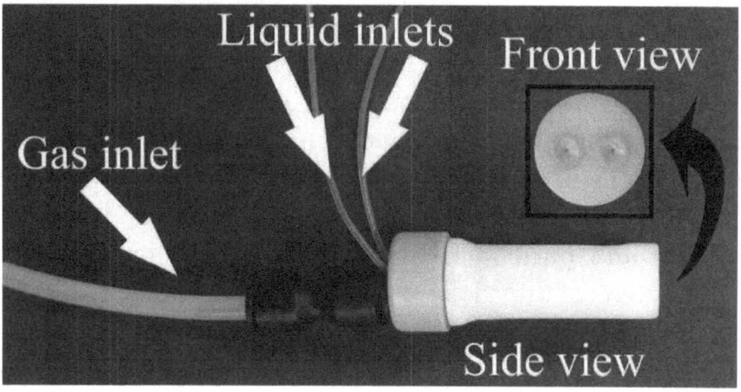

Figure 3.11: *Photograph of the Flow Blurring® multinebulizer (FBMN) and its front view with the two nebulization units.*

rates (*i.e.*, 300, 400 and 500 μL min^{-1}) and at three different gas flow rates (*i.e.*, 0.60, 0.70 and 0.80 L min^{-1}). By contrast, in ICP-MS, they were optimized achieving the maximum ionic intensity for all elements and the formation of oxides and double-charged ions was kept to a minimum (Table 3.15).

3.3.3.3 Reagents and standard

Deionized water (18 MΩ cm) generated from a Milli-Q® Plus Total Water System (Millipore Corp., Bedford, MA, USA) was used to prepare all solutions. Prior to use, all glassware and polypropylene flasks were soaked in 10 % v v^{-1} for 24 hours and rinsed with deionized water before use.

3.3.3.3.1 Solutions for ICP-OES analysis

Synthetic samples with 1.0 mg kg^{-1} of Al, As, Ba, Ca, Cd, Co, Cr, Cu, Fe, K, Li, Mg, Mn, Na, Ni, Pb, Sb, Se, Sr and Zn were prepared in three different inorganic acids (*i.e.*, HNO_3, HCl and H_2SO_4). A set of solutions having increasing acid concentrations was prepared for each one. These sets consisted of five solutions having 0.1, 1, 5, 10 and 15 % (w w^{-1}) acid concentration for HNO_3 and HCl media, and four solutions having 0.1, 1, 5 and 10 % (w w^{-1}) acid concentration for the H_2SO_4 medium. The synthetic samples were made using 1000 mg L^{-1} single-element stock solutions of each analyte (Tec-Lab, Hexis Científica, São Paulo, SP, Brazil), H_2SO_4 (98 % w w^{-1}, Merck, Darmstadt, Germany) and purified HNO_3 and HCl. The purified HNO_3 and HCl were obtained by sub-boiling distillation (Milestone, Sorisole, Italy).

For external calibration, the same calibration standards were used with both the FBMN-based and SSI systems. Six calibration standards were prepared by appropriate dilution of the 1000 mg L^{-1} single-element stock solutions up to analyte concentrations of 0.4, 0.8, 1.2, 1.6 and 2.0 mg kg^{-1}. All calibration standards were prepared in 0.1 % (w w^{-1}) nitric acid. A calibration blank containing the same HNO_3 concentration was also prepared.

For on-line standard addition calibration using the FBMN-based system, the same set of calibration standards and synthetic samples were used. However, in this case, calibration standards were spiked with 1.0 mg kg^{-1} of Y and synthetic samples were spiked with 1.0 mg kg^{-1} of In (see Section 3.3.3.6 for clarification).

For conventional standard addition calibration using the SSI system, the calibration standards were prepared by spiking the synthetic samples with the abovementioned stock solutions up to the desired added concentrations.

3.3.3.3.2 Solutions for ICP-MS analysis

Synthetic samples with 7.5 μg kg^{-1} of Ag, As, Cd, Co, Cu, Mn, Pb, Sb and Se were prepared in the same inorganic acids. For each inorganic acid, a set of four solutions having 0.1, 1,

5 and 10 % (w w^{-1}) acid concentration was prepared. These samples were also prepared from the abovementioned 1000 mg L^{-1} single-element stock solutions.

Calibration standards preparation was similar to that described for ICP-OES analysis with the different calibration methods, the only difference being the analyte concentration level. Seven calibration standards having 1, 3, 6, 9, 12 and 15 μg kg^{-1} analyte concentrations, and a calibration blank, were prepared in 0.1 % (w w^{-1}) HNO_3 for external calibration with the FBMN-based and SSI systems. For on-line standard addition calibration using the FBMN-based system, these calibration standards and the synthetic samples were spiked with 1.0 μg kg^{-1} of Y and 1.0 μg kg^{-1} of In, respectively (see Section 3.3.3.6 for clarification).

Calibration standards for conventional standard addition calibration using the SSI system were prepared as for ICP-OES measurements. For both ICP-OES and ICP-MS measurements, when matrix matching calibration was carried out, potassium hydrogen phthalate (Merck, Darmstadt, Germany), sodium hydroxide (Merck) and phenolphthalein (Mallinckrodt Baker, Phillipsburg, NJ, USA) were used to determine the nitric acid concentration in the digested samples by titrimetric analysis.

To evaluate the trueness of the calibration methods, a real sample (Nestlé Brasil, São Paulo, SP, Brazil) and a certified reference material (NIST RM 8435, Gaithersburg, MD, USA) of whole milk powder were analyzed by both ICP-based techniques.

3.3.3.4 Digestion of whole milk powder

The whole milk powder samples (*i.e.*, a real sample and a certified reference material) were microwave-assisted acid-digested using a closed vessel cavity microwave digestion system (model Ethos 1600, Milestone). A 300 mg sample was weighted out in the reaction vessel and digestion reagents (*i.e.*, 3 mL hydrogen peroxide (30 % w w^{-1}, Synth Labs, Diadema, SP, Brazil) and 8 mL purified HNO_3) were added. The mixture was allowed to react for 2 h prior to sealing the vessel. Three vessels were filled with samples and digestion reagents and one vessel, containing digestion reagents only, was used as a blank. After sealing and inserting the vessels in the microwave oven cavity, the digestion program shown in Table 3.17 was applied. After digestion, the solutions were quantitatively transferred into cleaned polypropylene flasks and diluted to 50 g with deionized water. This sample dilution was used for determination of all the elements except Ca, K and Na. Additional dilution (*i.e.*, 0.5 g / 50 g using HNO_3 8 % (w w^{-1})) was needed to analyze these elements.

3.3.3.5 Calibration strategies

Different calibration methods were compared in both ICP-OES and ICP-MS analysis depending on the analyzed sample (*i.e.*, matrix-free solutions, synthetic acid samples or whole milk powder).

3.3.3.5.1 Matrix-free solutions

For SSI and FBMN-based systems all figures of merit were estimated by analyzing matrix-free solutions using external calibration.

Table 3.17: *Microwave-assisted acid digestion heating program.*

Step (nm)	Applied power(W)	Time (min)	Maximum internal temperature (°C)
1	250	2	80
2	0	1	-
3	250	5	120
4	400	8	150
5	450	8	170
6	500	2	200
7	Ventilation	10	-

3.3.3.5.2 Synthetic samples

Synthetic samples containing different acids and acid concentrations were used for acid matrix effects evaluation. These samples were analyzed using external calibration and standard addition calibration. These calibration methods were performed with both sample introduction systems (*i.e.*, FBMN-based and SSI systems) and in both optical and mass spectrometers. With the FBMN-based system, external calibration was carried out in the traditional off-line manner. Namely, calibration standards and synthetic samples were sequentially nebulized through the two nebulization units of the FBMN. However, standard addition calibration was performed on-line. Namely, the synthetic sample solution was continuously nebulized through one of the nebulization units of the FBMN while calibration standards were sequentially nebulized through the other. In all cases, the results obtained with the FBMN-based system were compared to those obtained with the SSI system using off-line calibration.

Table 3.15 shows the liquid uptake rate conditions used with both sample introduction systems for the different calibration methods. As observed, the total liquid uptake rate in SSI and FBMN-based systems was always 400 μL min^{-1}. However, in the FBMN-based system, sample and standards uptake rates were different depending on the calibration method applied. For external calibration, sample or standards were sequentially nebulized at 400 μL min^{-1}. That is, 200 μL min^{-1} through each nebulization nozzle. For on-line standard addition calibration, the sample was nebulized at 200 μL min^{-1} through one nozzle and the standards were simultaneously nebulized at 200 μL min^{-1} through the second one.

3.3.3.5.3 Whole milk powder

Whole milk powder samples were analyzed by the on-line standard addition calibration approach using the FBMN-based system and by matrix matching calibration using the SSI system. Matrix matching calibration is widely used for the analysis of digested samples, since acid concentration in the digested solutions can be easily matched in the calibration standards. However, acid concentration in the digested samples needs to be previously determined by titration procedures, given that it changes during the digestion process. In this work, nitric acid concentration was determined by titration with NaOH solution using a phenolphthalein indicator. Potassium hydrogen phthalate was used for NaOH solution standardization.

3.3.3.6 Relative transport efficiency

Relative transport efficiency (*fr*) evaluation is an essential requirement to perform on-line standard addition calibration with the use of multinebulizers.[143,238] This parameter is needed to correct for underestimation or overestimation of the real analyte concentration in the sample due to possible differences in sample and calibration standards nebulization through the different multinebulizer nozzles. Numerous procedures for relative transport efficiency evaluation have been proposed by several authors,[138,143,238] including Bauer and Broekaert's method[143] applied in this work. This procedure is based on the use of two elements other than the analytes of interest. One of them, named "primary", is added to the sample and the other one, named "supplementary", is added to the standards. Relative transport efficiency can be determined from the emission line intensity measurements of these primary and supplementary elements during the standard addition calibration procedure used for sample analysis.

In this work, indium and yttrium were selected as primary and supplementary elements, respectively. Samples and standards were spiked with these elements up to concentrations indicated in Sections 3.3.3.3.1 and 3.3.3.3.2, and the correction method was applied to both ICP-OES and ICP-MS analyses. Extension of the procedure to ICP-MS analysis was done by considering signals from isotopes, rather than from emission lines, of the selected primary and supplementary elements. The reader may refer to Bauer and Broekaert[143] for further details of the correction procedure application.

3.3.4 Result and discussion

3.3.4.1 Analytical figures of merit

As a first step of this study, analytical figures of merit were obtained in order to compare the analytical capabilities of both SSI and FBMN-based systems in ICP-OES and ICP-MS measurements. Thus, aqueous (matrix-free) calibration standards were used to evaluate sensitivity, precision and limits of detection obtained with both introduction systems. Results of this evaluation are summarized in Figure 3.12 and Tables 3.18 and 3.19.

3.3.4.1.1 Sensitivity

Figure 3.12 shows the relative sensitivity obtained with both introduction systems in ICP-OES and ICP-MS measurements. Relative sensitivity is defined as the ratio between the sensitivity values obtained with the FBMN-based system and those obtained with the SSI system. Therefore, a relative sensitivity value higher than one means better sensitivity with the FBMN-based system. It can be observed that higher sensitivity was obtained with the FBMN-based system for all emission lines and

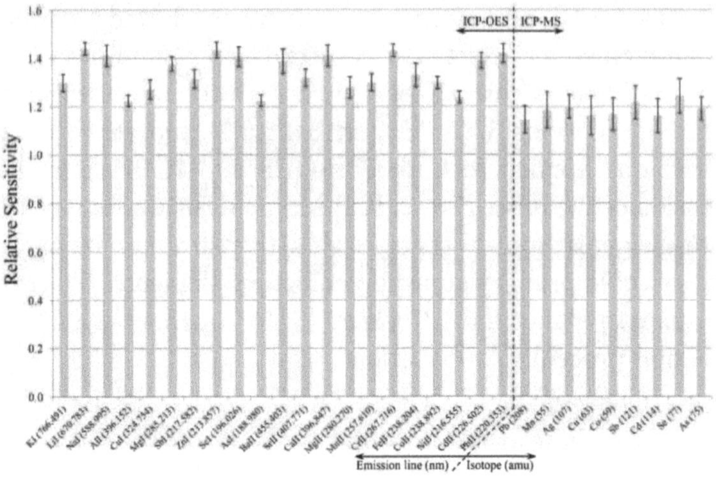

Figure 3.12: *Relative sensitivity of FBMN-based and SSI systems for all emission lines and isotopes evaluated (i.e., ratio between the sensitivity values obtained using the FBMN-based system and that obtained using the SSI system). The error bars represent the uncertainty of the relative sensitivity, calculated by applying the law of propagation of uncertainty.*

isotopes evaluated, the difference in sensitivity being slightly more pronounced in ICP-OES than in ICP-MS analysis.

3.3.4.1.2 Precision

Table 3.18 shows the precision, expressed as RSD (%), obtained for both systems. Precision was evaluated at three different analyte concentration levels: (*i*) 0.4, 1.2, and 2.0 mg kg^{-1} for ICP-OES; and (*ii*) 1, 6 and 12 μg kg^{-1} for ICP-MS measurements. It is noted that overall, the FBMN-based system provides more precise results than the SSI system in ICP-OES, especially at the highest concentration level. Precision in ICP-MS was also equal or even higher regarding the FBMN-based system for most of the isotopes evaluated, without any appreciable trend with regard to analyte concentration level.

Table 3.18: *RSD (%) values for SSI and FBMN-based systems at three different concentration levels.*

	RSD (%)					
	FBMN-based system			SSI system		
Emission line (nm)	0.4[a]	1.2[a]	2.0[a]	0.4[a]	1.2[a]	2.0[c]
KI (766.491)	0.6	1.8	1.0	1.4	2	2
LiI (670.783)	1.1	2	1.5	1.1	3	2
NaI (588.995)	3	2	1.7	3	3	2
AlI (396.152)	2	3	2	1.1	3	2
CuI (324.754)	2	2	1.0	1.4	3	3
MgI (285.213)	1.4	1.1	0.8	1.1	2	2
SbI (217.582)	1.3	1.4	1.1	2	3	3
ZnI (213.857)	2	2	1.1	0.8	1.1	2
SeI (196.026)	2	3	2	3	2	2
AsI (188.980)	2	2	0.9	2	2	2
BaII (455.403)	0.7	2	0.7	1.3	2	2
SrII (407.771)	2	3	1.0	2	1.0	1.4
CaII (396,847)	0.6	2	0.4	2	3	2
MgII (280.270)	2	2	0.6	2	2	2
MnII (257.610)	2	3	1.4	2	2	2
CrII (267.716)	1.0	2	1.0	2	2	3
FeII (238.204)	1.0	3	1.1	2	2	2
CoII (238.892)	2	2	1.0	0.5	2	2
NiII (216.555)	2	2	0.8	2	2	2
CdII (226.502)	1.0	2	1.0	2	2	3
PbII (220.353)	1.1	2	0.6	0.5	3	3
	FBMN-based system			SSI system		
Isotopes (nm)	1[b]	6[b]	12[b]	1[b]	6[b]	12[b]
Pb (208)	4	3	5	4	6	3
Mn (55)	4	2	3	5	5	5
Ag (107)	6	3	5	4	4	3
Cu (63)	5	4	4	5	4	4
Co (59)	4	2	3	3	4	4
Sb (121)	4	3	5	4	5	3
Cd (114)	5	3	4	5	5	4
Se (77)	4	5	5	5	5	6
As (75)	6	5	3	4	5	3

[a] In mg kg^{-1}.
[b] In $\mu g\ kg^{-1}$.

Averaging over the whole set of emission lines evaluated, RSD values of 1.5 %, 2.1 % and 1.1 % were obtained in ICP-OES for the FBMN-based system at 0.4, 1.2 and 2.0 mg kg^{-1} concentration levels, respectively; compared to a 1.6 %, 2.2 % and 2.3 % RSD values obtained for the SSI system at the same concentration levels. Average values in ICP-MS were 5 %, 4 % and 4 % for the FBMN-based system and 4 %, 5 % and 4 % for the SSI system, at 1, 6 and 12 μg kg^{-1}, respectively. It is noted that higher precision was always obtained in ICP-OES for the two introduction systems evaluated.

3.3.4.1.3 Limits of detection

Table 3.19 shows the limit of detection based on 3 times the standard deviation of the determination of 10 blanks. As observed, lower LOD values were obtained with the FBMN-based system for all emission lines and isotopes evaluated. ICP-OES limits of detection ranged from 0.03 μg kg^{-1} for SrII (407.771 nm) to 33 μg kg^{-1} for SeI (196.026 nm) regarding the FBMN-based system, and from 0.05 to 48 μg kg^{-1} for the same pair of emission lines with the SSI system. ICP-MS values ranged from 2 ng kg^{-1} for Mn (55 amu) to 45 ng kg^{-1} for Se (77 amu) with the FBMN-based system, and from 3 to 61 ng kg^{-1} for the same pair of isotopes with the SSI system.

3.3.4.2 Matrix effects evaluation

Matrix effects induced by inorganic acids were evaluated from the analysis of synthetic solutions having different concentrations in HNO_3, HCl and H_2SO_4. Preliminarily, samples were analyzed using both FBMN-based and SSI systems through external calibration. Subsequently, a second analysis was performed by using on-line standard addition calibration for the FBMN-based system and traditional standard addition calibra-

Table 3.19: *Limits of detection (LOD) obtained in ICP-OES and ICP-MS using external calibration with the SSI and FBMN-based system.*

	LOD (μg kg^{-1})	
Emission line (nm)	FBMN-based system	SSI system
KI (766.491)	2	3
LiI (670.783)	0.05	0.08
NaI (588.995)	5	8
AlI (396.152)	2	3
CuI (324.754)	1.2	2
MgI (285.213)	2	3
SbI (217.582)	31	43
ZnI (213.857)	0.9	1.4
SeI (196.026)	33	48
AsI (188.980)	20	36
BaII (455.403)	0.04	0.06
SrII (407.771)	0.03	0.05
CaII (396,847)	2	3
MgII (280.270)	0.4	0.8
MnII (257.610)	0.15	0.3
CrII (267.716)	1.2	2
FeII (238.204)	1.0	2
CoII (238.892)	3	4
NiII (216.555)	8	10
CdII (226.502)	0.7	1.2
PbII (220.353)	26	38
	LOD (ng kg^{-1})	
Isotopes (amu)	FBMN-based system	SSI system
Pb (208)	13	16
Mn (55)	2	3
Ag (107)	19	28
Cu (63)	10	13
Co (59)	3	4
Sb (121)	15	20
Cd (114)	3	4
Se (77)	45	61
As (75)	20	24

tion for the SSI system. Discussion on matrix effects is based on the trueness and uncertainty of the results obtained. Herein, trueness is reported as the percent recovery of a known added amount of analyte in the synthetic sample matrix; uncertainty was evaluated in the manner already described elsewhere.[218] In all cases, the concentration of analytes in the synthetic samples was near the centroid of the calibration graph in order to fulfill the condition for minimum uncertainty.[121] All results shown are the mean of five replicates. The emission lines and isotopes studied are presented on increasing Esum values (Table 3.16).

3.3.4.2.1 External calibration

Figures 3.13 and 3.14 show the percent recovery values obtained with the FBMN-based and SSI systems, respectively, when external calibration was applied. Information shown in these figures is summarized in Table 3.20 wherein, for the sake of simplification, only averaged recovery values over all the emission lines evaluated are shown. Due to isobaric interferences caused by $^{40}Ar^{35}Cl^{+}$ on $^{75}As^{+}$ determination and $^{40}Ar^{37}Cl^{+}$ on $^{77}Se^{+}$ determination, recovery values for these elements were not considered in the average recovery calculation for HCl matrices with ICP-MS.

3.3.4.2.1.1 ICP-OES evaluation

Table 3.20 shows that recovery values were found to be dependent on both the inorganic acid tested and the acid concentration for the two introduction systems evaluated. As expected, lower recovery values were obtained at increasing acid concentration, indicating a signal reduction due to matrix effect caused by acids.

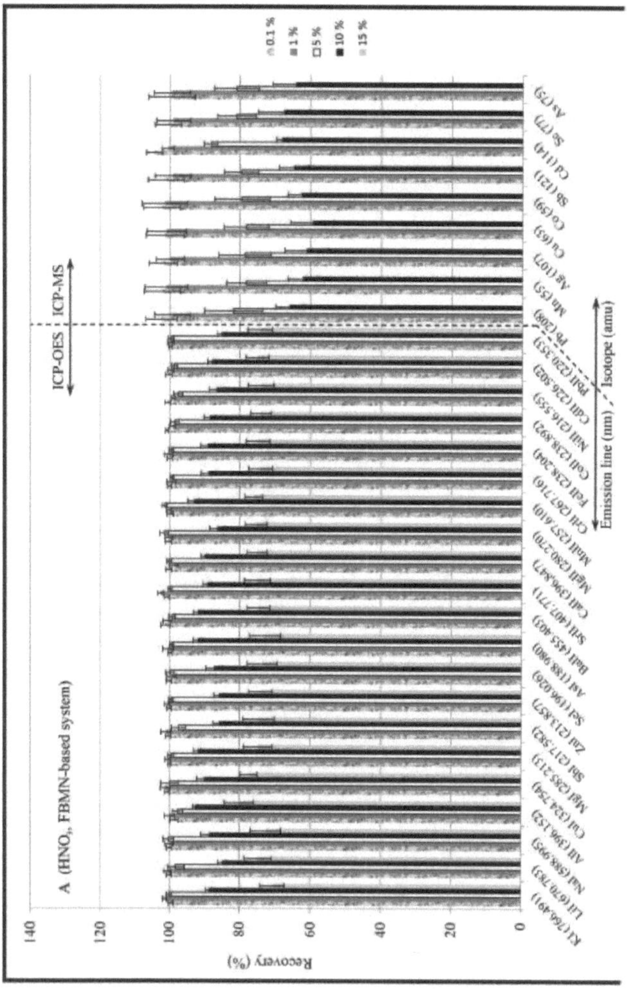
A (HNO$_3$, FBMN-based system)
ICP-OES
ICP-MS
Recovery (%)
0
20
40
60
80
100
120
140
Emission line (nm) / Isotope (amu)
0.1 %
1 %
5 %
10 %
15 %
Pb (208)
Mn (55)
Ag (107)
Cu (63)
Co (59)
Sb (121)
Cd (114)
Se (77)
As (75)

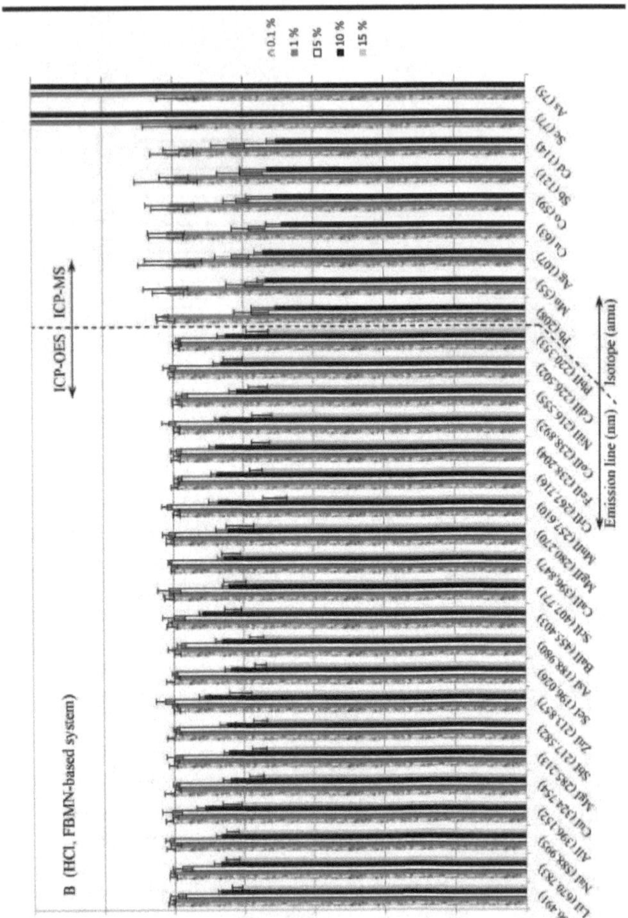
B (HCl, FBMN-based system)
ICP-OES
ICP-MS
Recovery (%)
140
120
100
80
60
40
20
0
0.1 %
1 %
5 %
10 %
15 %
Pb (208)
Mn (55)
Ag (107)
Cu (63)
Co (59)
Sb (121)
Cd (114)
Se (77)
As (75)
Emission line (nm) / Isotope (amu)

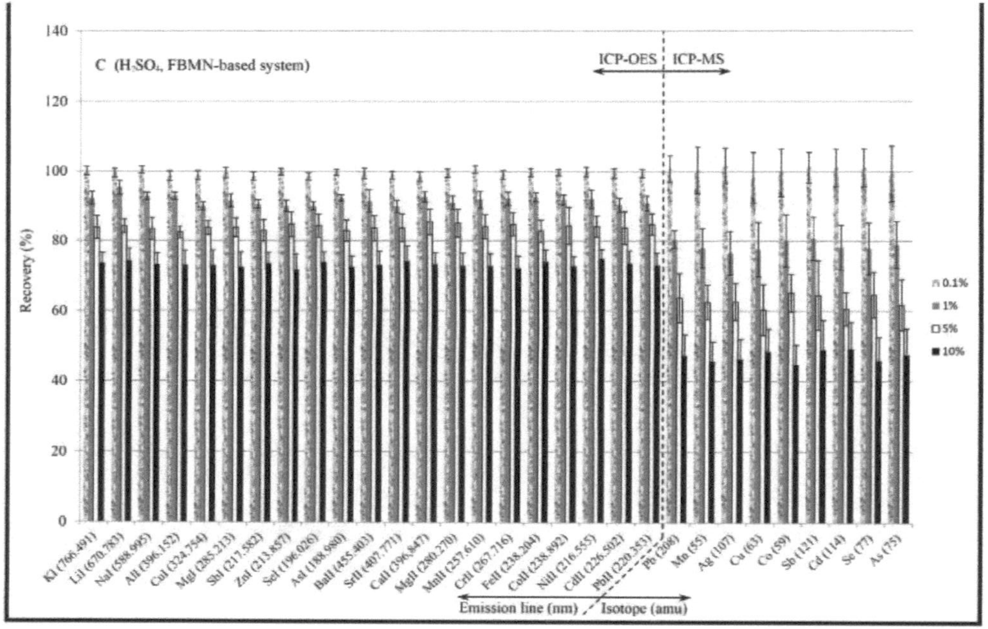

Figure 3.13: *Percent recovery values obtained with the FBMN-based system and external calibration for three inorganic acids at different concentrations: A* HNO_3*, B HCl and C* H_2SO_4*. Dashed bars 0.1 % (w* w^{-1}*) acid concentration; dark grey bars 1 % (w* w^{-1}*) acid concentration; white bars 5 % (w* w^{-1}*) acid concentration; black bars 10 % (w* w^{-1}*) acid concentration; light grey bars 15 % (w* w^{-1}*) acid concentration.*

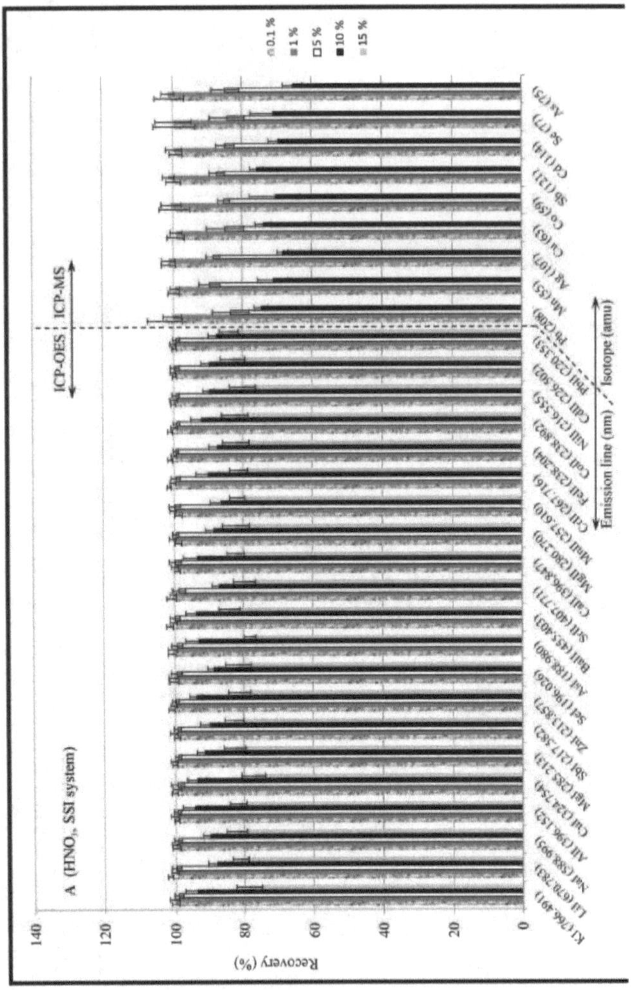
A (HNO$_3$, SSI system)
ICP-OES
ICP-MS
Recovery (%)
Emission line (nm) / Isotope (amu)
0.1 %
1 %
5 %
10 %
15 %
140
120
100
80
60
40
20
0

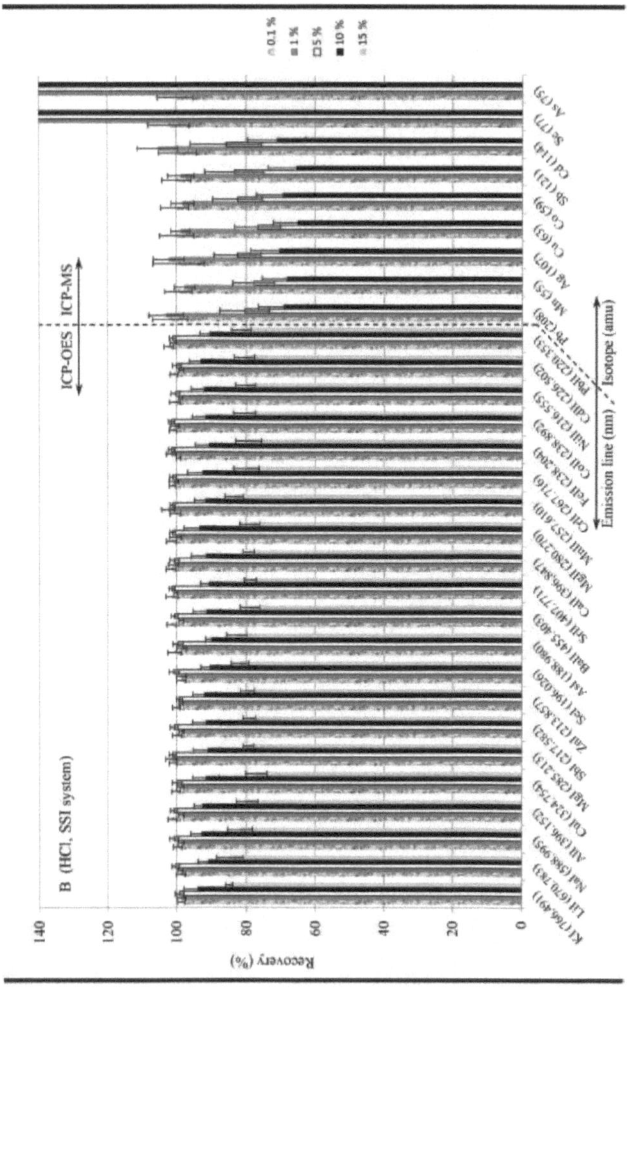
B (HCl, SSI system)
ICP-OES
ICP-MS
Recovery (%)
Emission line (nm) / Isotope (amu)
0.1 %
1 %
5 %
10 %
15 %

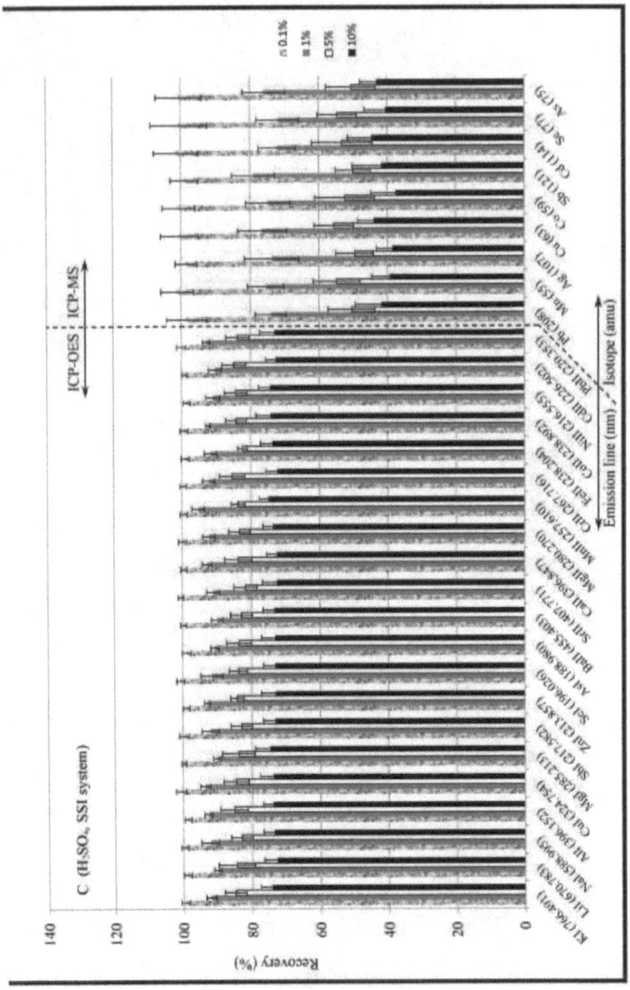

Figure 3.14: *Percent recovery values obtained with the SSI system and external calibration for three inorganic acids at different concentrations: A HNO_3, B HCl and C H_2SO_4. Dashed bars 0.1 % (w w^{-1}) acid concentration; dark grey bars 1 % (w w^{-1}) acid concentration; white bars 5 % (w w^{-1}) acid concentration; black bars 10 % (w w^{-1}) acid concentration; light grey bars 15 % (w w^{-1}) acid concentration.*

Table 3.20: *Mean recovery values obtained in the analysis of synthetic acid samples by ICP-OES and ICP-MS using external and standard addition calibrations with the FBMN-based and the SSI systems.*

		Mean recovery (%)							
		FBMN-based system				SSI system			
		ICP-OES		ICP-MS		ICP-OES		ICP-MS	
Acid	Concentration (w w^{-1})	EC[a]	On-line S.A.[b]	EC[a]	On-line S.A.[b]	EC[a]	S.A.[b]	EC[a]	S.A.[b]
HNO_3	0.1	100.2±0.8	101±5	102±5	97±8	100.1±0.9	101±5	100±3	101±8
	1	100.2±1.1	99±5	100±5	98±7	100.1±1.0	101±5	100±2	100±7
	5	99.4±1.1	101±5	81±6	98±7	99.4±1.3	100±5	86±3	102±7
	10	88.9±1.5	100±5	64±4	106±8	91±3	100±5	71±3	99±8
	15	75±4	101±4	-	-	81±3	100±5	-	-
HCl	0.1	100.2±1.1	102±5	102±5	105±9	100.4±1.3	100±5	100±5	104±8
	1	99.8±0.9	99±5	101±5	104±8	99.6±1.1	101±5	101±4	101±6
	5	100±2	101±5	81±5	103±8	100.6±1.1	101±5	81±7	105±6
	10	87±2	101±4	72±5	104±7	92±3	99±5	68±8	97±6
	15	79±2	100±4	-	-	81±3	98±5	-	-
H_2SO_4	0.1	99.4±1.2	100±5	100±6	102±7	99.5±1.1	100±5	100±5	100±6
	1	92±2	100±5	79±6	98±8	92±2	100±5	75±6	101±6
	5	84±3	100±5	63±6	99±7	84±3	100±6	52±7	101±7
	10	73±4	100±5	47±7	101±8	74±3	100±5	41±6	103±8

[a]External calibration. The uncertainty values are the mean uncertainty of all emission lines and isotopes. For each emission line and isotope, uncertainty was estimated as the standard deviation of the interpolated concentration.[121]
[b]Standard addition. The uncertainty values are the mean uncertainty of all emission lines and isotopes. For each emission line and isotope, uncertainty was estimated as the standard deviation of the extrapolated concentration.[121]

It is noted that matrix effects start to appear at 10 % (w w^{-1}) acid concentration in HNO_3 and HCl matrices and at a much lower concentration- only 1 % (w w^{-1})- in a H_2SO_4 matrix. Inorganic acid induced matrix effects, including the marked effect observed for H_2SO_4, have already been reported by other authors. These are known to be due to changes originated in the nebulization process due to the different physical properties of the acids (*i.e.*, surface tension, density, viscosity, and volatility) and/or to variations in plasma atomization and excitation conditions.[231,242] Plasma-related matrix effects can be avoided, or at least minimized, by using robust conditions.

Plasma conditions were monitored in this study by using the MgII (280.270 nm) / MgI (285.213 nm) intensity ratio approach. It has been reported that MgII / MgI ratio values higher than 8 can be used to indicate robust conditions in a radially viewed plasma mode. However, this value decreases by approximately 4 when an axially viewed mode is used, even if maintaining the same robust ICP operating conditions.[243] According to this work, MgII / MgI ratio was found to fluctuate between 5.5 and 5.7 for all acid concentrations tested and sample introduction systems used, indicating operation at robust conditions. Therefore, it can be inferred that matrix effects observed in this work are mainly related to nebulization/aerosol transport processes, rather than originating in the plasma. This assumption is also supported when considering the results shown in Figures 3.13 and 3.14. It is noted that signal suppression induced by a given acid at a given concentration is independent of the nature (*i.e.*, atomic or ionic) or Esum value of the emission line evaluated, which also suggests non-plasma-related matrix effects.

Whichever the origin of these matrix effects, Table 3.20 shows that they are almost independent of the introduction system used. For instance, by considering only the recovery data obtained for those acid concentrations inducing matrix effects (*i.e.*,

10 and 15 % (w w^{-1}) for nitric and hydrochloric acids; and 1, 5 and 10 % (w w^{-1}) for sulfuric acid), the average recovery values ranged from 89 to 75 %, 87 to 79 % and 92 to 73 %, for nitric, hydrochloric and sulfuric acids, respectively, using FBMN-based system. Similar recovery values, from 91 to 81 %, 92 to 81 % and 92 to 74 %, respectively, were observed when using the SSI system.

On the other hand, uncertainty values associated with the recovery values were always found to increase when increasing the acid concentration, without any noteworthy trend related to the acid tested or the introduction system used, as observed in Table 3.20.

3.3.4.2.1.2 ICP-MS evaluation

Overall, results obtained for ICP-MS were quite similar to those observed for ICP-OES. As expected, recovery values decreased at increasing acid concentration indicating signal suppression induced by the acid matrix. In the case of ICP-MS, however, matrix effects were found to be stronger compared to ICP-OES, being significant at an even lower acid concentration (*i.e.*, 5 % (w w^{-1})) in HNO_3 and HCl matrices. This effect is represented in Table 3.20. As shown, considering only the recovery values for acid concentrations inducing matrix effects, recovery values ranging from 81 to 64 %, 81 to 72 % and 79 to 47 %, for nitric, hydrochloric and sulfuric acid, respectively, were obtained with the FBMN-based system, and comparable values were obtained with the SSI system. Acid matrix effects have been reported to be more severe in ICP-MS than in ICP-OES.[244] Notwithstanding, as in the case of ICP-OES, these effects are highly dependent on the experimental conditions used. ICP-OES and ICP-MS spectrometers in this work were operated with a different spray chamber and, as reported by several authors, the type of spray chamber (*i.e.*, double-pass or cyclonic) also plays a critical role in signal reduction induced by the presence of acid.[79,245–247]

Contrary to ICP-OES, uncertainty values associated with the obtained recovery values were independent not only of the acid tested and the introduction system used but also of the acid concentration. As noted, higher uncertainty values were obtained in ICP-MS measurements compared to ICP-OES, ranging from 3 to 8 %.

3.3.4.2.2 Standard addition calibration

Figures 3.15 and 3.16 show the percent recovery values obtained with the FBMN-based and the SSI systems when on-line and conventional standard addition calibration, respectively, were applied. Results shown in these figures are also summarized in Table 3.20.

3.3.4.2.2.1 ICP-OES evaluation

Table 3.20 shows how both conventional and on-line standard addition calibrations improved recovery values compared to external calibration. Averaged recovery values ranged from 98 to 102 % in all solutions tested for the two introduction systems, without any appreciable trend when increasing acid concentration. Likewise, Figures 3.15 and 3.16 reveal that, for all emission lines evaluated, recovery values always match 100 %. Uncertainty values (Table 3.20) were similar for all conditions studied, being 5 % in almost all cases.

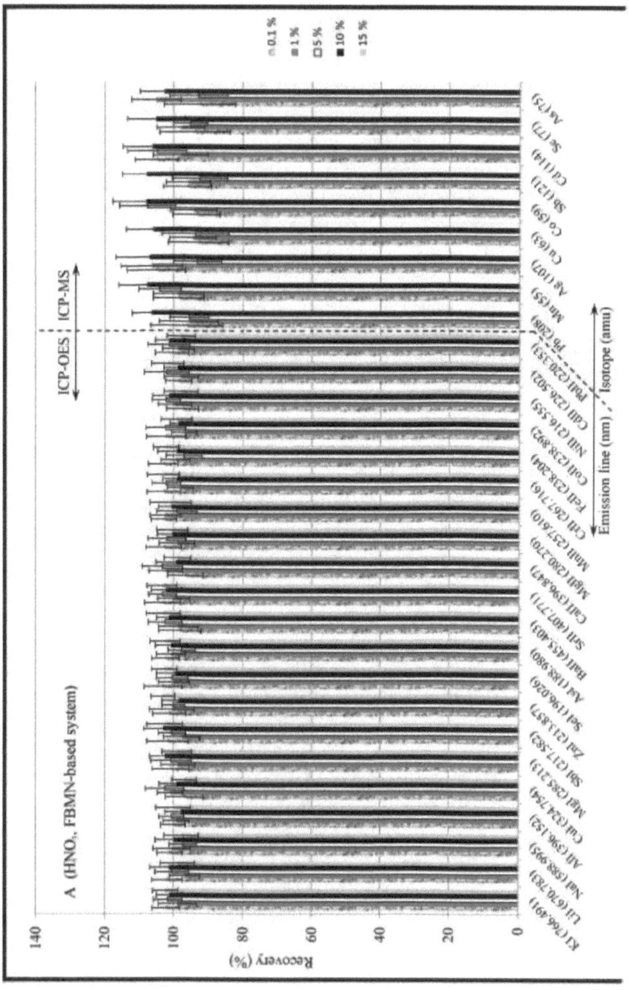
A (HNO3, FBMN-based system)
ICP-OES
ICP-MS
Recovery (%)
0
20
40
60
80
100
120
140
0.1 %
1 %
5 %
10 %
15 %
KI (766.491)
LiI (670.783)
NaI (588.995)
AlI (396.152)
CuI (324.754)
MgI (285.213)
SbI (217.582)
ZnI (213.857)
SeI (196.026)
AsI (188.980)
BaII (455.403)
SrII (407.771)
CaII (396.847)
MgII (280.270)
MnII (257.610)
CrII (267.716)
FeII (238.204)
CoII (238.892)
NiII (216.555)
CdII (226.502)
PbII (220.353)
Pb (208)
Mn (55)
Ag (107)
Cu (63)
Co (59)
Sb (121)
Cd (114)
Se (77)
As (75)
Emission line (nm)
Isotope (amu)

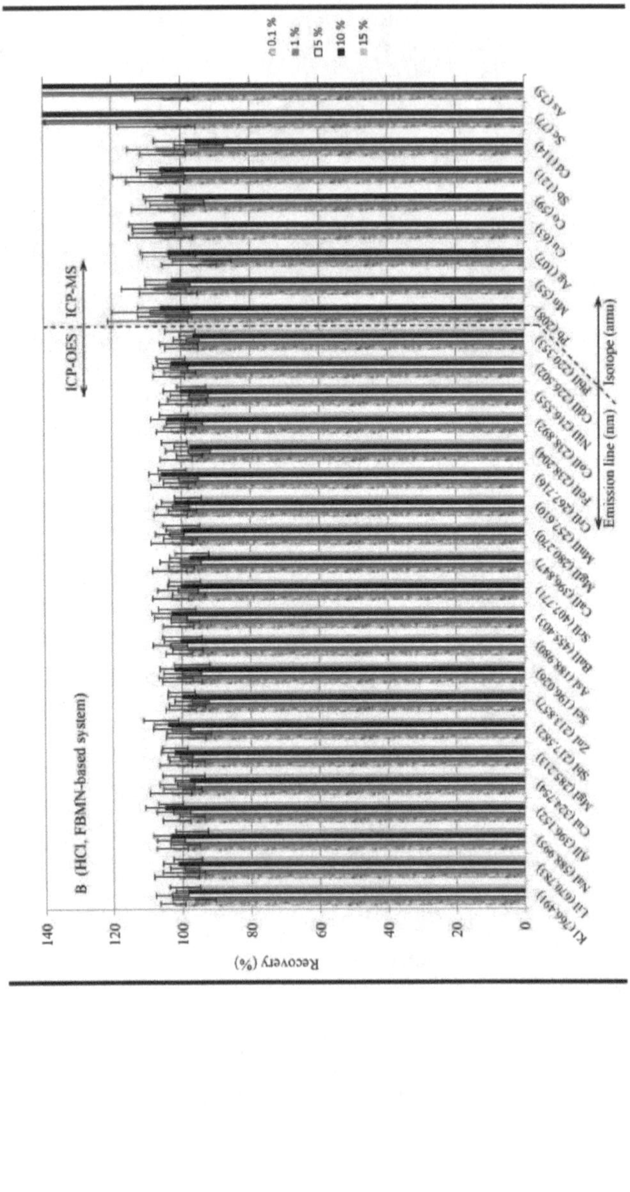
B (HCl, FBMN-based system)
ICP-OES
ICP-MS
Recovery (%)
0
20
40
60
80
100
120
140
Emission line (nm)
Isotope (amu)
0.1 %
1 %
5 %
10 %
15 %

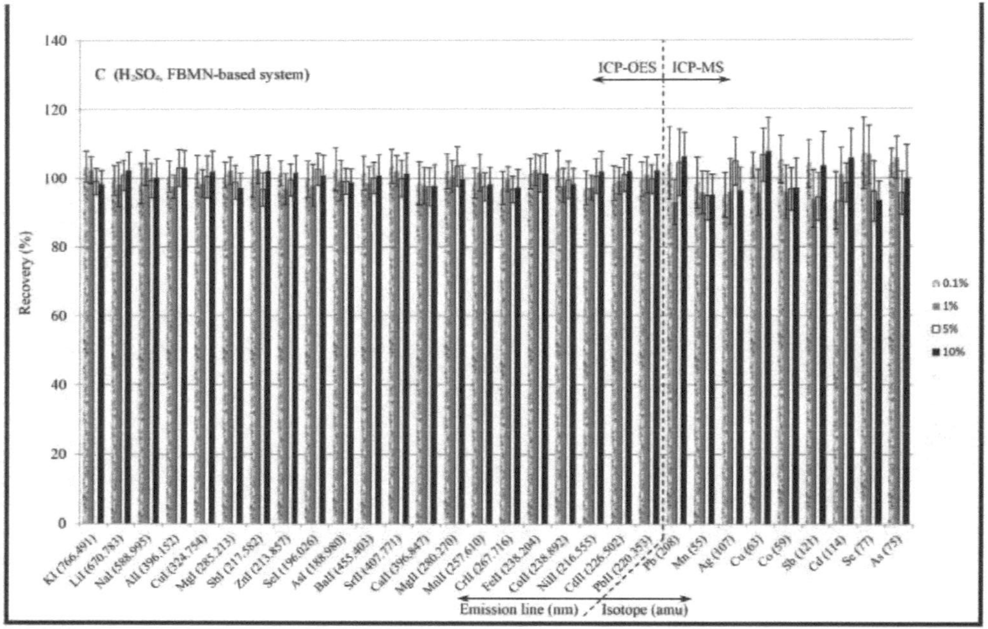

Figure 3.15: *Percent recovery values obtained with the FBMN-based system and on-line standard addition calibration for three inorganic acids at different concentrations: A HNO_3, B HCl and C H_2SO_4. Dashed bars 0.1 % (w w^{-1}) acid concentration; dark grey bars 1 % (w w^{-1}) acid concentration; white bars 5 % (w w^{-1}) acid concentration; black bars 10 % (w w^{-1}) acid concentration; light grey bars 15 % (w w^{-1}) acid concentration.*

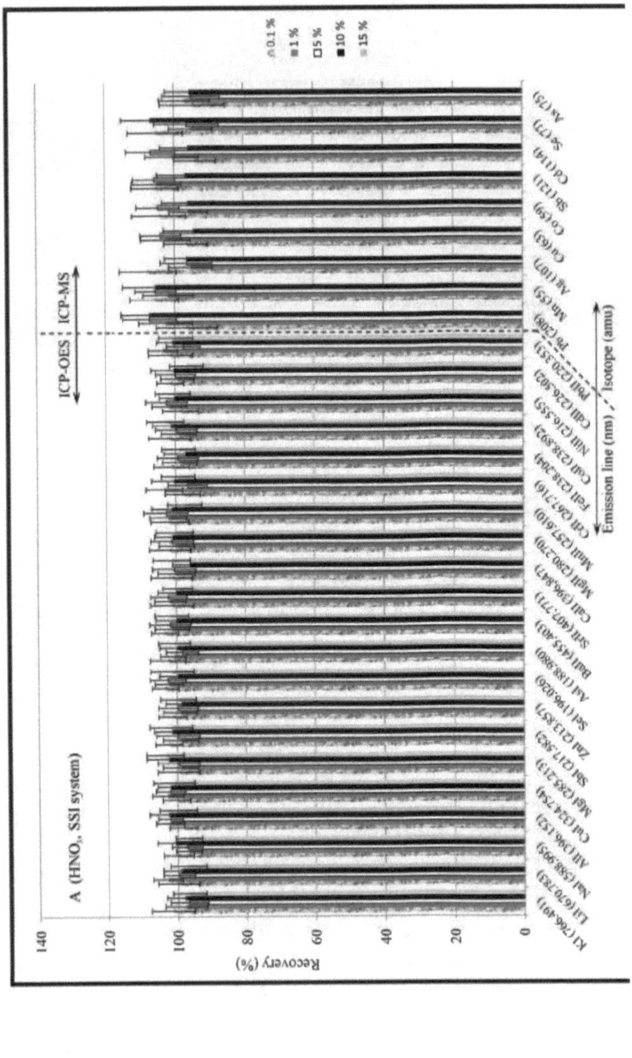
A (HNO_3, SSI system)
ICP-OES
ICP-MS
Recovery (%)
Emission line (nm) / Isotope (amu)
0.1 %
1 %
5 %
10 %
15 %

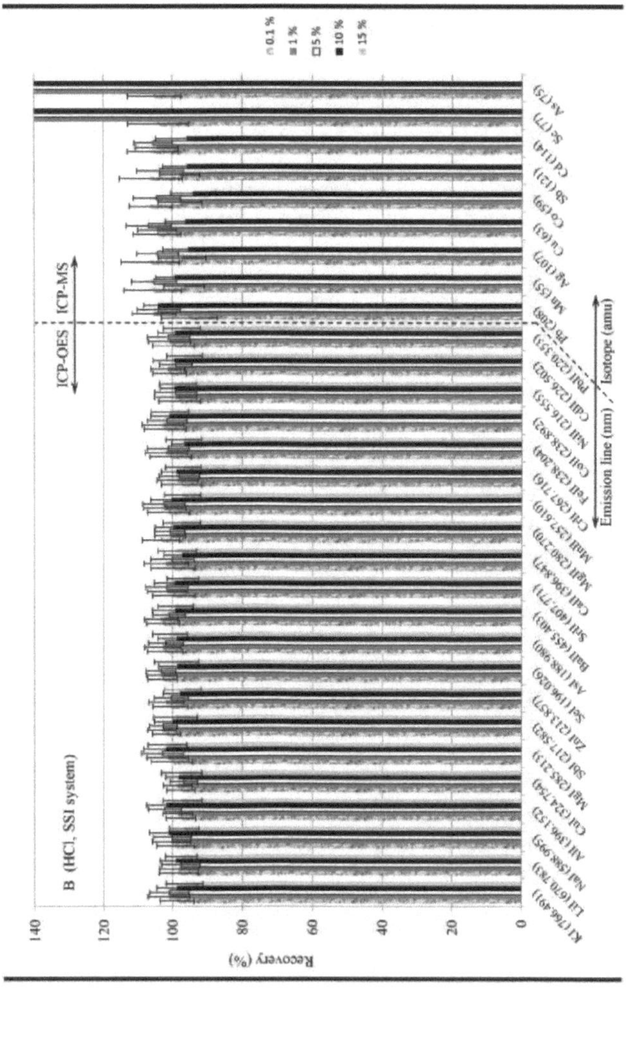
B (HCl, SSI system)
ICP-OES
ICP-MS
Recovery (%)
Emission line (nm) / Isotope (amu)
0.1 %
1 %
5 %
10 %
15 %

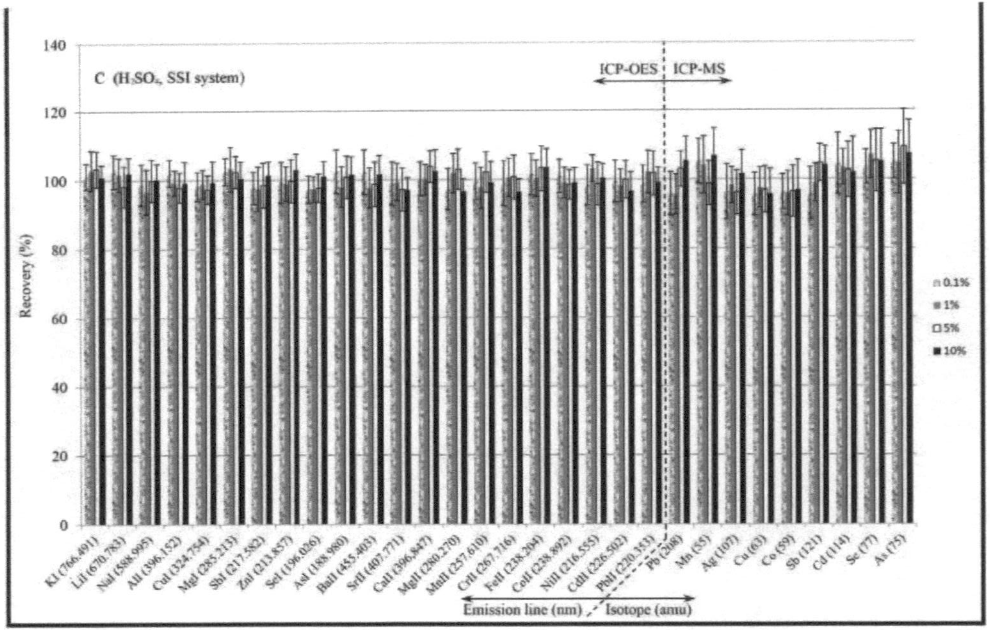

Figure 3.16: *Percent recovery values obtained with the SSI system and conventional standard addition calibration for three inorganic acids at different concentrations: A HNO_3, B HCl and C H_2SO_4. Dashed bars 0.1 % (w w^{-1}) acid concentration; dark grey bars 1 % (w w^{-1}) acid concentration; white bars 5 % (w w^{-1}) acid concentration; black bars 10 % (w w^{-1}) acid concentration; light grey bars 15 % (w w^{-1}) acid concentration.*

3.3.4.2.3 ICP-MS evaluation

Similar results were obtained using this technique, with recovery values ranging from 97 to 106 % without any acid concentration dependence (Table 3.20). Uncertainty values, ranging from 6 to 9 %, were also higher than in ICP-OES with this calibration. This behavior can be observed in Figures 3.15 and 3.16 for all isotopes evaluated.

3.3.4.3 Certified reference material and real sample analysis

Results shown in Section 3.3.4.2 demonstrate that both on-line and off-line standard addition calibration are useful for acid matrix effect compensation. However, the on-line procedure using the FBMN-based system offers several practical advantages, such as handling simplicity, reduction in the total analysis time and reagent/sample consumption. An alternative calibration method, extensively used for analysis of acid-digested samples with conventional sample introduction systems, is matrix matching calibration. For this reason, a comparative study between on-line standard addition and matrix matching calibration was also carried out. In this study, a real sample and a sample of certified reference material of whole milk powder were analyzed in ICP-OES and ICP-MS using both calibration procedures (*i.e.*, on-line standard addition calibration with the FBMN-based system and matrix matching calibration using the SSI system). Thus, both samples were microwave-assisted acid-digested as described in Section 3.3.3.4. The digested solutions were subsequently titrated in order to obtain the final acid concentration for the matching of the acid content in the standards for external calibration (see Table 3.21). As in the preceding section, the calibration methods evaluated were compared in terms of trueness (*i.e.*, recovery) and uncertainty of the obtained results.

Table 3.21: *Nitric acid concentration before and after acid digestion of whole milk powder samples obtained by titration.*

	Commercial whole milk powder (Real sample)			Whole milk powder (Certified reference material)		
Solution	Mass (g)	Initial $[HNO_3]$ (%)	Final $[HNO_3]$ (%)	Mass (g)	Initial $[HNO_3]$ (%)	Final $[HNO_3]$ (%)
Blank	-	14	14	-	16	15
Replicate 1	0.3000	14	8	0.2858	16	11
Replicate 2	0.2945	14	8	0.2910	15	10
Replicate 3	0.3051	14	8	0.2927	16	11

3.3.4.3.1 Analysis of a certified reference material

Table 3.22 shows the results obtained for the analysis of a whole milk powder CRM. Certified values are also included. In this case the different analytes in the sample were determined by either ICP-OES or ICP-MS based on their concentration levels. In general, satisfactory results were obtained with both calibration methods. As observed, the values established were consistent with certified concentration intervals for all analytes determined by ICP-OES or ICP-MS. Recovery values ranging from 93 to 106 % and from 95 to 104 % were obtained using the SSI system and the FBMN-based system, respectively. Uncertainty values obtained with the two calibration methods were found to be similar and ranged from 7 to 26 %.

3.3.4.3.2 Analysis of real sample

A commercial whole milk powder sample was acquired from a supermarket in São Carlos, SP, Brazil. The sample was microwave-assisted acid-digested in the same manner as the previous CRM and was analyzed using the proposed calibrations. Thereafter, the digested solutions were spiked with analytes at two different concentration levels to evaluate trueness from recovery assays. Spiked concentrations of 0.5 and 1.0 mg kg^{-1} were used for ICP-OES analysis, and of 4 and 7 $\mu g\ kg^{-1}$ for ICP-MS analysis. Re-

Table 3.22: *Analysis of a whole milk powder CRM using matrix matching and on-line standard addition calibrations in ICP-OES and ICP-MS.*

		SSI system		FBMN-based system	
		Matrix matching calibration		On-line standard addition calibration	
Emission line (nm)	Certified value[a]	Found value[a]	Recovery (%)[b]	Found value[a]	Recovery (%)[b]
CaII (396.847)	9220±490	9201±1117	100±12	9027±1480	98±16
KI (766.491)	13630±470	13924±1136	102±8	14222±1865	104±14
MgII (280.270)	814±76	862±126	106±15	806±188	99±23
NaI (588.995)	3560±400	3453±253	97±7	3630±510	102±14
SrII (407.771)	4.35±0.5	4.1±1.1	94±25	4.4±0.8	101±18
ZnI (213.857)	28.0±3.1	26±7	93±26	27±3	95±11
Isotope (amu)	Certified value[a]	Found value[a]	Recovery (%)[b]	Found value[a]	Recovery (%)[b]
Cu (63)	0.46±0.08	0.48±0.09	104±18	0.45±0.07	98±15
Mn (55)	0.17±0.05	0.17±0.02	98±12	0.17±0.02	102±14
Pb (208)	0.11±0.05	0.11±0.02	104±19	0.109±0.013	99±12

[a]In mg kg^{-1} ± confidence interval at 95 % (n=3).
[b]In % ± confidence interval at 95 % (n=3).

covery values were calculated based on the difference between the analyte concentrations found after and before spiking the sample. For those analytes which concentrations were found to be below the limits of quantification (LOQ), recovery values were calculated using exclusively the analyte concentration found after spiking the sample.

Table 3.23 shows the results of this evaluation whereby concentration values of several analytes are below the LOQ. LOQ values for matrix matching calibration with the SSI system and on-line standard addition calibration with the FBMN-based system are included in this table. LOQ values for matrix matching calibration were evaluated by using calibration standards containing 8 % (w w^{-1}) nitric acid concentration. Thus, the nitric acid concentration in the calibration standards was similar to that in the analyzed sample (Table 3.21). For on-line standard addition calibration, LOQ values were evaluated by sequentially nebulizing calibration standards containing 0.1 % (w w^{-1}) nitric acid through one of the nebulizer nozzles, while continuously nebulizing a blank sample through the other nozzle. Since a blank milk powder sample (free-from analytes) was not available, 8 % (w w^{-1}) HNO_3 was used as a blank sample.

Table 3.23: *Analysis and recovery values at different concentration levels of a commercial whole milk powder sample using matrix matching and on-line standard addition calibrations in ICP-OES and ICP-MS.*

	SSI System				FBMN-based system			
	Matrix matching calibration				On-line standard addition calibration			
			Spike recovery[c] (%)				Spike recovery[c] (%)	
Emission line (nm)	LOQ[a] ($\mu g\ kg^{-1}$)	Found value[c] ($mg\ kg^{-1}$)	0.5 ($mg\ kg^{-1}$)	1.0 ($mg\ kg^{-1}$)	LOQ[b] ($\mu g\ kg^{-1}$)	Found value[c] ($mg\ kg^{-1}$)	0.5 ($mg\ kg^{-1}$)	1.0 ($mg\ kg^{-1}$)
AlI (396.152)	11	<LOQ	95±3	102±2	15	<LOQ	100±8	97±4
AsI (188.980)	113	<LOQ	111±10	100±2	135	<LOQ	103±8	101±6
BaII (455.403)	0.2	1.6±0.4	102±3	104±2	0.3	2.1±0.3	105±7	103±6
CaII (396.847)	11	3188±230	93±3	98±6	15	2679±774	102±7	99±8
CdII (226.502)	4	<LOQ	97±2	93±2	6	<LOQ	100±6	103±6
CoII (238.892)	14	<LOQ	101±3	95±2	19	<LOQ	104±10	104±6
CrII (267.716)	5	<LOQ	98±3	95±2	7	<LOQ	104±8	94±6
CuI (324.754)	5	<LOQ	97±3	102±2	7	<LOQ	108±11	99±6
FeII (238.204)	6	<LOQ	98±2	95±2	8	<LOQ	100±5	104±6
KI (766.491)	11	10499±2439	95±5	106±6	16	8060±2321	104±7	97±10
LiI (670.783)	0.3	<LOQ	94±3	93±3	0.4	<LOQ	105±11	96±6
MgII (280.270)	3	575±123	97±3	98±2	4	398±109	95±7	98±9
MgI (285.213)	12	607±134	98±3	98±2	18	471±134	103±4	94±6
MnII (257.610)	0.8	<LOQ	101±3	98±2	1.1	<LOQ	103±7	100±6
NaI (588.995)	27	3124±762	91±7	92±4	41	3351±924	103±3	94±7
NiII (216.555)	34	<LOQ	110±4	90±3	44	<LOQ	107±11	97±6
PbII (220.353)	134	<LOQ	92±11	96±2	199	<LOQ	100±8	103±6
SbI (217.582)	143	<LOQ	98±6	96±3	189	<LOQ	106±11	105±8
SeI (196.026)	195	<LOQ	107±4	97±4	223	<LOQ	105±8	103±6
SrII (407.771)	0.14	3.3±0.7	100±1	97±2	0.2	2.9±1.3	105±6	96±6
ZnI (213.857)	4	20±5	95±4	96±2	6	12±3	99±8	92±6
Isotope (amu)	LOQ[a] ($ng\ kg^{-1}$)	Found value[c] ($\mu g\ kg^{-1}$)	4 ($\mu g\ kg^{-1}$)	7 ($\mu g\ kg^{-1}$)	LOQ[b] ($ng\ kg^{-1}$)	Found value[c] ($\mu g\ kg^{-1}$)	4 ($\mu g\ kg^{-1}$)	7 ($\mu g\ kg^{-1}$)
Ag (107)	93	209±42	105±8	106±9	135	292±70	100±11	103±10
As (75)	81	<LOQ	113±6	104±7	144	<LOQ	93±6	94±13
Cd (114)	15	<LOQ	106±2	98±2	22	<LOQ	97±6	97±7
Co (59)	14	43±4	106±8	100±8	20	40±3	96±5	94±10
Cu (63)	43	670±137	94±6	104±4	73	833±84	99±7	95±19
Mn (55)	14	451±56	94±7	91±6	23	321±48	104±5	100±13
Pb (208)	52	<LOQ	101±5	93±8	75	<LOQ	95±6	95±4
Sb (121)	66	<LOQ	103±3	99±4	104	<LOQ	97±7	102±9
Se (77)	203	261±37	102±6	102±4	323	308±32	101±6	100±10

[a]Limit of quantification with external calibration using calibration standards with 8 % ($w\ w^{-1}$) HNO_3.

[b]Limit of quantification with on-line standard addition calibration using calibration standards with 0.1 % ($w\ w^{-1}$) HNO_3 and a blank of 8 % ($w\ w^{-1}$) HNO_3.

[c]Uncertainty values are the standard deviations of the results obtained from the analysis of three digested samples.

As observed, the LOQ values were similar for both calibrations. However, it is worth mentioning that the calibration standard uptake rate in the FBMN-based system was half of that used in the SSI system (*i.e.*, 200 μL min^{-1} in FBMN-based system compared to 400 μL min^{-1} in SSI system).

Table 3.23 shows that in general the analyte concentrations of both calibrations are fairly consistent. In addition, recovery values obtained from the two recovery assays were close to 100 % for both calibration methods and for both spectrometric techniques.

3.3.5 Conclusion

The sample introduction system based on the use of a *Flow Blurring*® multinebulizer has been successfully applied to the analysis of samples having high inorganic acid concentrations. The use of this system for on-line standard addition calibration has proved to be an efficient calibration procedure to compensate acid matrix effects in both ICP-OES and ICP-MS analyses, leading to a similar trueness and uncertainty as off-line standard addition and matrix matching calibrations.

Compared to off-line standard addition calibration, however, the on-line procedure is faster, easier to handle and greatly reduces the reagent/sample consumption. Moreover, since calibration standards used in on-line standard addition calibration do not need matrix matching (*i.e.*, acid concentration in standards as low as 0.1 % (w w^{-1}) is usually required), titration procedures after sample digestion is avoided, therefore offering an added advantage over the more commonly used matrix matching calibration procedure. The aforementioned experimental and economic benefits show the potential for the proposed system to become an excellent choice for direct analysis of digested samples by ICP-OES and ICP-MS techniques.

3.3.6 Acknowledgements

The authors express their gratitude to the Spanish Ministry of Science and Innovation (projects n. CTQ2008 06730-C02-01 and PHB-2010-0018-PC), to the Coordenação de Aperfeiçoamento de Pessoal de Nível Superior in Brazil (Grant CAPES-DGU 243/11), and the Regional Government of Valencia (Spain) (projects n. ACOMP/2009/144 and ACOMP/2010/047) for financial support. The authors gratefully acknowledge OneNeb® (Division of Ingeniatrics Tecnologías S.L.) for the FBMN prototype provided. M.A.A. thanks the University of Alicante for his Ph.D. fellowship. This work is part of the Ph.D. degree of M.A.A.

SECTION 3.4

Manuscript 4

Contents lists available at SciVerse ScienceDirect

Spectrochimica Acta Part B

journal homepage: www.elsevier.com/locate/sab

Analytical Note

Elemental analysis by surface-enhanced Laser-Induced Breakdown Spectroscopy combined with liquid–liquid microextraction

M.A. Aguirre [a], S. Legnaioli [b], F. Almodóvar [a], M. Hidalgo [a,*], V. Palleschi [b], A. Canals [a]

[a] Department of Analytical Chemistry and Food Science and University Institute of Materials, Faculty of Science, University of Alicante, Alicante E-03080, Spain
[b] Applied Laser Spectroscopy Laboratory, Institute of Chemistry of Organometallic Compounds, National Research Council (CNR), Pisa I-56124, Italy

3.4.1 Abstract

In this work, the possibility of using Laser-Induced Breakdown Spectroscopy (LIBS) combined with liquid-liquid microextraction techniques is evaluated as a simple and fast method for trace elemental analysis. Two different strategies for LIBS analysis of manganese contained in microdroplets of extraction solvent (Triton X-114) are studied: (*i*) analysis by direct laser irradiation of microdroplets; and (*ii*) analysis by laser irradiation of microdroplets dried on metallic substrates (surface-enhanced LIBS-SENLIBS). Experiments were carried out using synthetic samples with different concentrations of manganese in a 10 % w w^{-1} Triton X-114 matrix. The analysis by direct laser irradiation of microdroplets showed low precision, sensitivity and poor linearity across the concentration range evaluated (R^2<0.95).

[a] *Department of Analytical Chemistry and Food Sciences and University Institute of Materials, University of Alicante, P.O. Box 99 - 03080, Alicante, Spain.*

[b] *Applied Laser Spectroscopy Laboratory, Institute of Chemistry of Organometallic Compounds, National Research Council (CNR), Pisa, I-56124, Italy.*

* *Corresponding author: montserrat.hidalgo@ua.es*

On the other hand, the SENLIBS method of analysis improved the sensitivity, the precision and the linearity of the calibration curve with respect to the direct analysis of microdroplets. In comparison with experimental results obtained by direct analysis, SENLIBS also allowed several replicate measurements to be carried out in a single microdroplet. The limit of detection obtained was 6 μg g^{-1} of Mn.

3.4.2 Introduction

Laser-Induced Breakdown Spectrometry (LIBS) has been widely employed for a large range of industrial and scientific applications for the determination of trace components. The principle of LIBS is already well-known and documented.[248–254] LIBS is highly useful for rapid multi-elemental analysis without any sample treatment. Sample size can be very small, and the possibility of *in situ* analysis, joined to the lack of direct contact with the sample, is an interesting feature of the method. On the other hand, one drawback in all LIBS techniques is the complexity of the equipment. However, the last two decades of striking technological improvements in lasers and spectrometers had a direct and positive impact on LIBS; a number of commercial LIBS instruments are currently available on the market and the applications of LIBS for industrial and *in situ* analysis are constantly growing.[255–257]

Although LIBS technique can be used to analyze samples of very different nature (solid, liquid, gaseous or aerosol), its main field of application has been, up to now, the analysis of solid samples, because the analysis of liquids presents a number of experimental difficulties. When the LIBS analysis is performed in the bulk of a fluid, the plasma emission intensity is reduced since most of the plasma energy is consumed in the vaporization of the liquid. In addition, the quenching phenomenon causes a reduction of the lifetime of the analyte excited states (typically less than 1 μs) compared to plasmas generated in gas or solid surfaces (tens of microseconds). This fact makes more difficult the rejection of the plasma continuous emission. Finally, the laser pulse may cause bubble generation, which affects the characteristics of successive plasmas.[144,258] All these problems result in lower figures of merit (*i.e.*, sensitivity, precision and limits of detection) with respect to solid or gas LIBS analysis. Additionally, these figures of merit are generally poorer than that obtained with other plasma-based techniques.

Over the years, numerous studies have been aimed at resolving the difficulties in LIBS analysis of liquid samples. Some experimental strategies include LIBS analysis performed on the surface of a static or moving fluid,[259] direct analysis of liquid veins[150] or isolated droplets and micro-droplets,[260,261] the adsorption of the liquid sample into a solid substrate,[163] or the conversion of the liquid sample into solid,,[262] each one showing some advantages and disadvantages. As an example, LIBS analysis of liquid samples by forming liquid veins or jets is one of the most powerful methodologies. In liquid jet analysis, plasma lifetime is prolonged and sensitivity is increased compared to LIBS analysis in liquid bulk, since the generated plasma evolves in air. Moreover, measurement repeatability is improved because bubble generation problems, observed in liquid bulk analysis, are eliminated and splashing problems, observed in liquid surface analysis, are largely reduced due to the very small amount of liquid that is vaporized per laser shot. However, in the liquid jet experimental setup, a relatively high sample volume is needed in order to form and to maintain the jet during the LIBS analysis, which can be problematic when the available amount of sample is limited.

In addition to the abovementioned methodologies, double pulse LIBS method has also been tested as a means to improve sensitivity in liquid sample analysis.[263] Unfortunately, up to date, LIBS technique still provides analytical results for liquid samples that are, in general, worst than those provided by other well established spectroscopic techniques such as Electrothermal Atomic Absorption Spectrometry (ETAAS), Inductively Coupled Plasma Optical Emission Spectrometry (ICP-OES) or Inductively Coupled Plasma Mass Spectrometry (ICP-MS).

One common way to increase sensitivity and decrease limits of detection in analytical chemistry is sample concentration, thereby increasing the concentration of an analyte, or analytes, to a level compatible with an analytical technique. Among the several concentration techniques, liquid-liquid extraction is the most popular in routine sample preparation, used for both analyte concentration and extraction from the matrix. However, conventional (classical) liquid-liquid extraction uses a great amount of solvent, is tedious, time consuming and difficult to automate. For these reasons, one of the most challenging fields of research in analytical chemistry has been focused, during the last years, on the development of new miniaturized approaches to sample concentration techniques and, especially, to liquid-liquid extraction. Nowadays, there are novel microextraction techniques that are faster and more easily automatable than conventional liquid-liquid extraction procedures, and use negligible volume of extractants, which are often hazardous and expensive.[264–267]

Even if the use of microextraction techniques has been mostly focused on organic compound determination, during the last decade these techniques have expanded to the field of inorganic analysis,[176,268–270] and microextraction procedures such as cloud point extraction,[271,272] single-drop microextraction[273,274] or dispersive liquid-liquid microextraction,[275–277] among others, have been successfully applied to trace metal analysis. For this type of analysis, microextraction techniques have been combined with conventional spectrometric techniques such as ETAAS,[278] Flame Atomic Absorption Spectrometry (FAAS),[279] ICP-OES[185] or Electrothermal Vaporization Inductively Coupled Plasma Mass Spectrometry (ETV-ICP-MS).[280] In general, the combination of these conventional instrumental techniques with different microextraction methodologies has been very successful. However, in some cases and due to instrumental requirements, microsamples need to be previously diluted in order to be introduced in the analytical instrument.

Since analyte concentration by liquid-liquid microextraction techniques results in a microvolume of extractant to be analyzed, it could be expected to be easily performed by LIBS technique owing to its ability to analyze extremely low quantities of material. In this work, the capability of LIBS to analyze small volumes of liquid samples and, therefore, to be coupled with liquid-liquid microextraction techniques as a simple and fast method for trace elemental analysis is, for the first time, evaluated. To this end, two different analytical strategies were tested: (*i*) direct analysis of microdroplets (*i.e.*, analysis of analytes in microdroplets suspended from the tip of a microsyringe) and (*ii*) analysis of dry microdroplets on metallic substrates (*i.e.*, analysis of microdroplets using a surface-enhanced LIBS technique-SENLIBS).

3.4.3 Experimental

3.4.3.1 LIBS Instrumentation

The experimental setups used for the two methods evaluated are shown in Fig. 3.17. The laser-induced plasma was generated, in both cases, by focusing a 10 Hz pulsed Nd-YAG laser (model HYL Handy-YAG, Q-switched, Quanta System S.P.A., Varese, Italy), emitting a pulse of energy 180 mJ (pulse width 10 ns FWHM) at 1064 nm, on the sample to analyze. The laser beam was focused on the microsamples by a biconvex lens with a 100 mm focal length. Plasma emission was collected with an UV-grade optical system and sent, through an optical fiber, to the entrance slit of a spectrometer (model AvaSpec-2048-SPU, Avantes, Eerbeek, The Netherlands) where plasma's light was spectrally resolved and detected. A delay system consisting of two pulse generators (digital delay/pulse generator, model DG 535, Stanford Research Systems Inc., and 1 Hz-50 MHz pulse generator, model PM-5715, Philips) was used for synchronization of laser firing and data acquisition. Spectra were collected 1.3 μs after the plasma generation, with 2 ms acquisition time. Such a long detection gate width is not commonly used in LIBS applications, where time resolution of the plasma's emission is critical. Signal-to-background ratio diminishes due to the impossibility of discrimination in favor of the region, within the plasma lifetime, where the signals of interest predominate. Moreover, detection gate widths in the millisecond time scale for acquiring signals in the micro- second time scale (100-150μs are typical values for LIBS), also contribute to further degradation of signal-to-background ratio. In any case, 2 ms was the minimum time setting available on the spectrometer and, therefore, it was the one used in this work.

For direct analysis of microdroplets, the laser beam was focused on a microdroplet suspended from the tip of a microsyringe (Fig. 3.17A). When samples were analyzed by using the second proposed method, microdroplets dried on an aluminum substrate were irradiated by the laser as shown in Fig. 3.17B. In this case, a mirror was used to tilt the laser beam at an angle of 90° to the substrate surface by adjusting the inclination angle. The choice of experimental configurations having different laser tilts was based on practical considerations.

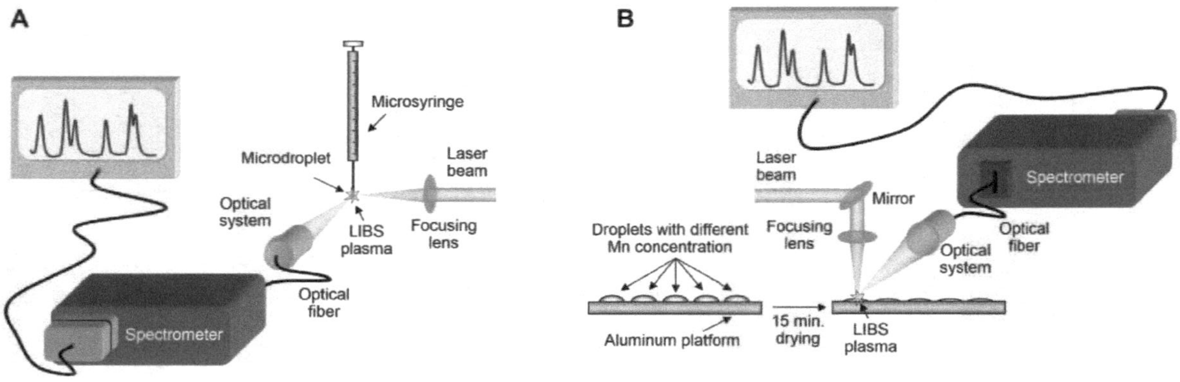

Figure 3.17: *LIBS experimental setup for the determination of manganese in microdroplets containing a 10 % surfactant matrix by using: (A) direct analysis of the microdroplets and (B) analysis of dry microdroplets on aluminum substrate.*

For direct analysis of the microdroplets, the laser beam horizontally directed and focused on the droplets was the easier configuration, since the droplets were suspended from the tip of the syringe. In SENLIBS, this configuration was also possible when vertically positioning the aluminum substrate containing the dried droplets. However, horizontal positioning of the substrate enabled the analysis of both dried and liquid droplets for comparison purposes. Therefore, the latter configuration was chosen.

3.4.3.2 Reagents and standard

A dilution series of manganese solutions were prepared from $MnCl_2 \cdot 4H_2O$ (Merck Pro Analysis, Darmstadt, Germany). Synthetic sample solutions with different concentrations of manganese were prepared in a 10 % w w^{-1} Triton X-114 matrix (Sigma-Aldrich, Steinheim, Germany). Triton X-114 was added to the solutions in order to simulate the sample matrix resulting from microextraction procedures based on the use of surfactants as extractant reagent. A constant amount of strontium was added to each calibration standard from $Sr(NO_3)_2$ (Scharlau Chemie, Barcelona, Spain). All solutions were acidified by adding HNO_3 65 % (w w^{-1}) high-purity acid (Merck p.a., Darmstadt, Germany) up to 1 % (w w^{-1}). Distilled deionized water (18.3 MΩ cm) was used throughout this work.

Strontium (SrI 335.12 nm) emission line was used as internal standard in direct analysis of microdroplets. When the microsamples were analyzed with the aid of metallic substrates (SENLIBS), aluminum (AlI 265.25 nm and AlI 266.04 nm) emission lines from the substrate were used as internal standard. The choice of strontium and aluminum was based on practical considerations rather than from a detailed internal standard study. Strontium is easily available in any laboratory as $Sr(NO_3)_2$.

Moreover, a great number of intense atomic and ionic transitions, which could be tested as internal standard, were available in the spectral windows covered by the spectrometer. On the other hand, when microsamples were analyzed on metallic substrates, there was the possibility to choose Al lines from the substrate as a standard, and it was not necessary to recur to Sr from the droplet itself. Therefore, in the case of SENLIBS the standard is internal to the plasma (substrate plus droplet) and not pre-existing in the droplet itself.

3.4.4 Result and discussion

Microvolumes of the prepared samples containing Mn were analyzed using the two above-mentioned LIBS experimental strategies: (*i*) analysis by direct laser irradiation of microdroplets; and (*ii*) surface-enhanced analysis by laser irradiation of dry microdroplets on a metallic (aluminum) substrate (SENLIBS).

3.4.4.1 Direct analysis of microdroplets

In the direct analysis configuration Fig. 3.17A, 10 μL of the sample is suspended from the tip of a microsyringe. Laser radiation is directly focused on the microdroplet to create a LIBS plasma. Plasma emission from the microdroplet is collected by the optical fiber and Mn emission is detected by the spectrometer.

Preliminary experiments were carried out for optimizing various experimental parameters of the LIBS system, such as laser power and microdroplet position with respect to the focus of the lens, in order to obtain the maximum manganese emission signal.

Once the experimental parameters were optimized, the correlation was evaluated between the LIBS signal and the concentration of manganese, using calibration standards of Mn in extracting reagent (10 % Triton X-114 solution).

The results obtained are shown in Fig. 3.18. The represented signal is the average of three replicate measurements, and was obtained from the ratio between the average integrated intensity of MnII (259.37 nm) and MnII (260.57 nm) emission lines and the integrated intensity of SrI (335.12 nm) emission line used as internal standard. Since both MnII emission lines, arising from the same multiplet, were not completely resolved, their average value was chosen in order to minimize errors in the calculated integrated intensity from Voigt profile fitting. As can be seen from Fig. 3.18, measurements carried out by directly analyzing the microdroplets exhibited low precision and poor linearity of the calibration plot across the concentration range evaluated (R^2<0.95). Moreover, manganese emission lines were practically undetectable at concentrations lower than 0.2 %. Results were found to be even less precise when internal standardization was not applied. Therefore, the direct analysis method was consid-

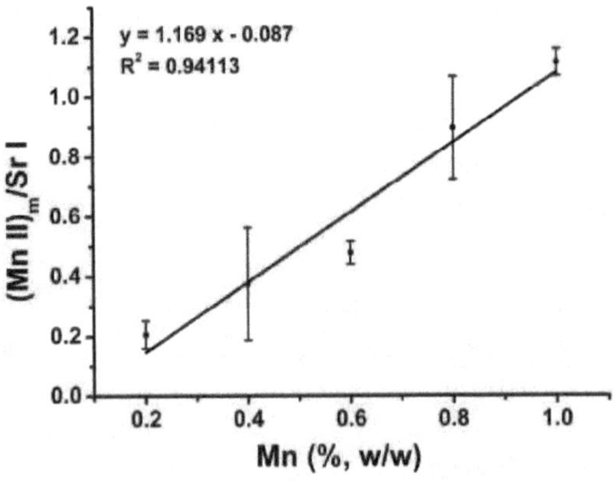

Figure 3.18: *Relative LIBS signal vs. analyte concentration in direct analysis of microdroplets. Y axis represents the ratio of the average integrated intensity of MnII 259.37 nm and MnII 260.57 nm lines* $(MnII)_m$ *to the integrated intensity of SrI 335.12 nm line (used as internal standard).*

ered unusable for the determination of analytes at trace level, even if combined with microextraction procedures to increase analyte concentration.

3.4.4.2 Analysis of dry microdroplets on aluminum substrate (SENLIBS)

To improve the analytical capability of LIBS for the analysis of microdroplets, the possibility of determining the analyte concentration using a different strategy (dry microdroplet analysis) was evaluated. According to this strategy (Fig. 3.17B), 10 μL microdroplets were placed on an aluminum substrate. To obtain the highest sensitivity, before the analysis, the microdroplets were left to dry for 15 min in a hot plate. After that, laser radiation was focused on the dried microdroplet to create the LIBS plasma and Mn emission was detected by the spectrometer.

It should be pointed out here that the term "surface-enhanced LIBS-SENLIBS" was not chosen with the intention to explain the enhancement of the LIBS signal when the experiment is performed on top of a metallic surface as an interaction with surface plasmons, but just to describe the effect of the metallic substrate, on whose surface a hot and dense plasma is produced which engulfs the droplet and "enhances" the LIBS signal. In these conditions, the atoms of the trace elements in the droplet quickly reach a thermal equilibrium with this plasma. On the other hand, the direct interaction of the laser with the droplet in direct analysis is not able to produce such high temperature and electron number densities, thus producing a lower LIBS signal.

In comparison with the direct analysis of microdroplets, in which droplets were destroyed after the laser firing and one droplet was needed for each replicate measurement, the SENLIBS strategy allowed to replicate several measurements on a single microdroplet since, as it can be seen in Fig. 3.19, laser

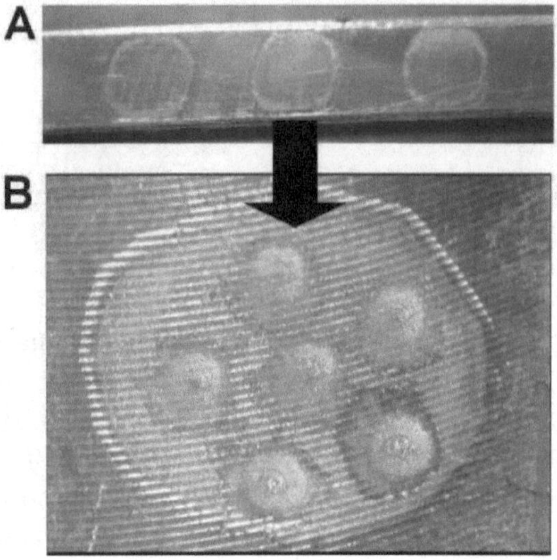

Figure 3.19: *Photographs of microdroplets dried on an aluminum substrate (A) and LIBS craters formed as a result of different laser shots incident on the same microdroplet residue (B).*

radiation can be focused on a limited area of the sample.

Fig. 3.20 shows the increase of LIBS signal obtained for the MnII emission lines (259.37 nm and 260.57 nm) using the SENLIBS strategy compared with the direct analysis strategy. LIBS emission signal markedly improves when microdroplets are analyzed by using aluminum substrates. Note that this figure compares the spectrum obtained for a concentration of 0.1 % Mn in Triton by SENLIBS dry droplet analysis method, to that obtained for a concentration of 1 % Mn inTriton by direct analysis methodology. At 0.1 % concentration, manganese emission lines were not detectable by direct analysis of microdroplets.

Calibration curves of LIBS signal obtained using SENLIBS strategy are shown in Fig. 3.21 for two different calibration ranges, up to 500 μg g^{-1} Mn in Fig. 3.21A and up to 10 μg g^{-1} Mn in Fig. 3.21B. Here, the represented signal is the average

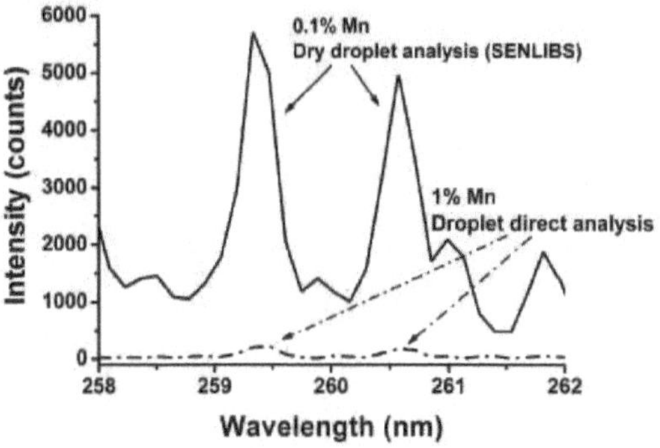

Figure 3.20: *Comparison of LIBS spectra obtained using both analytical strategies (direct and dry droplets analysis). Direct analysis of microdroplets (dash dot line) and analysis of dry microdroplets on aluminum substrate-SENLIBS (solid line).*

of five replicate measurements obtained from the same droplet, and calculated from the ratio between the average integrated intensity of MnII (259.37 nm) and MnII (260.57 nm) emission lines and the average integrated intensity of AlI (265.25 nm) and AlI (266.04 nm) emission lines used as internal standard.

As shown, the linearity of the signal is improved using the SENLIBS strategy over the method of direct analysis of microdroplets in the two calibration ranges studied.

The limit of detection (LOD) obtained with SENLIBS methodology, calculated as 3σ of the blank signal, was 6 μg g^{-1} of Mn. The SENLIBS signal obtained for 10 μg g^{-1} of manganese is shown in Fig. 3.22. Mn has been determined in different matrices (either liquids or solids) by different authors, each one using a different LIBS experimental setup and also different experimental conditions.

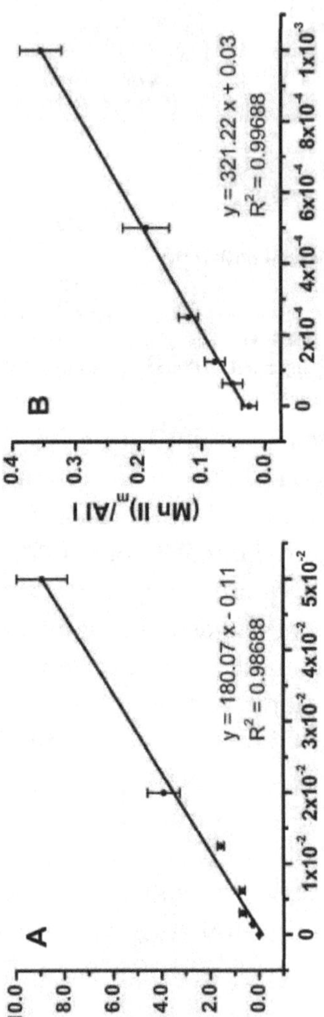

Figure 3.21: *Relative LIBS signal vs. analyte concentration in SENLIBS dry microdroplet analysis method for: (A) high Mn concentration values (up to 500 μg g^{-1} (5.0x10^{-2} %)) and (B) low Mn concentration values (up to 10 μg g^{-1} (1.0x10^{-3} %)). Y axis represents the ratio of the average integrated intensity of MnII 259.37 nm and MnII 260.57 nm lines (MnII)$_m$ to the average integrated intensity of AlI 265.25 nm and AlI 266.04 nm lines (Al I)$_m$ (used as internal standard).*

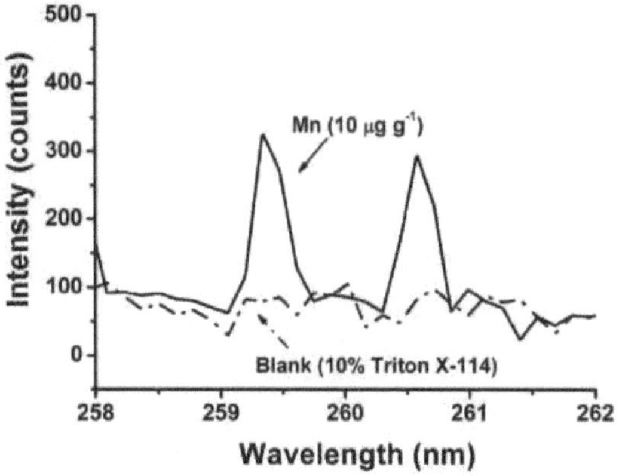

Figure 3.22: *Mn signal obtained from a blank microdroplet (10 % Triton X-114 solution) (dash dot line) and a microdroplet containing 10 μg* g^{-1} *Mn in a 10 % Triton X-114 matrix (solid line).*

Limits of detection obtained for Mn by several authors are given in Table 3.24. As can be seen from this table, limits of detection obtained for Mn depend not only on the sample matrix (solid or liquid) but also on the LIBS equipment and on the experimental conditions used. Therefore, direct comparison of LODs for solid and liquid matrices, or even comparison within the same kind of matrix, is rather difficult to perform.

As observed, LODs obtained by different authors using liquid jets can vary over one order of magnitude, depending on the system and on the conditions used.[68,281] For instance, detectors, laser wavelength, pulse averaging, among other experimental variables, were different in these two works. Pulse averaging was probably higher in the work by Yueh *et al.*[68] than in the work by Samek *et al.*,[281] even if no information was provided in the former. LODs obtained by Ismail *et al.*[282] for Mn in solid matrices are higher than those reported for Mn in liquids, especially in the case of aluminum alloy. However, pulse averaging was only 25 in this work.

Table 3.24: *Comparison of detection limits obtained with LIBS in the analysis of Mn in different matrices.*

Analytical line (nm)	Matrix	Sampling methodology	LOD (ppm)	Ref.	Remarks
MnII (257.61)	Water	Isolated droplets	7.2	[283]	Laser: Nd:YAG, 1064 nm, 10 ns/pulse, 90–100 mJ/pulse. Detection: Czerny Turner spectrograph—PMT—Boxcar averager. Pulse averaging per replicate measurement: multiple laser. shots
MnI (403.076)	Water	Liquid jet	10	[281]	Laser: Nd:YAG, 1064 nm, 4.5 ns/pulse, 60 mJ/pulse. Detection: Czerny Turner spectrograph—IPDA. Pulse averaging per replicate measurement: 100 laser shots.
MnI (403.076)	Water	Liquid jet	0.7	[68]	Laser: Nd:YAG, 532 nm, 5 ns/pulse, 150–250 mJ/pulse. Detection: Czerny Turner spectrograph—ICCD. Pulse averaging per replicate measurement: not indicated.
MnI (403.076)	Aluminum alloy	Solid analysis	15.28	[282]	Laser: Nd:YAG, 1064 nm, 7 ns/pulse, 70 mJ/pulse. Detection: Echelle spectrograph—ICCD. Pulse averaging per replicate measurement: 25 laser shots.
MnI (403.076)	Steel alloy	Solid analysis	4.99	[282]	Laser: Nd:YAG, 1064 nm, 7 ns/pulse, 70 mJ/pulse. Detection: Echelle spectrograph—ICCD. Pulse averaging per replicate measurement: 25 laser shots.
MnI (403.076)	Aluminum alloy	Solid analysis	6.81	[284]	Laser: Nd:YAG, 1064 nm, 7 ns/pulse, 300 mJ/pulse. Detection: Echelle spectrograph—ICCD. Pulse averaging per replicate measurement: 100 laser shots.
MnII (259.37) and (260.57)	0.1 % triton in aqueous solution	Liquid to solid conversion	6.0	This work	Laser: Nd:YAG, 1064 nm, 10 ns/pulse, 180 mJ/pulse. Detection: Czerny Turner spectrograph—CCD. Pulse averaging per replicate measurement: 1 laser shot.

In the work by Mohamed,[284] where laser energy was much higher and signal was averaged over a higher number of laser shots, LOD was found to be half the one reported by Ismail *et al.*[282] In the present work (SENLIBS), LOD has been found to be 6.0 ppm, almost ten times higher than the one reported by Yueh *et al.*[68] for liquid jet. However, no pulse averaging was used in SENLIBS, but only single shot analysis. Moreover, detection was performed with a CCD camera instead of an ICCD device.

3.4.5 Conclusion

The results of this work demonstrate that the analysis of liquid microsamples is possible with LIBS technique. However, the linearity of the LIBS signal and the limit of detection strongly depend on the experimental setup. Direct analysis of microdroplets by LIBS is not analytically useful, since it shows extremely low sensitivity and precision. On the other hand, more than 50-fold emission enhancement can be obtained when metallic substrates are used as sample substrate (surface-enhanced LIBS), and an LOD of 6 μg g^{-1} can be reached in the analysis of Mn in a 10 % Triton matrix. Having in mind that microextraction methodologies lead to microvolumes of extraction solvents and high enrichment factors (up to 400, in some cases), the SENLIBS arrangement combined with microextraction methodologies appears to be a promising alternative for trace element analysis in liquids. More work is still needed in order to definitively assess the analytical capabilities of SENLIBS. This includes: (*i*) study of the best substrate to be used as microsample substrate (type, material and shape); (*ii*) improvement in SENLIBS precision by studying the best procedure for droplet deposition on the solid substrate in order to obtain a predictable and homogeneous deposit morphology;[262,285] (*iii*) evaluation of accuracy of the results obtained with SENLIBS; (*iv*) study of the influence of the sample matrix (concentration and nature-surfactants, ionic liquids, organic solvents,etc.) on LIBS signal; and (*v*) use of double pulse LIBS methodology for obtaining further emission intensity and S/N enhancement.[286] All these factors affecting LIBS analysis of microdroplets resulting from microextraction procedures are currently under study in our laboratory.

3.4.6 Acknowledgements

This research has been supported by the Spanish Government (project no. CTQ2008-06730-C02-01), the regional Government of Valencia (project no. ACOMP/2009/144 and ACOMP/2010/ 047) an the University of Alicante (project no. INV09-39). This work is part of the Ph.D. degree of M.A.A.

SECTION 3.5

Manuscript 5

Analytical Methods

PAPER

Cite this: DOI: 10.1039/c4ay02218a

Hyphenation of single-drop microextraction with laser-induced breakdown spectrometry for trace analysis in liquid samples: a viability study†

M. A. Aguirre,[a] H. Nikolova,[b] M. Hidalgo*[a] and A. Canals[a]

3.5.1 Abstract

In this work, an analytical methodology based on Single Drop Microextraction (SDME) followed by Laser-Induced Breakdown Spectrometry (LIBS) has been tested for trace metals determination in liquid samples. By this method, analytes in the samples were extracted into a small volume of toluene as ammonium pyrroldinedithiocarbamate (APDC) chelates. After that, the analyte-enriched toluene was dried on a solid substrate and, finally, the resulting solid residue was analyzed by LIBS. Analyte extraction by SDME procedure was optimized for the first time by using a multivariate optimization approach. Under optimum SDME conditions, analytical figures of merit of the proposed SDME-LIBS methodology were compared to those of the direct LIBS analysis method (*i.e.*, without SDME procedure).

[a] *Department of Analytical Chemistry and Food Sciences and University Institute of Materials, University of Alicante, P.O. Box 99 - 03080, Alicante, Spain.*

[b] *Department of Analytical Chemistry and Computer Chemistry, University of Plovdiv, 24 Tsar Assen St., 4000 Plovdiv, Bulgaria.*

* *Corresponding author: montserrat.hidalgo@ua.es*

An estuarine water certified reference material was analyzed for method trueness evaluation. The results obtained in this study indicate that SDME-LIBS methodology leads to a sensitivity increase of about 2.0-2.6 times the ones obtained with LIBS. Detection limits of SDME-LIBS decreases accordingly to the obtained sensitivity improvement, reaching values in the range 21-301 μg kg^{-1} for the analytes tested. Measurement repeatability was similar in both SDME-LIBS (13-20 % RSD) and LIBS (16-20 % RSD) methodologies, being mainly limited by the LIBS experimental setup used in this work for LIBS analysis of liquid samples. The SDME-LIBS analysis of the certified reference material led to recovery values in the range of 96 % to 112 %.

3.5.2 Introduction

Laser-Induced Breakdown Spectrometry (LIBS) is perhaps one of the most versatile techniques for elemental analysis, since it can be applied to a great variety of real-world analytical problems.[254,287–291] However, in spite of its potential for the analysis of practically any kind of sample, most LIBS applications have been focused on solid samples analysis whereas its applicability to liquid samples has been, in comparison, poorly exploited. The minor interest in LIBS analysis of liquids can be mainly attributed to its inherent experimental drawbacks,[144,258,287] which lead to low sensitivity and precision compared to LIBS analysis of solids or to the analysis of liquids with most conventional spectrometric techniques. Even if numerous LIBS experimental strategies have been developed to solve, or at least to reduce, the experimental drawbacks of LIBS analysis of liquid samples,[148,150,161,163,259–261,263,281,292] these methodologies still provide analytical results that are, in general, worst than those provided by other well established spectrometric techniques such as ICP-OES.[293]

In spite of its comparatively lower sensitivity, there is still an inherent advantage that could turn LIBS into a very attractive technique for liquid samples analysis compared to the use of conventional techniques; that is the possibility for in situ and on-line analysis offered by this technique due to its field-operable and easily automated instrumentation. A possible way to improve sensitivity and decrease limits of detection in LIBS analysis of liquid samples could be the use of a previous step for analyte enrichment. Liquid Phase Microextraction (LPME) procedures are nowadays extensively used for separation and concentration of both organic and inorganic analytes.[176,294,295] These novel microextraction methodologies are faster and more easily automatable than conventional extraction procedures and use negligible volume of extraction solvents, which are often hazardous and expensive. Among the different LPME modalities, Single Drop Microextraction (SDME), Dispersive Liquid Liquid Microextraction (DLLME) and Hollow Fibre Liquid Phase Microextraction (HF-LPME) methodologies have been applied to the concentration of inorganic analytes for trace elemental analysis with excellent results.[266,273,277,296–300] The combination of LPME with LIBS could be a promising alternative for trace elemental analysis due to the complementarily of both extraction and detection procedures; LPME usually results in a microvolume of analyte-enriched extraction solvent, which sometimes needs to be subsequently diluted to adequate it (*i.e.*, quantity, chemical or physical properties) to the requirements of the instrumental system used for analysis (*e.g.*, ICP-OES or FAAS). LIBS, however, has proved to be useful for the direct analysis of microvolumes of liquid samples, owing to its ability to interrogate extremely low quantities of material.[301] Therefore, microvolumes of solvent resulting from microextraction procedures could be easily analyzed without the need of previous dilution. An added advantage of this combination could arise from the small dimensions and possibility of automation of both LPME and LIBS instrumentation, which could make LPME-LIBS hyphenation suitable for the future development of portable systems for *in situ* and on-line analysis of liquid samples.

In this work, combination of LIBS with SDME modality has been tested as an analytical methodology aimed to extend the applicability of LIBS to trace elemental analysis of liquid samples, opening a new way of research on LPME-LIBS hyphenation. Here, Single Drop Microextraction was applied to water samples prior to analyte determination by LIBS, in order to improve the sensitivity of the method. Toluene was used in SDME as an extraction solvent of several metals as ammonium pyrrolidinedithiocarbamate (APDC) complexes. SDME procedure was previously optimized by using multivariate analysis. The resulting microvolumes of analyte-enriched solvent were analyzed by LIBS after being dried on an aluminum substrate, as a method for overcoming the experimental difficulties of LIBS analysis of liquids. Analytical figures of merit obtained by both SDME-LIBS and direct LIBS methodologies (*i.e.*, analysis of the water samples by LIBS, after being dried on the aluminum substrate but without previous SDME procedure) are presented and discussed. The proposed methodology was finally tested for determination of several metals in a certified reference material (Estuarine Water, LGC6016).

3.5.3 Experimental

3.5.3.1 LIBS experimental setup

Fig. 3.23 shows the LIBS experimental setup used throughout this work for liquid samples analysis. The laser-induced plasmas were generated by focusing a 10 Hz pulsed Nd-YAG laser (model HYL Handy-YAG, Q-switched, Quanta System S.P.A., Varese, Italy), emitting a pulse of energy 180 mJ (pulse width 10 ns

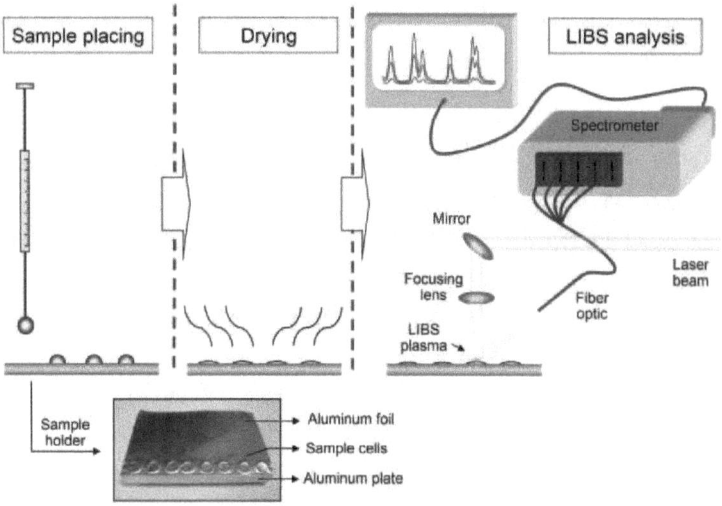

Figure 3.23: *LIBS experimental setup used in the analysis of liquid samples*

FWHM) at 1064 nm, on the sample to analyze. The laser was focused on the sample by using a N-BK7 plano-convex lens with a 100 mm focal length (model KPX094AR.33, Newport Corporation, Irvine, United States). Plasma emission was collected directly with a five-furcated fiber optic (5 x 400 μm fiber optic cable, model FC5-UV400-2, Avantes, Apeldoorn, The Netherlands) and was imaged on the entrance slits of a five channel spectrometer with full spectral coverage from 200 nm to 844 nm (model AVS-Rackmount-USB2 housing equipped with five preconfigured AvaSpec-ULS2048-USB2-RM channels, Avantes, Apeldoorn, The Netherlands). A delay system consisting in two pulse generators (Digital delay/pulse generator, model DG 535, Stanford Research Systems Inc., Sunnyvale, USA and 1 Hz-50 MHz pulse generator, model PM-5715, Philips Export B.V., Eindhoven, The Netherlands) was used for synchronization of laser firing and data acquisition. Spectra were collected 1.3 μs after the plasma generation (optimum condition), with 1 ms acquisition time (minimum time setting available on the spectrometer).

3.5.3.2 Sample preparation

Water samples containing Cr, Mn, Ni, Cu and Zn as target analytes were analyzed by LIBS in two different ways: (*i*) without applying any previous sample treatment for analyte concentration (*i.e.*, direct LIBS) and (*ii*) after a microextraction procedure with SDME methodology to separate and concentrate analytes present in the samples (*i.e.*, SDME-LIBS). In both cases, and in order to avoid liquid splashing during LIBS analysis and to enhance LIBS sensitivity and reproducibility, the corresponding liquids (*i.e.*, water sample or analyte-enriched toluene) were converted into solid by drying on an aluminum surface prior to LIBS measurement (*i.e.*, SENLIBS), as already described elsewhere.[301] In direct LIBS, few μL of the water samples were confined into a small cell shaped in an aluminum foil (see Fig. 3.23). The aluminum foil, placed on an 8 mm thick aluminum plate, was heated by a hot plate to completely evaporate the water. The solid residue was then irradiated with the laser for LIBS analysis.

In SDME-LIBS, metal ions were extracted from the water samples as ammonium pyrrolidinedithiocarbamate (APDC) complexes, using toluene as an extraction solvent for SDME. After extraction, few μL of the analyte-enriched toluene were placed on the aluminum foil, were heated by the hot plate to completely evaporate the toluene and, as described above for direct LIBS analysis, were irradiated by using the laser for the LIBS measurement.

In both methodologies, the result of the LIBS analysis was the mean of three replicate measurements (*i.e.*, three single laser shots) made on different positions of the same solid residue.

3.5.3.2.1 Single Drop Microextraction procedure

For metals extraction by SDME, approximately 9 g of sample was placed in a 20 mL glass vial containing a magnetic stir bar. Solid APDC reagent was added to the vial up to a concentration well in excess of that required to chelate all metals in the solution. Then, the solution pH was adjusted with diluted NH_3 and HCl solutions and, finally, the sample weight was brought to 10 g with deionized water. A microsyringe, containing a known volume of toluene, was clamped above the vial and its needle was immersed into the sample. The plunger was depressed and a microdrop of toluene was exposed to the sample at room temperature for a certain period of time, to allow partition of the analytes between the aqueous phase and the organic droplet. During this time, the solution was continuously stirred with a magnetic stirrer to accelerate the mass transfer process. After extraction, the toluene drop was retracted into the microsyringe and a microvolume of this analyte-enriched solvent was placed on the aluminum foil for LIBS analysis (Fig. 3.23).

3.5.3.3 Reagents and solutions

Aqueous calibration standards were prepared by appropriate dilution of a 1000 mg L^{-1} mono-element standard solutions of Cr, Mn, Ni, Cu and Zn (High-purity mono-element standard solutions, Charleston, United Kingdom) in distilled deionized water (18 MΩ cm resistivity). Ammonium pyrrolidinedithiocarbamate (APDC) (Fluka, Buchs, Switzerland) was used as chelating agent. Diluted hydrochloric acid solution, prepared from a Suprapur 30 % (w w^{-1}) HCl solution (Merck, Darmstadt, Germany) and diluted ammonia solution, prepared from a Reagent Grade 32 % (w w^{-1}) (in NH_3) solution (Scharlau, Barcelona, Spain) were used for pH adjustment. HPLC grade toluene (Scharlau, Barcelona, Spain) was used as extraction solvent in the microextraction procedure. Estuarine water certified reference material (LGC6016, LGC Deselaeres S.L., Middlesex, United Kingdom) was used for evaluation of method trueness.

3.5.3.4 Apparatus

A 25 μL syringe (model 1702, Hamilton, Bonaduz, Switzerland) was used to suspend the toluene microdrop inside the standard/sample solutions in the SDME procedure and to place a microvolume of water sample/extraction solvent on the metallic substrate (*i.e.*, aluminum foil) for LIBS analysis. pH measurements were performed with a pH meter (model micropH 2000, Crison, Alella, Spain). The solutions were stirred with a magnetic stirrer (model 501, Darlab Egara S.L., Barcelona, Spain). A hot plate (model 500 Darlab Egara S.L., Barcelona, Spain) was used to dry the droplets before LIBS analysis.

3.5.4 Results and discussion

3.5.4.1 Optimization of SDME experimental parameters

A multivariate approach was employed to optimize the main experimental factors affecting metals extraction. Several factors including pH, APDC concentration, drop volume, extraction time and stirring speed were studied in order to maximize the extraction yield of the SDME procedure. In order to identify the most important experimental factors affecting SDME, among the ones initially considered, a previous screening study (Placket-Burman design) was carried out. After that, significant factors were optimized by means of a Circumscribed Central Composite Design (CCCD). In the screening and optimization studies, the experiments were randomly carried out in order to nullify the effect of extraneous or nuisance variables. In both cases, emission signal obtained from LIBS analysis of the resulting extractions was used as the output variable (response) of interest. Statistical software (NemrodW® version 2007, LPRAI, Marseille, France) was used for generation of the experimental design matrices and for data processing.

3.5.4.1.1 Screening study

A Plackett-Burman design was used for identification of the significant factors affecting SDME (screening). In this particular type of experimental design, interactions between the different factors are considered to be negligible and, therefore, significant factors can be identified using a limited number of experiments. In this study, a five-factor 12-experiments Plackett–Burman screening design was used. Each factor was represented at two levels, defining the upper and lower limits of the range covered by each factor (see Table 3.25). Levels chosen for the different factors were based on literature data and preliminary experiments. Synthetic aqueous solutions containing 1 μg g^{-1} of the analytes were used as samples in all the screening experiments. After the extractions, the resulting analyte-enriched solvents were analyzed by LIBS, evaluating the emission signal obtained for the different analytes.

Fig. 3.24 shows the main effects Pareto charts obtained from the screening experiments. Since microextraction conditions are usually analyte-dependent, a separate screening evaluation was performed for each analyte in order to identify the common sig-

Table 3.25: *Experimental factors and levels of the Plackett-Burman design.*

	Level	
Experimental factor	Low (-1)	High (+1)
[APDC] (%, w v^{-1})	0.5	1
Drop volume (μL)	5	7.5
pH	5	10
Stirring speed (r.p.m.)	850	1700
Extraction time (min)	5	10

nificant factors affecting the overall extraction process. Pareto charts in Fig. 3.24 illustrate the order of significance of the variables affecting SDME for the different emission lines evaluated. As can be seen, these charts contain a bar for each factor, with the length of the bar being proportional to the relative influence of that factor on the metal extraction. Those bars that extend over the dashed vertical line indicate factors that are statistically significant at 95 % probability. The direction of the bar is related to the "sign" of the effect produced by that factor. That is, those bars to the right of the origin indicate positive effect in the response when increasing the value of the factor and, on the contrary, those bars to the left indicate negative effect. As observed from Fig. 3.24, the screening study provides similar results for all the emission lines evaluated. Drop volume, extraction time and pH can be considered significant factors affecting the extraction with a positive effect, with pH being the most critical parameter. On the other hand, APDC concentration and stirring speed, even if having a slightly positive effect on the response, do not have any significant impact on extraction. These two factors were, therefore, fixed at their higher level for subsequent extractions (*i.e.*, 1 % (w v^{-1}) APDC concentration; 1700 r.p.m. stirring speed), and only drop volume, extraction time and pH were considered for optimization in the following study.

3.5.4.1.2 Optimization study

The three main factors identified in the previous screening study were optimized by using a Circumscribed Central Composite Design (CCCD).

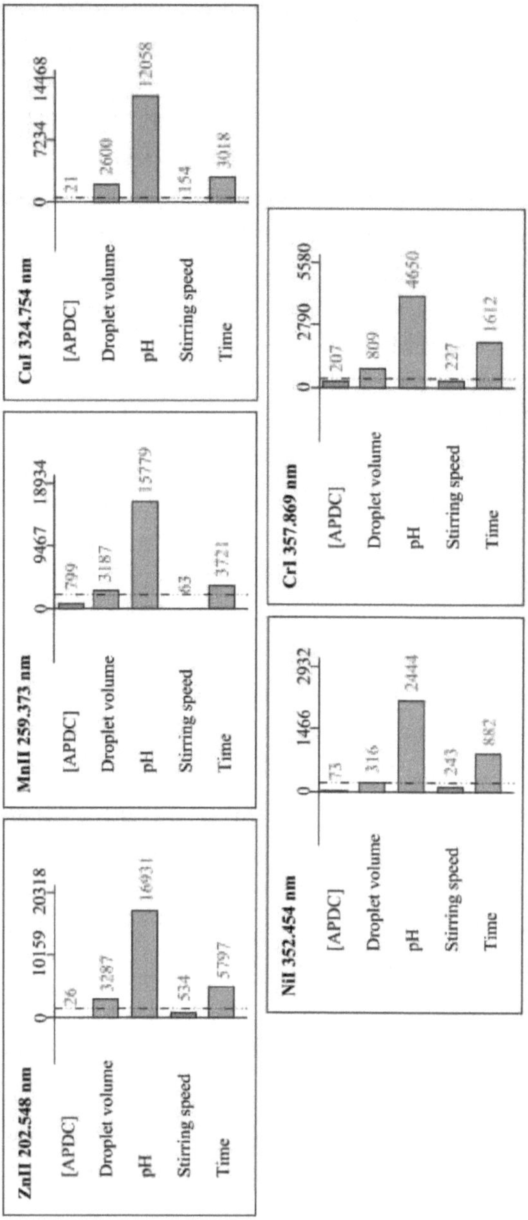

Figure 3.24: *Pareto charts obtained from the Plackett-Burman design for the different emission lines evaluated*

This experimental design requires 5 levels for each factor: a central level (0), a low level (-1), a high level (+1) and two star points located at $\pm\alpha$ ($\alpha = 1.682$) from the centre of the experimental domain (0). The levels chosen for the three factors considered (*i.e.*, drop volume, extraction time and pH), as well as the location of their start points, are given in Table 3.26. The design matrix for this CCCD design involved a total of 18 runs. As in the previous screening study, all the experiments were carried out using synthetic solutions containing 1 μg g^{-1} of the target analytes. LIBS signals of the different emission lines were evaluated in order to compare the optimum conditions for extraction of the different analytes and to decide, accordingly, common optimum conditions for extraction of all of them.

The results obtained in this study are given in Figs. 3.25 to 3.29 as response surfaces and contour plots. Each figure shows the results obtained for a different analyte. Graphics A, B and C in these figures show the variation of LIBS emission signal as a function of each pair of factors, while keeping fixed the third one at its optimum value. As can be observed from the plots, all response surfaces show maximum points which are, in general, similar for all the analytes evaluated.

Emission signal increases with drop volume to reach a maximum at approximately 7.5 μL. In any case, the use of larger volumes was difficult to handle since the droplet became unstable and easily fell off from the tip of the syringe needle.

Similar behavior was observed for pH, with signal increasing

Table 3.26: *Experimental factors and levels of the Circumscribed Central Composite design (CCCD).*

	Level			Star points (α=1.682)	
Experimental factor	Low (-1)	Central (0)	High (+1)	-α	+α
Drop volume (μL)	2.5	5	7.5	0.8	9.2
pH	6	8	10	4.6	11.4
Extraction time (min)	4	7	10	1.9	12.1

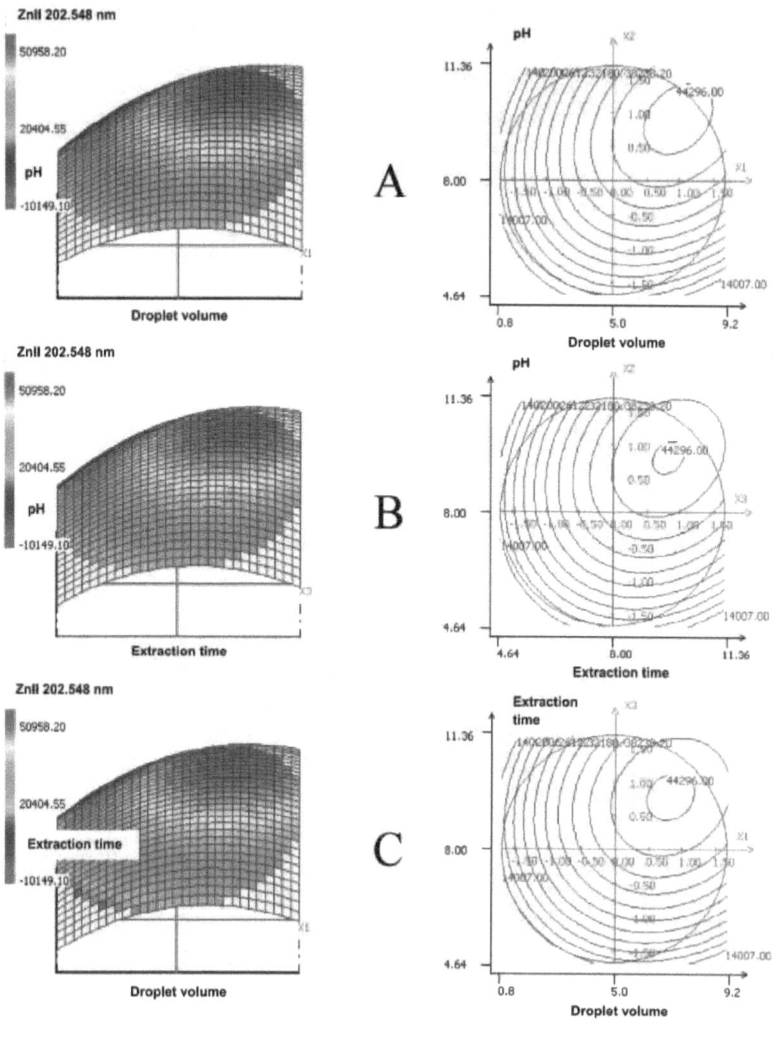

Figure 3.25: *Response surfaces and contour plots for ZnII (202.458 nm) emission line using the circumscribed central composite design obtained by plotting: A, pH vs. droplet volume (extraction time: 10 min); B, pH vs. extraction time (droplet volume: 7.5 μL); C, extraction time vs. droplet volume (pH: 10)*

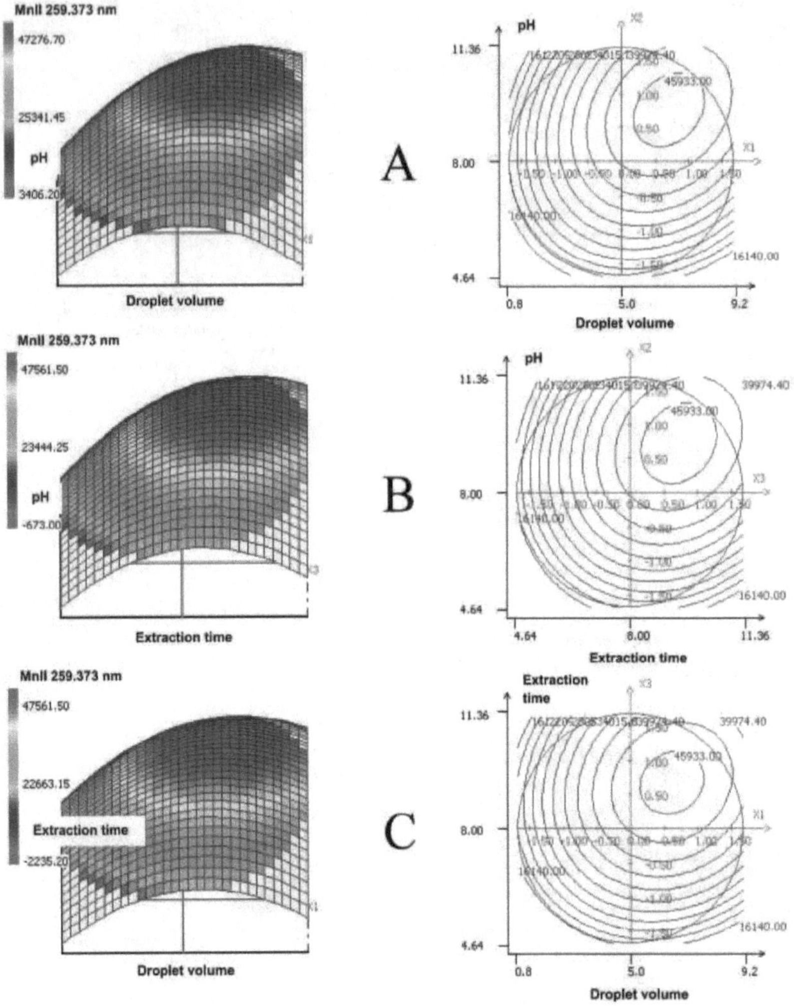

Figure 3.26: *Response surfaces and contour plots for MnII (259.373 nm) emission line using the circumscribed central composite design obtained by plotting: A, pH vs. droplet volume (extraction time: 10 min); B, pH vs. extraction time (droplet volume: 7.5 μL); C, extraction time vs. droplet volume (pH: 10)*

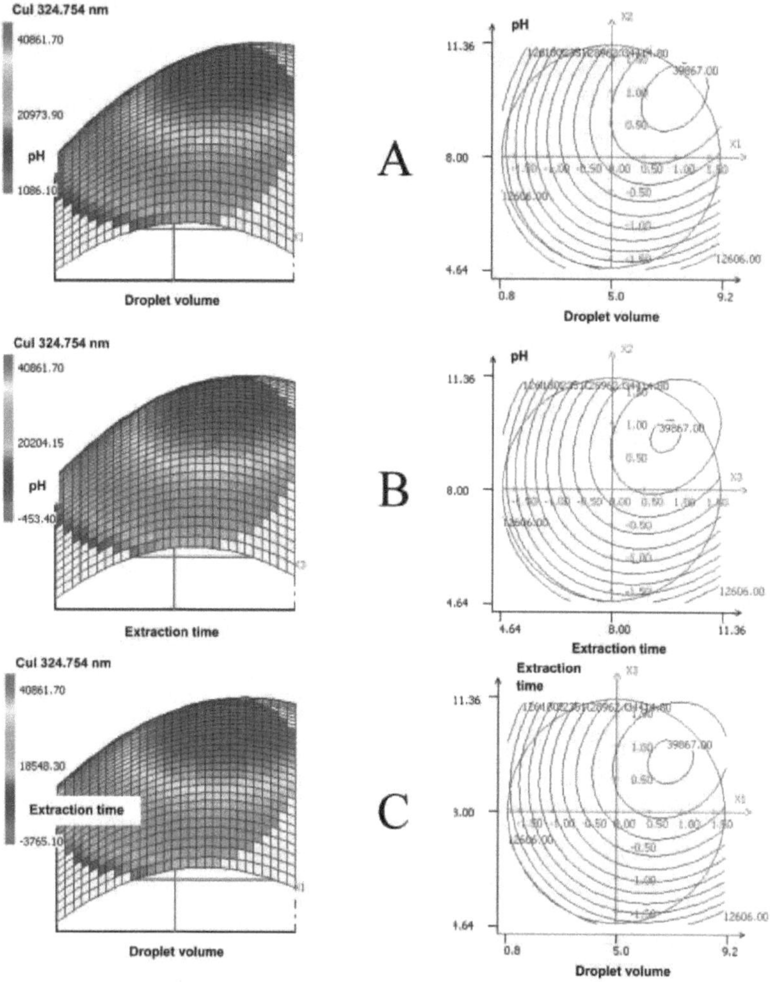

Figure 3.27: *Response surfaces and contour plots for CuI (324.754 nm) emission line using the circumscribed central composite design obtained by plotting: A, pH vs. droplet volume (extraction time: 10 min); B, pH vs. extraction time (droplet volume: 7.5 μL); C, extraction time vs. droplet volume (pH: 10)*

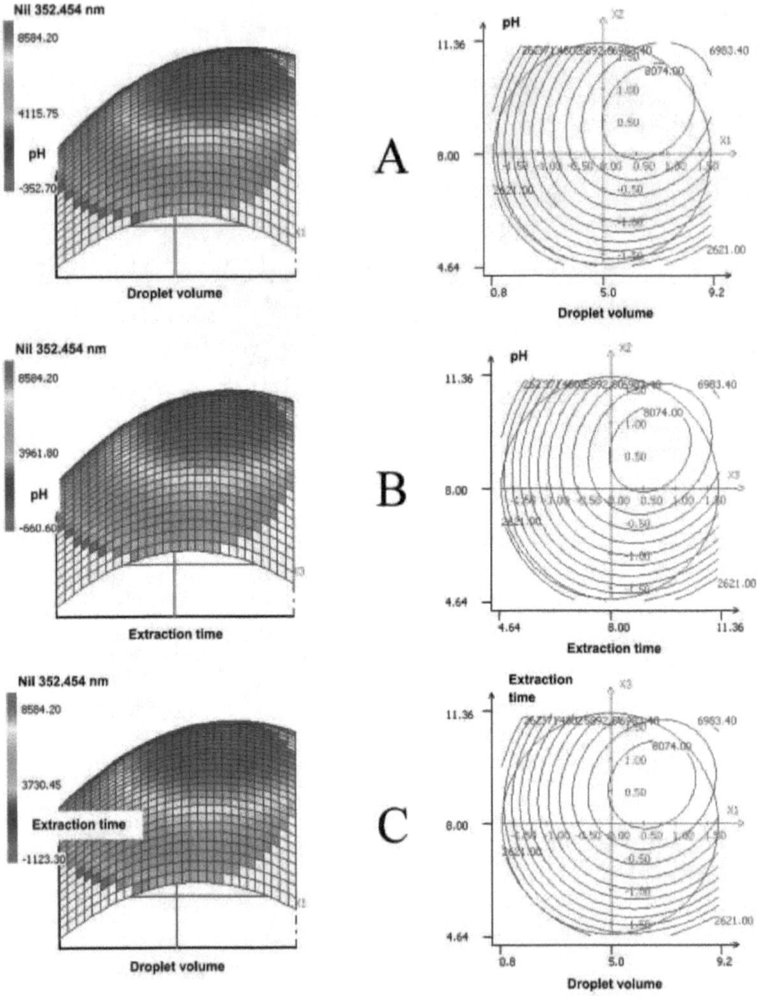

Figure 3.28: *Response surfaces and contour plots for NiI (352.454 nm) emission line using the circumscribed central composite design obtained by plotting: A, pH vs. droplet volume (extraction time: 10 min); B, pH vs. extraction time (droplet volume: 7.5 μL); C, extraction time vs. droplet volume (pH: 10)*

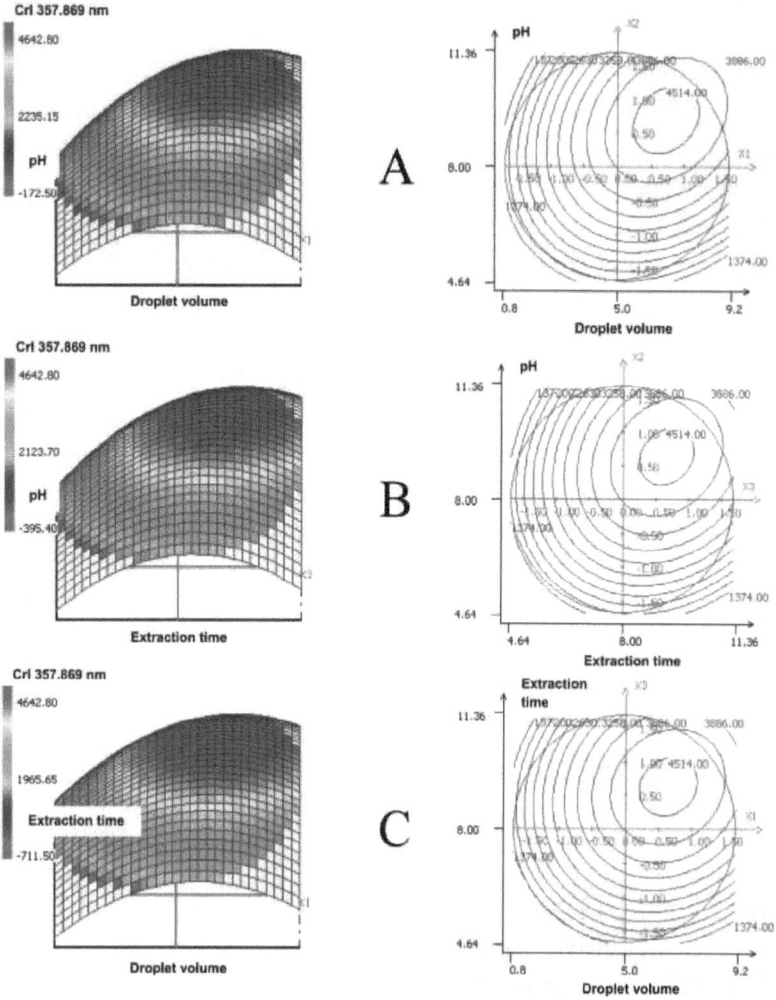

Figure 3.29: *Response surfaces and contour plots for CrI (357.869 nm) emission line using the circumscribed central composite design obtained by plotting: A, pH vs. droplet volume (extraction time: 10 min); B, pH vs. extraction time (droplet volume: 7.5 μL); C, extraction time vs. droplet volume (pH: 10)*

up to pH of approximately 10 and decreasing thereafter. For metal cations extraction, pH plays a crucial role in the formation of the neutral chelates which can be efficiently transferred to the organic phase.

Low pH values favor the protonated form of the complexing reagent, therefore limiting chelates formation and, consequently, metals extraction. On the other hand, insoluble hydroxides or soluble ammonia complexes are preferentially formed at high pH values, avoiding the neutral chelates to form and leading also to a decrease in metals extraction.

As expected, increasing the extraction time results in an increase in the total amount of analyte extracted, reaching a maximum at around 10 minutes. Mass transfer is, indeed, a time-dependent process in which transfer rate decreases as the system approach equilibrium. Due to the similarity between the optima obtained for the different analytes, average values were chosen as the common optimum condition for SDME of all of them. Thus, experimental conditions for extraction were set at pH, 10; drop volume, 7.5 μL; extraction time, 10 min.; APDC concentration, 1 % (w v^{-1}) and stirring speed, 1700 r.p.m.

3.5.4.2 LIBS and SDME-LIBS: analytical figures of merit

In order to assess the analytical capability of SDME-LIBS procedure versus LIBS for the analysis of trace metals in liquid samples, analytical figures of merit (*i.e.*, sensitivity, repeatability and LOD) of both analytical procedures were evaluated and compared. To this end, calibration standards were analyzed by both methods in order to obtain the corresponding calibration graphs: (*i*) without a previous extraction procedure (direct LIBS analysis of the standards) and (*ii*) after extraction of the analytes by SDME at optimum conditions. In the former method, calibration was performed by directly analyzing five calibration standards with concentrations of Zn, Mn, Cu and Cr increasing up to 2500 μg kg^{-1} and Ni increasing up to 8000 μg kg^{-1}. In the latter, analytes were extracted from the same number of calibration standard solutions, but with concentrations of Ni, Mn, Cu and Cr increasing up to 1000 μg kg^{-1} and Zn increasing up to 800 μg kg^{-1}. Afterward, the resulting analyte-enriched toluene microdroplets were analyzed by LIBS. In both cases, the experimental procedure for LIBS analysis of the liquids has been described in the experimental section (Section 3.5.3.2). That is, 7.5 μL of the calibration standard (direct LIBS analysis) or 7.5 μL of the resulting analyte-enriched toluene (SDME-LIBS analysis) were placed on the aluminum foil, heated to dryness and analyzed by LIBS. In all cases, LIBS analysis was carried out by averaging the LIBS signal obtained from three single laser shots in different positions on the same dried residue. Even if more laser firings could have been possibly performed on the dried residue, this number was chosen in order to completely avoid a possible overlapping of the ablated zones created in the residue by previous laser shots.

Table 3.27 summarizes the analytical figures of merit obtained by both methods. Here, sensitivity was derived from the slope of the calibration graphs. Repeatability, expressed as RSD, was estimated from the analysis of eight aliquots taken from the same vial of 1 μg g^{-1} calibration standard. For SDME-LIBS procedure, this means from eight extractions, one per aliquot. LOD calculation was based on 3 times the standard deviation of 10 blank determinations (*i.e.*, deionized water for LIBS and toluene for SDME-LIBS).

LIBS signal was found to be linear in the concentration range evaluated for each method. As expected, the use of a microextraction procedure leads to sensitivity improvement for all the emission lines evaluated. The extent of this improvement can

Table 3.27: *Analytical figures of merit obtained with LIBS and SDME-LIBS analytical methodologies.*

Emission line (nm)	LIBS Sensitivity[a] (cts kg μg^{-1})	RSD[b] (%)	LOD (μg kg^{-1})	SDME-LIBS Sensitivity[a] (cts kg μg^{-1})	RSD[b] (%)	LOD (μg kg^{-1})	Enhancement Factor[c]	LOD Ratio[d]
ZnII (202.548)	19.5±1.1	17	49	51±2	13	21	2.6	2.3
MnII (259.373)	29±4	16	427	59±4	15	301	2.1	1.4
CuI (324.754)	26±5	20	141	55±5	18	54	2.2	2.6
NiI (352.454)	1.64±0.10	16	463	3.3±0.3	20	189	2.0	2.4
CrI (357.869)	7.0±1.0	19	143	17.6±1.2	16	50	2.5	2.9

[a] Uncertainty expressed as standard deviation.
[b] Evaluated from the analysis of eight aliquots taken from the same vial of 1 μg g^{-1} calibration standard.
[c] Calculated as the ratio of sensitivities obtained with SDME-LIBS and LIBS.
[d] Calculated as the ratio of LOD values obtained with LIBS and SDME-LIBS.

be easily assessed by looking at the enhancement factor in Table 3.27, which was calculated as the ratio of sensitivities obtained with and without SDME. As can be seen, all enhancement factors were in the range 2.0-2.6, without any appreciable analyte-dependence. Since sensitivity improvement for a given analyte can be directly associated with its extraction efficiency into the organic phase, this result probably indicates that all metal-APDC chelates were similarly extracted by the applied SDME procedure. As a matter of example, Figs. 3.30A and 3.30B show the signal increase observed for ZnII (202.548 nm) and NiI (352.454 nm) emission lines, respectively, when a 1 μg g^{-1} calibration standard is analyzed by SDME-LIBS. In general terms, it seems that SDME-LIBS procedure results in analytical sensitivities that are approximately 2.3 times the ones obtained with LIBS (mean value over the five emission lines evaluated).

Repeatability was found to be in the range 13 % - 20 % RSD, without any clear trend with respect to analyte or analytical procedure. Repeatability of both analytical procedures was observed to be mainly limited by the current LIBS experimental setup for liquid samples analysis. It could be seen, by visual inspection, that the solid residue resulting from the liquid sample drying was not homogeneously distributed over the

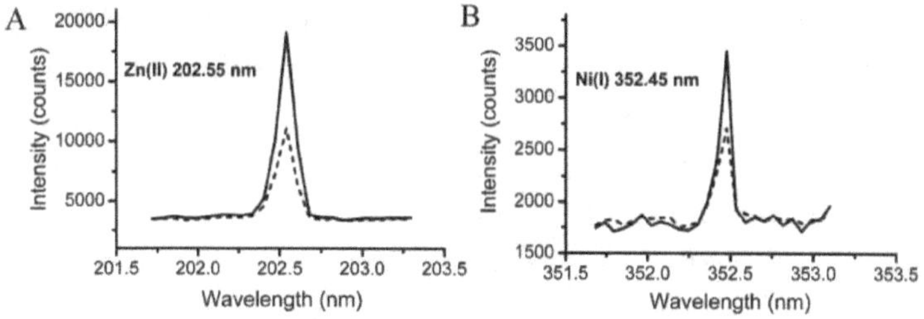

Figure 3.30: *LIBS signals obtained for: A, ZnII (202.548 nm) and B, NiI (352.454 nm) emission lines when a 1 μg g^{-1} standard solution is analyzed by LIBS (dash line) and SDME-LIBS (solid line) methodologies*

aluminum foil, thus leading to low repeatability even from replicate measurements performed on different positions on the same sample residue. Detection limits were all below 0.5 mg kg^{-1} for both LIBS and SDME-LIBS methodologies. Without the use of SDME, LOD values ranged from 463 μg kg^{-1} for NiI (352.454 nm) to 49 μg kg^{-1} for ZnII (202.548 nm). These values were reduced to 189 μg kg^{-1} and 21 μg kg^{-1}, respectively, with the use of SDME. As can be observed from Table 3.27, relative LODs obtained for the different emission lines were in good agreement with the corresponding enhancement factor, with the exception of Mn. This fact, as well as the comparatively high limit of detection obtained for this element, can be probably due to the presence of Mn as an impurity in the aluminum foil used as solid substrate, which leads to poor reproducibility of the blank measurements. Without considering this element, it can be seen from Table 3.27 that the use of SDME-LIBS results in LOD values that are approximately 2.5 times lower than those obtained with direct LIBS.

3.5.4.3 Analysis of a certified reference material

Method trueness was evaluated from the analysis of a certified reference material (estuarine water). Trueness test was only carried out with the proposed SDME-LIBS procedure, since certified concentrations were all below the quantification limits obtained for direct LIBS analysis. Table 3.28 shows the results of the estuarine water analysis. Here, percent recovery was used as estimation of method trueness. As observed, the results obtained with SDME-LIBS methodology were in good agreement with the certified values, with recovery values ranging from 96 % to 112 %.

3.5.5 Conclusions

The results obtained in this preliminary study demonstrate that LIBS detection preceded by a single drop microextraction procedure for analyte enrichment allows performing liquid samples analysis with higher sensitivity than direct LIBS. Therefore, SDME-LIBS could be considered a synergistic association for overcoming the drawback of the LIBS sensitivity in liquid analysis. With the proposed SDME-LIBS analytical methodology, approximately 2.3 fold sensitivity enhancement and 2.5 fold LOD improvement were obtained, compared to the direct LIBS analysis of the liquid samples. Under optimum SDME conditions, SDME-LIBS methodology led to LOD values in the range of 21-301 μg kg^{-1} for the analytes tested, being LIBS analysis performed in almost single pulse mode. However, even if the use of SDME, as LPME modality chosen in this work, has been

Table 3.28: *Analysis of LGC6016 certified reference material (estuarine water) by SDME-LIBS.*

Emission line (nm)	Certified value[a]	SDME-LIBS Found value[a]	SDME-LIBS Recovery value (%)
ZnII (202.548)	75±2	84±21	112±25
MnII (259.373)	976±31	1026±215	105±21
CuI (324.754)	190±4	183±35	96±19
NiI (352.454)	186±3	n.q.[b]	n.q.[b]

[a] In μg L^{-1} ± confidence interval at 95 %.
[b] Not quantified.

proved to improve sensitivity of direct LIBS analysis, the obtained results cannot be considered completely satisfactory for the proposed goal and should be only considered as a starting point for exploring the potentialities of this hyphenated technique for trace elemental analysis of liquid samples. Therefore, much more research work in this field should be done in the future, aimed to improve the capability of the method.

On one hand, sensitivity could be further improved with the use of different reagents for metal chelation and extraction, with the use of different microextraction methodologies such as DLLME or HF-LPME, which could lead to enrichment factors higher than those obtained with SDME, or even with the application of double pulse LIBS configuration for LIBS analysis instead of single pulse LIBS, which has been demonstrated to be an efficient strategy for LIBS signal enhancement.[292] On the other hand, the precision of the method, currently limited by the low repeatability of LIBS measurements, could be also improved by using alternative strategies for deposition of the microdroplets on the aluminum substrate, leading to predictable and homogeneous deposits morphology, or by optimizing the LIBS system optical setup, allowing the integration of a higher number of laser shots on the solid residue without the risk of overlapping between the several ablated zones. Last but not least, future studies should also be focused on the possibility to convert the three currently separated, but independently automatable processes (*i.e.*, microextraction, sample deposition/drying and LIBS analysis) in a fully automated SDME-LIBS analytical procedure for stand-alone operation, useful for in-situ trace metals analysis of liquid samples.

3.5.6 Acknowledgements

The authors are grateful to the Spanish Government (projects n. CTQ2011-23968) and the Regional Government of Valencia (Spain) (ACOMP/2013/072) for the financial support. M.A.A. is grateful to the University of Alicante for his Ph.D. fellowship. This work is part of the Ph.D. degree of M.A.A.

Todo problema resuelto plantea infinidad de nuevas cuestiones, y que el descubrimiento de hoy contiene en germen los descubrimientos de mañana. La cima de la verdad, con tantos esfuerzos escalada, que mirada desde el valle semejaba montaña imponente, no es sino una minúscula estribación de una cordillera mayor, que se columbra, casi inabordable, a través de la niebla, y que nos atrae con insaciable curiosidad.

Santiago Ramón y Cajal, Los tónicos de la voluntad, 1897

4 CONCLUSIONES GENERALES GENERAL CONCLUSIONS

SECCIÓN 4.1 Conclusiones generales

A lo largo de esta memoria se ha presentado una serie de estrategias de preparación de muestras líquidas para su aplicación al análisis elemental mediante diferentes técnicas espectrométricas basadas en plasma: ICP-OES, ICP-MS y LIBS.

La primera parte de la investigación realizada ha puesto de manifiesto las grandes posibilidades que ofrece el uso de un nebulizador múltiple de elevada eficiencia para el análisis de muestras de matriz compleja mediante ICP-OES e ICP-MS. Con el uso de este sistema de multinebulización se ha conseguido llevar a cabo procedimientos de preparación de la muestra en línea, dentro de la propia cámara de nebulización, lo que ha permitido desarrollar métodos analíticos rápidos, simples y sensibles para distintas muestras consideradas como ejemplos típicos de matrices complejas, con la ventaja añadida de proporcionar un ahorro de tiempo y recursos, frente a los procedimientos de análisis convencionales. Los principales logros derivados del desarrollo de esta investigación, descrita en las Secciones 3.1, 3.2 y 3.3 de esta memoria, han sido los siguientes:

- Sección 3.1: Se ha conseguido aplicar distintas metodologías de calibración en línea, mediante el uso de nebulizadores duales *Flow Blurring®*, que han permitido reducir los efectos de la matriz provocados por elementos fácilmente ionizables en ICP-OES con una eficacia comparable a la alcanzada mediante los correspondientes procedimientos de calibración convencionales, pero con una considerable reducción en el tiempo total de análisis y en el consumo tanto de reactivos como de muestra.

- Sección 3.2: Se ha aplicado con éxito la preparación de la muestra en línea mediante nebulización múltiple *Flow Blurring®* para el análisis de muestras orgánicas mediante ICP-OES, lográndose reducir considerablemente todos los problemas asociados al análisis de este tipo de matriz mediante la aplicación de una metodología de calibración rápida y eficiente, como es la adición de estándar en línea, junto con la ventajosa utilización de patrones de calibración acuosos.

- Sección 3.3: Se ha demostrado que el sistema basado en la nebulización múltiple *Flow Blurring®* permite analizar, con excelentes resultados y de forma sencilla, muestras con alto contenido en ácidos inorgánicos en ICP-OES e ICP-MS, evitando los largos y tediosos procedimientos de análisis basados en la calibración mediante simulación de matriz o mediante adición de estándar convencional.

Estos logros, junto con los excelentes resultados obtenidos en la aplicación de las metodologías desarrolladas al análisis de muestras reales y materiales de referencia certificados, demuestran la viabilidad de estos procedimientos para su implementación en el análisis rutinario de muestras complejas mediante ICP-OES e ICP-MS.

La segunda parte de la investigación realizada ha demostrado que los problemas asociados al análisis de líquidos mediante la técnica LIBS pueden minimizarse mediante una adecuada estrategia de preparación de la muestra, lo que podría extender la aplicabilidad de la técnica al análisis elemental de trazas en este tipo de muestras. Los logros más significativos alcanzados mediante la investigación descrita en las Secciones 3.4 y 3.5 de esta memoria han sido los siguientes:

- Sección 3.4: Se ha conseguido mejorar considerablemente la sensibilidad del análisis LIBS directo de muestras líquidas, minimizando además los problemas experimentales que lo caracterizan, mediante un simple procedimiento previo de secado de la muestra sobre una superficie metálica. Mediante esta estrategia de preparación de la muestra ha sido posible realizar el análisis de microvolúmenes de muestras líquidas con un límite de detección aceptable, lo que posibilita la futura integración de LIBS con procedimientos previos de microextracción líquido-líquido para el desarrollo de metodologías analíticas sensibles basadas en esta técnica de detección.

- Sección 3.5: Se ha logrado integrar con éxito la detección mediante LIBS con un procedimiento previo de microextracción en gota para la sensibilización del análisis de muestras líquidas. Los resultados iniciales obtenidos en esta investigación han demostrando las posibilidades que ofrece la asociación de esta técnica de detección con los modernos procedimientos de microextracción líquido-líquido para el análisis elemental de trazas, abriendo así un nuevo y prometedor campo de investigación encaminado al desarrollo futuro de sistemas de medida portátiles basados en LIBS que permitan el análisis *in situ* de muestras líquidas.

SECTION 4.2

General conclusions

Throughout this Ph.D. dissertation, several liquid sample preparation strategies for elemental analysis using plasma-based spectrometric techniques (*i.e.*, ICP-OES, ICP-MS and LIBS) have been presented.

The first part of the research work carried out in this Ph.D. thesis highlights the great potential of using a high-efficiency multiple nebulizer for the analysis of complex matrix samples in ICP-OES and ICP-MS. By using this multinebulization system, on-line sample preparation procedures (*i.e.*, in-chamber sample preparation) for ICP-OES and ICP-MS analysis have been successfully implemented; leading to the development of fast, simple and sensitive analytical methods that can be easily applied to different samples considered as typical examples of complex matrices, with the added advantage of saving time and resources compared to conventional analytical procedures. The main achievements derived from this research, described in Sections 3.1, 3.2 y 3.3 of this PhD dissertation, can be summarized as follows:

- Section 3.1: Several on-line calibration methodologies have been successfully applied to the ICP-OES analysis of samples containing high concentration of easily ionizable elements (EIE). These on-line calibration methods, carried out with the use of *Flow Blurring®* dual nebulizers, have been demonstrated to be as efficient as the corresponding conventional calibration methods for the reduction of matrix effects caused by EIE in ICP-OES. However, compared to conventional methodologies, on-line procedures provide a significant reduction not only in the total analysis time but also in the reagent and sample consumption.

- Section 3.2: On-line sample preparation, carried out by using *Flow Blurring®* multiple nebulization, has been successfully tested in the analysis of organic samples by ICP-OES. The proposed analytical procedure, consisting on the application of the fast and efficient on-line standard addition calibration methodology combined with the advantageous use of aqueous calibration standards, overcomes practically all drawbacks characterizing the analysis of organic matrices.

- Section 3.3: The *Flow Blurring®* multiple nebulization system has been demonstrated to be highly useful to analyze samples with high concentration of inorganic acids in ICP-OES and ICP-MS. The proposed method provides excellent results in a simple way, avoiding the tedious and time consuming analytical procedures based on matrix matching or conventional standard addition calibration methodologies.

The abovementioned achievements, in addition to the excellent results obtained in the application of the proposed methodologies to the analysis of real samples and certified reference materials, demonstrate the feasibility of such procedures to be implemented in routine analysis of complex samples by ICP-OES and ICP-MS.

The second part of the research work presented in this Ph.D. thesis demonstrates that, by using a suitable sample preparation strategy, the main drawbacks characterizing LIBS analysis of liquid samples can be minimized, which could expand the applicability of the technique to trace elemental analysis in this kind of samples. The main achievements derived from this research, described in Sections 3.4 and 3.5 of this Ph.D. dissertation, can be summarized as follows:

- Section 3.4: The sensitivity of direct LIBS analysis of liquid samples has been significantly improved by a simple pretreatment procedure consisting on the previous drying of the sample on a metallic surface, which also minimizes the experimental problems associated with the analysis of liquids by LIBS. The proposed sample preparation strategy allows the analysis of microvolumes of liquid samples with acceptable limit of detection, enabling a future hyphenation of LIBS with previous liquid-liquid microextraction procedures for the development of highly sensitive analytical methodologies based on this detection technique.

- Section 3.5: LIBS detection has been successfully hyphenated with a single drop microextraction procedure for improving sensitivity in the analysis of liquid samples. Preliminary results obtained from this research have demonstrated the possibilities of the association of LIBS detection with modern liquid-liquid microextraction procedures for trace elemental analysis, thus opening a new and promising field of research focused on the future development of portable analytical systems based on LIBS, able to perform *in situ* analysis of liquid samples.

[...] Los teóricos se limitan a aceptar la realidad objetiva por su valor nominal, como Demócrito, y se ponen a calcular. (Una elección inteligente, si de lo que se trata es de llegar a alguna parte con un lápiz y unas hojas). Pero al experimentador, atormentado por la fragilidad de sus instrumentos y sentidos, le entra un sudor frío ante la tarea de medir esta realidad, que puede resultar, cuando se tiene sobre ella la regla, resbaladiza. A veces los números que arroja un experimento son tan raros e inesperados que ponen los pelos de punta al teórico.

Leon Lederman, La partícula divina, 1993

5 PUBLICACIONES

A continuación se detallan los artículos científicos publicados y las comunicaciones a congresos presentadas en el transcuroso del periodo doctoral:

SECCIÓN 5.1 Artículos

1. N. Kovachev, B. Almagro, M. A. Aguirre, M. Hidalgo, A. M. Gañán-Calvo y A. Canals, Development and characterization of a *flow focusing*® multi nebulization system for sample introduction in ICP-based spectrometric techniques, *J. Anal. At. Spectrom.*, 2009, **24**, 1213-1221.

2. M. A. Aguirre, N. Kovachev, B. Almagro, M. Hidalgo y A. Canals, Compensation for matrix effects on ICP-OES by on-line calibration methods using a new multi-nebulizer

based on *flow blurring*® technology, *J. Anal. At. Spectrom.*, 2010, **25**, 1724-1732.

3. C. D. Pereira, M. A. Aguirre, J. A. Nóbrega, M. Hidalgo y A. Canals, Correction of matrix effects for As and Se in ICP OES using a *flow blurring*® multiple nebulizer, *J. Anal. At. Spectrom.*, 2012, **27**, 2132-2137.

4. M. A. Aguirre, N. Kovachev, M. Hidalgo y A. Canals, Analysis of biodiesel and oil samples by on-line calibration using *Flow Blurring*® multinebulizer in ICP OES without oxygen addition, *J. Anal. At. Spectrom.*, 2012, **27**, 2102-2110.

5. M. A. Aguirre, S. Legnaioli, F. Almodóvar, M. Hidalgo, V. Palleschi y A. Canals, Elemental analysis by surface-enhanced laser-induced breakdown spectroscopy combined with liquid-liquid microextraction, *Spectrochim. Acta, Part B*, 2013, **79-80**, 88-93.

6. M. A. Aguirre, M. Hidalgo, A. Canals, J. A. Nóbrega y E. R. Pereira-Filho, Analysis of waste electrical and electronic equipment (WEEE) using laser induced breakdown spectroscopy (LIBS) and multivariate analysis, *Talanta*, 2013, **117**, 419-424.

7. C. D. Pereira, M. A. Aguirre, J. A. Nóbrega, M. Hidalgo y A. Canals, Aerosol generation of As and Se hydrides using a new *flow blurring*® multiple nebulizer for sample introduction in inductively coupled plasma optical emission spectrometry, *Microchem. J.*, 2014, **112**, 82-86.

8. F. Ávila, N. Kovachev, M. A. Aguirre, C. E. Domini, B. S. Fernández y A. Canals, Analysis of metals and phosphorus in biodiesel B100 from different feedstock using a *flow blurring*® multinebulizer in inductively coupled plasma-optical

emission spectrometry, *Anal. Chim. Acta.*, 2014, **827**, 15-21.

9. M. A. Aguirre, L. L. Fialho, J. A. Nóbrega, M. Hidalgo y A. Canals, Compensation of inorganic acid interferences in ICP-OES and ICP-MS using a *flow blurring*® multinebulizer, *J. Anal. At. Spectrom.*, 2014, **29**, 1218-1227.

10. N. Kovachev, M. A. Aguirre, M. Hidalgo, K. Simitchiev, V. Stefanova, V. Kmetov y A. Canals, Elemental speciation by capillary electrophoresis with inductively coupled plasma spectrometry: a new approach by *flow focusing*® nebulization, *Microchem. J.*, 2014, **117**, 27-33.

11. A. M. D. de Jesus, M. A. Aguirre, M. Hidalgo, A. Canals y E. R. Pereira-Filho, The determination of V and Mo by dispersive liquid-liquid microextraction (DLLME) combined with laser-induced breakdown spectroscopy (LIBS), *J. Anal. At. Spectrom.*, 2014, **29**, 1813-1818.

12. M. A. Aguirre, H. Nikolova, M. Hidalgo y A. Canals, Hyphenation of single-drop microextraction with laser-induced breakdown spectrometry for trace analysis in liquid samples: a viability study, *Anal. Methods*, 2015, **7**, 877-883.

13. M. A. Aguirre, E. J. Selva, M. Hidalgo y A. Canals, Dispersive liquid–liquid microextraction for metals enrichment: a useful strategy for improving sensitivity of laser-induced breakdown spectroscopy in liquid samples analysis, *Talanta*, 2015, **131**, 348-353.

SECCIÓN 5.2

Comunicaciones a congresos

1. **I Workshop on Analytical Miniaturization (lab-on-a-chip), Alcalá de Henares (España), septiembre 2008.**

   PÓSTER: N. Kovachev, B. Almagro, M. A. Aguirre, M. Hidalgo, A. M. Gañán-Calvo, M. C. González, A. Escarpa y A. Canals, Preliminary sudies with a micro capillary electrophoresis - electro *flow focusing*® nebulizer for element speciation by ICP spectrometry.

2. **XXI Reunión Nacional de Espectroscopía. V Congreso Ibérico de Espectroscopía, Murcia (España), septiembre 2008.**

   PONENCIA: N. Kovachev, B. Almagro, M. A. Aguirre, M. Hidalgo, A. M. Gañán-Calvo y A. Canals, Development and Characterization of a *flow focusing*® multi micro nebulization system for sample introduction in ICP-Based spectrometric techniques.

   PÓSTER: M. A. Aguirre, A. M. Gañán-Calvo, M. Hidalgo, N. Kovachev, B. Almagro y A. Canals, Evaluación de un nuevo micronebulizador múltiple basado en la tecnología *flow focusing*® para la corrección del efecto matriz en ICP-OES mediante el método de calibración en-línea.

3. **2009 European Winter Conference on Plasma Spectrochemistry, Graz (Austria), febrero 2009.**

   PONENCIA: M. A. Aguirre, N. Kovachev, B. Almagro, M. Hidalgo, A. M. Gañán-Calvo y A. Canals, Evaluation of two new multi-nebulizers based on *flow focusing*® and *flow blurring*® technologies for the correction of matrix effects in ICP-OES by tandem calibration methods.

4. **V Congreso Argentino de Química Analítica, Bahía Blanca (Argentina), noviembre 2009.**

   PÓSTER: M. A. Aguirre, N. Kovachev, B. Almagro, A. M. Gañán-Calvo, M. Hidalgo, J. P. Lener y A. Canals, Nuevas estrategias para la introducción de la muestra en técnicas espectrométricas basadas en plasmas de acoplamiento inductivo.

5. **2011 European Winter Conference on Plasma Spectrochemistry, Zaragoza (España), febrero 2011.**

   PONENCIA: M. A. Aguirre, N. Kovachev, B. Almagro, M. Hidalgo y A. Canals, Simple and fast analysis of biodiesel and oil samples by on-line calibration using a *flow blurring*® multinebulizer.

   PÓSTER: S. Bianchi, M. A. Aguirre, J. Araújo-Nóbrega, A. R. Araújo-Nogueira, M. Hidalgo y A. Canals, Analysis of volatile species by on-line hydride generation using a *flow blurring*® multinebulizer.

   PÓSTER: N. Kovachev, M. A. Aguirre, B. Almagro, M. Hidalgo, A. M. Gañan-Calvo, A. Escarpa y A. Canals, A novel integrated system for electrophoretic separations and *flow focusing*® nebulisation: element speciation by capillary electrophoresis-inductively coupled plasma atomic spectrometry.

6. **I Simposio de Jóvenes Investigadores en Espectroscopia Aplicada, Madrid (España), julio 2011.**

   PONENCIA: M. A. Aguirre, N. Kovachev, B. Almagro, M. Hidalgo y A. Canals, Nebulización múltiple como fácil solución para eliminar interferencias en ICP-OES en línea.

7. **VI Congreso Argentino de Química Analítica, Santa Fe (Argentina), septiembre 2011.**

   PÓSTER: F. D. Ávila-Orozco, C. E. Domini, B. Fernández-Band, M. A. Aguirre, N. Kovachev y A. Canals, Importancia del nebulizador utilizado en la determinación de metales y fósforo en biodiesel mediante espectrometría de emisión óptica con plasma de acoplamiento inductivo (ICP-OES).

8. **9th Chemistry Conference, Plovdiv (Bulgaria), octubre 2011.**

   PÓSTER: M. A. Aguirre, F. Almodóvar, M. Hidalgo y A. Canals, Trace elemental analysis by liquid-liquid microextraction-laser-induced breakdown spectrometry.

   PÓSTER: N. Kovachev, M. A. Aguirre, M. Hidalgo, K. Simitchiev, V. Stefanova, V. Kmetov y A. Canals, Elemental speciation by capillary electrophoresis with inductively coupled plasma spectrometry: enhancement by *flow focusing®* nebulization.

9. **16º Encontro Nacional de Química Analítica, Campos do Jordão (Brasil), octubre 2011.**

   PONENCIA Y PÓSTER: M. A. Aguirre, N. Kovachev, B. Almagro, M. Hidalgo y A. Canals, Mathematical correction as a solution for eliminating analyte/solvent transport efficiency differences in on-line standard addition analysis by ICP-OES.

   PONENCIA Y PÓSTER: C. D. Pereira, M. A. Aguirre, A. Canals y J. A. Nóbrega, Avaliação da redução de efeitos matriciais na determinação de As e Se por ICP OES utilizando um multinebulizador (FBMN-*flow blurring®* multiple nebulizer).

10. **6th Nordic Conference on Plasma Spectrochemistry, Loen (Noruega), junio 2012.**

    PONENCIA: M. A. Aguirre, L. L. Fialho, J. A. Nóbrega, M. Hidalgo y A. Canals, Elimination of inorganic acid interferences on ICP-OES and ICP-MS by a *flow blurring*® multinebulizer.

11. **DICP Symposium (No. XXXI) on Frontiers in Sample Preparation: Novel Principles and Techniques, Dalian (China), julio 2012.**

    PONENCIA INVITADA: H. Nikolova, M. A. Aguirre, M. Hidalgo y A. Canals, Green analytical chemistry: trace elemental analysis on water samples by liquid-liquid microextraction (LLME)-laser-induced breakdown spectroscopy (LIBS).

12. **12th Rio Symposium on Atomic Spectrometry, Foz do Iguaçu (Brasil), septiembre 2012.**

    PONENCIA: M. A. Aguirre, M. Hidalgo, A. Canals, J. A. Nóbrega y E. R. Pereira-Filho, Investigation of waste electrical and electronic equipment (WEEE) using laser-induced breakdown spectroscopy (LIBS) and multivariate analysis.

    PONENCIA: H. Nikolova, M. A: Aguirre, M. Hidalgo y A. Canals, First successful hyphenation of single drop microextraction and laser-induced breakdown spectrometry for trace elemental analysis of water.

13. **2013 European Winter Conference on Plasma Spectrochemistry, Cracovia (Polonia), febrero 2013.**

    PÓSTER: M. A. Aguirre, H. Nikolova, M. Hidalgo y A. Canals, Multivariate optimization of extraction parameters in single-drop microextraction followed by laser-induced breakdown spectrometry for trace elemental analysis of water samples.

14. **XVIII Reunión de la Sociedad Española de Química Analítica, Úbeda (España), junio 2013.**

    PÓSTER: E. J. Selva, M. A. Aguirre, M. Hidalgo y A. Canals, Dispersive liquid-liquid microextraction and laser-induced breakdown spectrometry: a synergistic association for trace metal analysis in liquid samples.

15. **Euroanalysis XVII, Varsovia (Polonia), agosto 2013.**

    PÓSTER: I. Gaubeur, M. A. Aguirre, N. Kovachev, M. Hidalgo y A. Canals, Dispersive liquid-liquid microextraction for simultaneous determination of trace metals by inductively coupled plasma optical emission spectrometry.

16. **7th Euro-Mediterranean Symposium on Laser Induced Breakdown Spectroscopy, Bari (Italia), septiembre 2013.**

    PONENCIA: E. J. Selva, M. A. Aguirre, M. Hidalgo y A. Canals, Liquid-liquid microextraction methodologies and laser-induced breakdown spectrometry: toward a field-operable instrumentation for in-situ trace metals determination in liquid samples.

17. **17º Encontro Nacional de Química Analítica, Belo Horizonte (Brasil), octubre 2013.**

    PÓSTER: A. M. D. de Jesus, M. A. Aguirre, M. Hidalgo, A. Canals y E. R. Pereira-Filho, Microextração líquido-líquido dispersiva combinada com LIBS para determinação de vanádio e molibdênio.

18. **2014 Winter Conference on Plasma Spectrochemistry, Amelia Island (Estudios Unidos), enero 2014.**

    PONENCIA INVITADA: M. A. Aguirre, N. Kovachev, M. Hidalgo y A. Canals A, Liquid sample introduction systems for spectrochemical analysis by ICP-based techniques: the concept and use of new multinebulizers.

19. **X Jornadas Científicas del Instituto Universitario de Materiales, Alicante (España), enero 2014.**

    PÓSTER: I. Gaubeur, M. A. Aguirre, N. Kovachev, M. Hidalgo y A. Canals, Desarrollo de un método analítico para especiación de Cr(III) y Cr(VI) mediante microextracción líquido-líquido dispersiva con detección por espectrometría de plasmas producidos por láser (LIBS).

20. **16th International Symposium on Advances in Extraction Technologies, Chania (Grecia), mayo 2014.**

    PÓSTER PREMIADO: I. Gaubeur, N. Kovachev, M. A. Aguirre, M. Hidalgo y A. Canals, Dispersive liquid-liquid microextraction combined with laser-induced breakdown spectrometry (LIBS) to elemental analysis.

21. **International Conference on Laser Induced Breakdown Spectroscopy, Pekín (China), septiembre 2014.**

    PÓSTER: I. Gaubeur, M. A. Aguirre, N. Kovachev, M. Hidalgo y A. Canals, Speciation of chromium by dispersive liquid-liquid microextraction followed by laser-induced breakdown spectrometry (DLLME-LIBS).

22. **1st Caparica Christmas Conference on Sample Treatment, Caparica (Portugal), diciembre 2014.**

    PONENCIA INVITADA: A. Canals, L. Vidal, E. Fernández, M. Hidalgo, M. A. Aguirre y E. Ródenas, Non-conventional detectors for liquid-phase microextraction.

Alguien que nunca ha cometido un error es una persona que nunca ha intentado nada nuevo.

Albert Einstein, Mis ideas y opiniones, 2011

6 REFERENCES

[1] R. Kellner, *Anal. Chem.*, 1994, **66**, 98A–101A.

[2] M. Valcárcel, *Trends Anal. Chem.*, 1997, **16**, 124–131.

[3] M. A. Pleva and F. A. Settle, *J. Chem. Educ.*, 1985, **62**, A85–A87.

[4] C. E. Domini, D. Hristozov, B. Almagro, I. P. Román, S. Prats and A. Canals, *"Sample preparation for chromatographic analysis of enviromental samples", in Chromatographic analysis of the enviroment, L. M. Nollet (ed.)*, Taylor & Francis Group, Boca Raton, 2006, Ch. 2, pp. 31–131.

[5] G. M. Hieftje, *Spectrochim. Acta, Part B*, 2006, **61**, 597–598.

[6] M. Valcárcel and M. S. Cárdenas, *"Introducción a la automatización en química analítica", in Automatización y miniaturización en química analítica, M. Valcárcel y M. C. Soledad (eds.)*, Springer-Verlag Ibérica, Barcelona, 2000, Ch. 2, pp. 31–67.

[7] A. Galuszka, Z. Migaszewski and J. Namiesnik, *Trends Anal. Chem.*, 2013, **50**, 78–84.

[8] S. Greenfield, I. L. W. Jones, C. T. Berry and D. I. Spash, Improvements relating to spectroscopic methods and apparatus, 10 April 1968, British Patent No. 1 109 602.

[9] S. Greenfield, I. L. W. Jones and C. T. Berry, *Analyst*, 1964, **89**, 713–720.

[10] T. B. Reed, *J. Appl. Phys.*, 1961, **32**, 821–824.

[11] R. S. Houk, *Tesis, Report IS-T-98*, 1980, Iowa State University, Ames, Iowa.

[12] A. L. Gray, *Analyst*, 1975, **100**, 289–299.

[13] R. S. Houk, V. A. Fassel, G. D. Flesch, H. J. Svec, A. L. Gray and C. E. Taylor, *Anal. Chem.*, 1980, **52**, 2283–2289.

[14] C. H. Townes, *"The first laser", in A century of nature, L. Garwin y T. Lincoln (eds.)*, The university of Chicago Press, Chicago, 2003, Ch. 8, pp. 105–114.

[15] T. H. Maiman, *Nature*, 1960, **187**, 493–494.

[16] J. Debras-Guedon and N. Liodec, *C.R. Acad. Sci.*, 1963, **257**, 3336–3339.

[17] R. Noll, *"Laser-induced breakdown spectroscopy", in Laser-induced breakdown spectroscopy fundamentals and applications, R. Noll (ed.)*, Springer-Verlag Berlin, Heidelberg, 2012, Ch. 2, pp. 7–16.

[18] W. Pierce and S. M. Christian, *Photonik Int.*, 2006, **2006**, 92–94.

[19] V. Milántiev and S. Temko, *"Introducción", in Física del plasma, V. Milántiev y S. Temko (eds.)*, Mir, Moscú, 1987, Ch. 1, pp. 6–14.

[20] I. Langmuir, *Proc. N. A. S.*, 1928, **14**, 627–637.

[21] C. M. Whitehouse, R. N. Dreyer, M. Yamashita and J. B. Fenn, *Anal. Chem.*, 1985, **57**, 675–679.

[22] M. P. Doherty and G. M. Hieftje, *Appl. Spectrosc.*, 1984, **38**, 405–412.

[23] E. Ivanova, G. Schaldach and H. Berndt, *Fresenius J. Anal. Chem.*, 1992, **342**, 47–50.

[24] B. L. Sharp, *J. Anal. At. Spectrom.*, 1988, **3**, 613–652.

[25] C. J. Rademeyer, C. S. Collins and L. R. P. Butler, *J. Anal. At. Spectrom.*, 1991, **6**, 329–333.

[26] M. A. Tarr, G. Zhu and R. F. Browner, *Appl. Spectrosc.*, 1991, **45**, 1424–1432.

[27] J. Mora, A. Canals and V. Hernandis, *Spectrochim. Acta, Part B*, 1996, **51**, 1535–1549.

[28] M. Huang, H. Kojima, A. Hirabayashi and H. Koizumi, *Anal. Sci.*, 1999, **15**, 265–268.

[29] R. S. Babington, Method of atomizing liquid in a mono-dispersed spray, 14 January 1969, U.S. Patent No. 3 421 692.

[30] J. A. Burgener, Parallel path induction pneumatic nebulizer, 2 May 1995, U.S. Patent No. 5 411 208A.

[31] J. A. Burgener, Enhanced parallel path nebulizer with a large range of flow rates, 21 October 2003, U.S. Patent No. 6 634 572 B1.

[32] L. Wang and R. F. Browner, Oscillating capillary nebulizer, 15 December 1998, U.S. Patent No. 5 848 751A.

[33] R. F. Browner and A. W. Boorn, *Anal. Chem.*, 1984, **56**, 875A–888A.

[34] T. J. Brotherton, W. L. Shen and J. A. Caruso, *J. Anal. At. Spectrom.*, 1989, **4**, 39–44.

[35] L. R. Layman and F. E. Lichte, *Anal. Chem.*, 1982, **54**, 638–642.

[36] J. L. Todolí, J. Mora, V. Hernandis and A. Canals, *"Instrumentación", in Sistemas de introducción de muestras líquidas en espectrometría atómica,* Secretariado de publicaciones, Universidad de Alicante, 1996, Ch. 2, pp. 55–159.

[37] K. Kahen, K. Jorabchi, C. Gray and A. Montaser, *Anal. Chem.*, 2004, **76**, 7194–7201.

[38] A. Montaser, M. G. Minnich, J. A. McLean, H. Liu, J. A. Caruso and C. W. McLeod, *"Sample introduction in ICP-MS", in Inductively coupled plasma mass spectrometry, A. Montaser (ed.),* Wiley-VCH, New York, 1998, Ch. 3, pp. 83–264.

[39] H. Isoyama, T. Uchida, C. lida and G. Nakagawa, *J. Anal. At. Spectrom.*, 1990, **5**, 307–310.

[40] J. A. Koropchak, S. Sadain and B. Szostek, *Spectrochim. Acta, Part B,* 1996, **51**, 1733–1745.

[41] G. Schaldach, L. Berger, I. Razilov and H. Berndt, *J. Anal. At. Spectrom.*, 2002, **17**, 334–344.

[42] G. Schaldach, H. Berndt and B. L. Sharp, *J. Anal. At. Spectrom.*, 2003, **18**, 742–750.

[43] S. Maestre, J. Mora and J. Todolí, *Spectrochim. Acta, Part B*, 2002, **57**, 1753–1770.

[44] C. Dubuisson, E. Poussel, J. L. Todolí and J. M. Mermet, *Spectrochim. Acta, Part B*, 1998, **53**, 593–600.

[45] J. L. Todolí and J. M. Mermet, *J. Anal. At. Spectrom.*, 2000, **15**, 863–867.

[46] J. L. Todolí, S. Maestre, J. Mora, A. Canals and V. Hernandis, *Fresenius J. Anal. Chem.*, 2000, **368**, 773–779.

[47] J. W. Elgersma, D. T. Thuy and R. P. Groenestein, *J. Anal. At. Spectrom.*, 2000, **15**, 959–966.

[48] L. Gras, J. Mora, J. L. Todolí, A. Canals and V. Hernandis, *Spectrochim. Acta, Part B*, 1999, **54**, 1321–1333.

[49] G. Grindlay, L. Gras, J. Montiel, V. Hernandis and J. Mora, *J. Anal. At. Spectrom.*, 2010, **25**, 519–525.

[50] M. P. Aliaga-Campuzano, J. P. Bernal, S. B. Briceño-Prieto, O. Pérez-Arvizu and E. Lounejeva, *J. Anal. At. Spectrom.*, 2013, **28**, 1102–1109.

[51] D. G. J. Weir and M. W. Blades, *Spectrochim. Acta, Part B*, 1990, **45**, 615–618.

[52] P. Boumans, *Spectrochim. Acta, Part B*, 1982, **37**, 75–82.

[53] C. Beenaker, *Spectrochim. Acta, Part B*, 1977, **32**, 173–187.

[54] E. C. Jung, S. P. Rho, J. Lee, J. H. Lee and H. Cho, *Opt. Comm.*, 1998, **149**, 283–288.

[55] P. B. Farnsworth, A. Woolley, N. Omenetto and O. Matveev, *Spectrochim. Acta, Part B*, 1999, **54**, 2143–2155.

[56] L. Ebdon, E. H. Evans, A. Fisher and S. J. Hill, *"Plasma atomic emission spectrometry", in An introduction to analytical atomic spectrometry, E. H. Evans (ed.)*, John Wiley & Sons Ltd., Chichester, 1998, Ch. 4, pp. 73–113.

[57] M. Chausseau, E. Poussel and J. M. Mermet, *Fresenius J. Anal. Chem.*, 2001, **370**, 341–347.

[58] J. M. Harnly and R. E. Fields, *Appl. Spectrosc.*, 1997, **51**, 334A–351A.

[59] T. W. Barnard, M. I. Crockett, J. C. Ivaldi, P. L. Lundberg, J. D. A. Yates, P. A. Levine and D. J. Sauer, *Anal. Chem.*, 1993, **65**, 1231–1239.

[60] L. Ebdon, E. H. Evans, A. Fisher and S. J. Hill, *"Inductively coupled plasma mass spectrometry", in An introduction to analytical atomic spectrometry, E. H. Evans (ed.)*, John Wiley & Sons Ltd., Chichester, 1998, Ch. 5, pp. 115–136.

[61] G. Horlick, S. H. Tan, M. A. Vaughan and Y. Shao, *"Inductively coupled plasma-mass spectrometry", in Inductively coupled plasmas in analytical atomic spectrometry, A. Montaser y D.W. Golightly (eds.)*, VCH Publisher, New York, 1987, Ch. 10, pp. 361–398.

[62] P. J. Turner, D. J. Mills, E. Schröder, G. Lapitajs, G. Jung, L. A. Iacone, D. A. Haydar and A. Montaser, *"Instrumentation for low- and high-resolution ICP-MS", in Inductively coupled plasma mass spectrometry, A. Montaser (ed.)*, Wiley-VCH, New York, 1998, Ch. 6, pp. 421–501.

[63] D. A. Cremers and L. J. Radziemski, *"Basics of the LIBS plasma", in Handbook of laser-induced breakdown spectroscopy, D. A. Cremers y L. J. Radziemski (eds.)*, John Wiley & Sons Ltd., Chichester, 2006, Ch. 2, pp. 23–52.

[64] A. Einstein, *Phys. Z.*, 1917, **18**, 121–128.

[65] D. A. Cremers and L. J. Radziemski, *"Apparatus fundamentals", in Handbook of laser-induced breakdown spectroscopy, D. A. Cremers y L. J. Radziemski (eds.)*, John Wiley & Sons Ltd., Chichester, 2006, Ch. 3, pp. 53–98.

[66] R. Noll, *"Instrumental components", in Laser-induced breakdown spectroscopy fundamentals and applications*, Springer-Verlag Berlin, Heidelberg, 2012, Ch. 4, pp. 47–73.

[67] F. J. McClung and R. W. Hellwarth, *J. Appl. Phys.*, 1962, **33**, 828–829.

[68] F. Y. Yueh, R. C. Sharma, J. P. Singh, H. Zhang and W. A. Spencer, *J. Air Waste Manag. Assoc.*, 2002, **52**, 1307–1315.

[69] J. D. Winefordner, I. B. Gornushkin, T. Correll, E. Gibb, B. W. Smith and N. Omenetto, *J. Anal. At. Spectrom.*, 2004, **19**, 1061–1083.

[70] J. P. Rybarczyk, C. P. Jester, D. A. Yates and S. R. Kolrtyohann, *Anal. Chem.*, 1982, **54**, 2162–2170.

[71] N. N. Sesi and G. M. Hieftje, *Spectrochim. Acta, Part B*, 1996, **51**, 1601–1628.

[72] A. C. West, V. A. Fassel and R. N. Kniseley, *Anal. Chem.*, 1973, **48**, 1586–1594.

[73] S. Nam, J. Lim and A. Montaser, *J. Anal. At. Spectrom.*, 1994, **9**, 1357–1362.

[74] H. Liu and A. Montaser, *Anal. Chem.*, 1994, **66**, 3233–3242.

[75] S. A. Pergantis, E. M. Heahmar and T. A. Hinners, *Anal. Chem.*, 1995, **67**, 4530–4535.

[76] G. Álvarez Llamas, M. R. Fernández, M. L. Fernández-Sánchez and A. Sanz-Medel, *J. Anal. At. Spectrom.*, 2002, **17**, 655–661.

[77] J. L. Todolí, V. Hernandis, A. Canals and J. M. Mermet, *J. Anal. At. Spectrom.*, 1999, **14**, 1289–1295.

[78] J. A. McLean, M. G. Minnich, L. A. Iacone, H. Liu and A. Montaser, *J. Anal. At. Spectrom.*, 1998, **13**, 829–842.

[79] J. L. Todolí and J. M. Mermet, *J. Anal. At. Spectrom.*, 2001, **16**, 514–520.

[80] C. S. Westphal, J. A. McLean, B. W. Acon, L. A. Allen and A. Montaser, *J. Anal. At. Spectrom.*, 2002, **17**, 669–675.

[81] C. T. Pan, J. Shiea and S. C. Shen, *J. Micromech. Microeng.*, 2007, **17**, 659–669.

[82] M. Hashimoto, Y. Ishihama, M. Tomita and T. Soga, *Rapid Commun. Mass Spectrom.*, 2007, **21**, 3579–3584.

[83] *OneNeb,® división de Ingeniatrics Tecnologías S. L.*, http://www.oneneb.com/, last accessed: 19 December 2014.

[84] *Agilent Technologies®*, http://www.chem.agilent.com/en-US/products-services/Parts-Supplies/Spectroscopy/ICP-OES/ICP-OES-Nebulizers-Accessories/Pages/OneNebVideo.aspx, last accessed: 19 December 2014.

[85] G. L. Donati, R. S. Amais, D. Schiavo and J. A. Nóbrega, *J. Anal. At. Spectrom.*, 2013, **28**, 755–759.

[86] R. S. Amais, G. L. Donati, D. Schiavo and J. A. Nóbrega, *Microchem. J.*, 2013, **106**, 318–322.

[87] A. M. Gañán-Calvo, *Appl. Phys. Lett.*, 2005, **86**, 214101.

[88] J. Rosell-Llompart and A. M. Gañán-Calvo, *Phys. Rev. E*, 2008, **77**, 036321.

[89] H. Matusiewicz, M. Slachcinski, B. Almagro and A. Canals, *Chem. Anal. (Warsaw)*, 2009, **54**, 1219–1244.

[90] A. Zander, *"The problem of spectral interferences and line selection in plasma emission spectrometry", in Inductively coupled plasmas in analytical atomic spectrometry, A. Montaser y D.W. Golightly (eds.)*, VCH Publisher, New York, 1987, Ch. 6, pp. 201–237.

[91] J. M. Mermet, *Anal. Chim. Acta*, 1991, **250**, 85–94.

[92] J. W. Tromp, M. Pomares, M. Alvarez-Prieto, A. Cole, H. Ying and E. D. Salin, *Spectrochim. Acta, Part B*, 2003, **58**, 1927–1944.

[93] E. S. Chaves, E. J. dos Santos, R. G. O. Araujo, J. V. Oliveira, V. L. A. Frescura and A. J. Curtius, *Microchem. J.*, 2010, **96**, 71–76.

[94] L. M. Costa, S. L. C. Ferreira, A. R. A. Nogueira and J. A. Nóbrega, *J. Braz. Chem. Soc.*, 2005, **16**, 1269–1274.

[95] T. D. Saint'Pierre, T. A. Maranhão, V. L. A. Frescura and A. J. Curtius, *Spectrochim. Acta, Part B*, 2005, **60**, 605–613.

[96] E. S. Chaves, F. G. Lepri, J. S. A. Silva, D. P. C. de Quadros, T. D. Saint'Pierre and A. J. Curtius, *J. Environ. Monit.*, 2008, **10**, 1211–1216.

[97] A. N. Anthemidis, V. Arvanitidis and J. A. Stratis, *Anal. Chim. Acta*, 2005, **537**, 271–278.

[98] F. H. Lyra, M. T. W. D. Carneiro, G. P. Brandão, H. M. Pessoa and E. V. de Castro, *Microchem. J.*, 2010, **96**, 180–185.

[99] G. D. Woods and F. I. Fryer, *Anal. Bioanal. Chem.*, 2007, **389**, 753–761.

[100] E. J. dos Santos, A. B. Herrmann, E. S. Chaves, W. W. D. Vechiatto, A. C. Schoemberger, V. L. A. Frescura and A. J. Curtius, *J. Anal. At. Spectrom.*, 2007, **22**, 1300–1303.

[101] Q. Tu, T. Wang and V. Antonucci, *J. Pharm. Biomed. Anal.*, 2010, **52**, 311–315.

[102] P. K. Hsiao, S. J. Jiang and A. C. Sahayam, *J. Anal. At. Spectrom.*, 2011, **26**, 586–592.

[103] K. Chandrasekaran, D. Karunasagar and J. Arunachalam, *J. Anal. At. Spectrom.*, 2013, **28**, 142–149.

[104] L. Zhao, S. Zhong, K. Fang, Z. Qian and J. Chen, *J. Hazard. Mater.*, 2012, **239–240**, 206–212.

[105] N. Freslon, G. Bayon, D. Birot, C. Bollinger and J. A. Barrat, *Talanta*, 2011, **85**, 582–587.

[106] H. H. Chen and D. Beauchemin, *J. Anal. At. Spectrom.*, 2001, **16**, 1356–1363.

[107] J. de Jong, V. Schoemann, D. Lannuzel, J. L. Tison and N. Mattielli, *Anal. Chim. Acta*, 2008, **623**, 126–139.

[108] J. Avivar, L. Ferrer, M. Casas and V. Cerdà, *J. Anal. At. Spectrom.*, 2012, **27**, 327–334.

[109] A. S. Al-Ammar, *Spectrochim. Acta, Part B*, 2003, **58**, 1391–1401.

[110] M. L. Salit, R. D. Vocke and W. R. Kelly, *Anal. Chem.*, 2000, **72**, 3504–3511.

[111] M. L. Salit, G. C. Turk, A. P. Lindstrom, T. A. Butler, C. M. Beck II and B. Norman, *Anal. Chem.*, 2001, **73**, 4821–4829.

[112] M. L. Salit and G. C. Turk, *Anal. Chem.*, 2005, **77**, 136 A–141 A.

[113] S. A. Rabb and J. W. Olesik, *Spectrochim. Acta, Part B*, 2008, **63**, 244–256.

[114] M. R. Winchester, G. C. Turk, T. A. Butler, T. J. Oatts, C. Coleman, D. Nadratowski, R. Sud, M. D. Hoover and A. B. Stefaniak, *Anal. Chem.*, 2009, **81**, 2208–2217.

[115] M. R. Winchester, T. A. Butler and G. C. Turk, *Anal. Chem.*, 2010, **82**, 7675–7683.

[116] R. E. S. Froes, W. B. Neto, N. O. C. Silva, R. L. P. Naveira, C. C. Nascentes and J. B. B. da Silva, *Spectrochim. Acta, Part B*, 2009, **64**, 619–622.

[117] Y. Wang and I. D. Brindle, *J. Anal. At. Spectrom.*, 2011, **26**, 1514–1520.

[118] J. M. Gómez-Guzmán, S. M. Enamorado-Báeza, A. R. Pinto-Gómez and J. M. Abril-Hernández, *Int. J. Mass Spectrom.*, 2011, **303**, 103–108.

[119] E. M. G. Navarro, M. E. V. Tagle, M. T. L. Marín and M. S. P. Alfonso, *Quim. Nova*, 2011, **34**, 1443–1449.

[120] M. Grotti, E. Magi and R. Leardi, *J. Anal. At. Spectrom.*, 2003, **18**, 274–281.

[121] J. N. Miller and J. C. Miller, *"Regression and correlation", in Statistics and Chemometrics for Analytical Chemistry*, Prentice Hall, Harlow, 2005, Ch. 5, pp. 107–149.

[122] M. Bader, *J. Chem. Educ.*, 1980, **57**, 703–706.

[123] W. W. Ding and R. E. Sturgeon, *Anal. Chem.*, 1997, **69**, 527–531.

[124] G. H. Tao and R. E. Sturgeon, *Spectrochim. Acta, Part B*, 1999, **54**, 481–489.

[125] C. Moor, J. W. H. Lam and R. E. Sturgeon, *J. Anal. At. Spectrom.*, 2000, **15**, 143–149.

[126] A. Asfaw and G. Wibetoe, *Anal. Bioanal. Chem.*, 2005, **382**, 173–179.

[127] A. Asfaw and G. Wibetoe, *J. Anal. At. Spectrom.*, 2006, **21**, 1027–1035.

[128] A. Asfaw and G. Wibetoe, *J. Anal. At. Spectrom.*, 2007, **22**, 158–163.

[129] A. Asfaw and D. Beauchemin, *J. Anal. At. Spectrom.*, 2012, **27**, 80–91.

[130] N. Carrión, M. Murillo, E. Montiel and D. Díaz, *Spectrochim. Acta, Part B*, 2003, **58**, 1375–1389.

[131] I. Rojas, M. Murillo, N. Carrión and J. Chirinos, *Anal. Bioanal. Chem.*, 2003, **376**, 110–117.

[132] T. Zoltan, Z. Benzo, M. Murillo, E. Marcano, C. Gómez, J. Salas and M. Quintal, *Anal. Bioanal. Chem.*, 2005, **382**, 1419–1430.

[133] H. Matusiewicz and M. Slachcinskia, *Microchem. J.*, 2007, **86**, 102–111.

[134] H. Matusiewicz and M. Slachcinski, *Microchem. J.*, 2010, **95**, 213–221.

[135] H. Matusiewicz and M. Slachcinski, *J. Anal. At. Spectrom.*, 2010, **25**, 1324–1333.

[136] H. Matusiewicz and M. Slachcinski, *Anal. Methods*, 2010, **2**, 1592–1598.

[137] C. D. Pereira, M. A. Aguirre, J. A. Nóbrega, M. Hidalgo and A. Canals, *Microchem. J.*, 2014, **112**, 82–86.

[138] J. Hamier and E. D. Salin, *J. Anal. At. Spectrom.*, 1998, **13**, 497–505.

[139] V. Huxter, J. Hamier and E. D. Salin, *J. Anal. At. Spectrom.*, 2003, **18**, 71–75.

[140] D. Maldonado, J. Chirinos, Z. Benzo, C. Gómez and E. Marcano, *J. Anal. At. Spectrom.*, 2006, **21**, 743–749.

[141] Z. Benzo, D. Maldonado, J. Chirinos, E. Marcano, C. Gómez, M. Quintal and J. Salas, *Microchem. J.*, 2009, **93**, 127–132.

[142] M. Bauer and J. A. Broekaert, *Spectrochim. Acta, Part B*, 2007, **62**, 145–154.

[143] M. Bauer and J. A. C. Broekaert, *J. Anal. At. Spectrom.*, 2008, **23**, 479–486.

[144] A. De Giacomo, M. Dell'Aglio and O. De Pascale, *Appl. Phys. A*, 2004, **79**, 1035–1038.

[145] S. Koch, W. Garen, M. Müller and W. Neu, *Appl. Phys. A*, 2004, **79**, 1071–1073.

[146] X. Fang and S. R. Ahmad, *Appl. Spectrosc.*, 2007, **61**, 1021–1024.

[147] P. Fichet, P. Mauchien, J. F. Wagner and C. Moulin, *Anal. Chim. Acta*, 2001, **429**, 269–278.

[148] B. Charfi and M. A. Harith, *Spectrochim. Acta, Part B*, 2002, **57**, 1141–1153.

[149] S. S. Golik, O. A. Bukin, A. A. Il'in, E. B. Sokolova, A. V. Kolesnikov, M. Y. Babiy, Y. N. Kul'chin and A. A. Gal'chenko, *J. Appl. Spec.*, 2012, **79**, 471–476.

[150] Y. Feng, J. Yang, J. Fan, G. Yao, X. Ji, X. Zhang, X. Zheng and Z. Cui, *Appl. Opt.*, 2010, **49**, C70–C74.

[151] F. A. Barreda, F. Trichard, S. Barbier, N. Gilon and L. Saint-Jalmes, *Anal. Bioanal. Chem.*, 2012, **403**, 2601–2610.

[152] S. Groh, P. K. Diwakar, C. C. Garcia, A. Murtazin, D. W. Hahn and K. Niemax, *Anal. Chem.*, 2010, **82**, 2568–2573.

[153] E. M. Cahoon and J. R. Almirall, *Anal. Chem.*, 2012, **84**, 2239–2244.

[154] N. K. Rai and A. K. Rai, *J. Hazard. Mater.*, 2008, **50**, 835–838.

[155] V. Lazic, J. J. Laserna and S. Jovicevic, *Spectrochim. Acta, Part B*, 2013, **82**, 42–49.

[156] V. Lazic, J. J. Laserna and S. Jovicevic, *Spectrochim. Acta, Part B*, 2013, **82**, 50–59.

[157] Y. Yu, W. Zhou and X. Su, *Opt. Commun.*, 2014, **333**, 62–66.

[158] A. Kumar, F. Y. Yueh and J. P. Singh, *Appl Opt.*, 2003, **42**, 6047–6051.

[159] J. B. Simeonsson and L. J. Williamson, *Spectrochim. Acta, Part B*, 2011, **66**, 754–760.

[160] S. Ünal and S. Yalçin, *Spectrochim. Acta, Part B*, 2010, **65**, 750–757.

[161] A. Sarkar, S. K. Aggarwal, K. Sasibhusan and D. Alamelu, *Microchim. Acta*, 2010, **168**, 65–69.

[162] D. Choi, Y. Gong, S. H. Nam, S. H. Han, J. Yoo and Y. Lee, *Appl. Spectrosc.*, 2014, **68**, 198–212.

[163] D. Alamelu, A. Sarkar and S. Aggarwal, *Talanta*, 2008, **77**, 256–261.

[164] A. Sarkar, D. Alamelu and S. K. Aggarwal, *Appl. Opt.*, 2008, **47**, G58–G64.

[165] M. Bukhari, M. A. Awan, I. A. Qazi and M. A. Baig, *J. Anal. Methods Chem.*, 2012, **2012:823016**, 1–7.

[166] Z. Chen, H. Li, M. Liu and R. Li, *Spectrochim. Acta, Part B*, 2008, **63**, 64–68.

[167] Z. Chen, Y. Godwal, Y. Y. Tsui and R. Fedosejevs, *Appl. Opt.*, 2010, **49**, C87–C94.

[168] D. Zhu, J. Chen, J. Lu and X. Ni, *Anal. Methods*, 2012, **4**, 819–823.

[169] N. E. Schmidt and S. R. Goode, *Appl. Spectrosc.*, 2002, **56**, 370–374.

[170] C. R. Dockery, J. E. Pender and S. R. Goode, *Appl. Spectrosc.*, 2005, **59**, 252–257.

[171] Z. Chen, H. Li, F. Zhao and R. Li, *J. Anal. At. Spectrom.*, 2008, **23**, 871–875.

[172] F. Zhao, Z. Chen, F. Zhang, R. Li and J. Zhou, *Anal. Methods*, 2010, **2**, 408–414.

[173] H. Sobral, R. Sanginés and A. Trujillo-Vázquez, *Spectrochim. Acta, Part B*, 2012, **78**, 62–66.

[174] J. O. Cáceres, J. T. López, H. H. Telle and A. G. Ureña, *Spectrochim. Acta, Part B*, 2001, **56**, 831–838.

[175] D. M. Díaz-Pace, C. A. D'Angelo, D. Bertuccelli and G. Bertuccelli, *Spectrochim. Acta, Part B*, 2006, **61**, 929–933.

[176] F. Pena-Pereira, I. Lavilla and C. Bendicho, *Spectrochim. Acta, Part B*, 2009, **64**, 1–15.

[177] H. Liu and P. K. Dasgupta, *Anal. Chem.*, 1996, **68**, 1817–1821.

[178] M. A. Jeannot and F. F. Cantwell, *Anal. Chem.*, 1997, **69**, 235–239.

[179] S. Pedersen-Bjergaard and K. E. Rasmussen, *Anal. Chem.*, 1999, **71**, 2650–2656.

[180] S. Pedersen-Bjergaard and K. E. Rasmussen, *J. Chromatogr. A*, 2008, **1184**, 132–142.

[181] M. Rezaee, Y. Assadi, M. R. M. Hosseinia, E. Aghaee, F. Ahmadi and S. Berijani, *J. Chromatogr. A*, 2006, **1116**, 1–9.

[182] J. Regueiro, M. Llompart, C. Garcia-Jares, J. C. Garcia-Monteagudo and R. Cela, *J. Chromatogr. A*, 2008, **1190**, 27–38.

[183] E. Yiantzi, E. Psillakis, K. Tyrovola and N. Kalogerakis, *Talanta*, 2010, **80**, 2057–2062.

[184] M. Chamsaz, M. H. Arbab-Zavar and S. Nazari, *J. Anal. At. Spectrom.*, 2003, **18**, 1279–1282.

[185] M. H. Mallah, F. Shemirani and M. G. Maragheh, *J. Radioanal. Nucl. Chem.*, 2008, **278**, 97–102.

[186] J. L. Todolí, L. Gras, V. Hernandis and J. Mora, *J. Anal. At. Spectrom.*, 2002, **17**, 142–169.

[187] A. M. Gañán-Calvo, *Phys. Rev. Lett.*, 1998, **80**, 285–288.

[188] B. Almagro, A. M. Gañán-Calvo and A. Canals, *J. Anal. At. Spectrom.*, 2004, **19**, 1340–1346.

[189] B. Almagro, A. M. Gañán-Calvo, M. Hidalgo and A. Canals, *J. Anal. At. Spectrom.*, 2006, **21**, 770–777.

[190] B. Almagro, A. M. Gañán-Calvo, M. Hidalgo and A. Canals, *J. Anal. At. Spectrom.*, 2006, **21**, 1072–1075.

[191] H. Matusiewicz, M. Slachcinski, M. Hidalgo and A. Canals, *J. Anal. At. Spectrom.*, 2007, **22**, 1174–1178.

[192] M. Thompson and M. H. Ramsey, *Analyst*, 1985, **110**, 1413–1422.

[193] J. W. Olesik and E. J.Williamsen, *Appl. Spectrosc.*, 1989, **43**, 1223–1232.

[194] J. A. Olivares and R. S. Houk, *Anal. Chem.*, 1986, **58**, 20–25.

[195] N. Kovachev, B. Almagro, M. A. Aguirre, M. Hidalgo, A. M. Gañán-Calvo and A. Canals, *J. Anal. At. Spectrom.*, 2009, **24**, 1213–1221.

[196] G. C. Y. Chan and G. M. Hieftje, *Spectrochim. Acta, Part B*, 2006, **61**, 642–659.

[197] G. C. Y. Chan and G. M. Hieftje, *Spectrochim. Acta, Part B*, 2004, **59**, 163–183.

[198] I. B. Brenner, M. Zischka, B. Maichin and G. Knapp, *J. Anal. At. Spectrom.*, 1998, **13**, 1257–1264.

[199] M. Stepan, P. Musil, E. Poussel and J. M. Mermet, *Spectrochim. Acta, Part B*, 2001, **56**, 443–453.

[200] C. Dubuisson, E. Poussel and J. M. Mermet, *J. Anal. At. Spectrom.*, 1998, **13**, 1265–1269.

[201] X. Romero, E. Poussel and J. M. Mermet, *Spectrochim. Acta, Part B*, 1997, **52**, 487–493.

[202] E. Paredes, S. E. Maestre and J. L. Todolí, *Anal. Bioanal. Chem.*, 2006, **384**, 531–541.

[203] J. M. Mermet and J. C. Ivaldi, *J. Anal. At. Spectrom.*, 1993, **8**, 795–801.

[204] J. C. Ivaldi and J. F. Tyson, *Spectrochim. Acta, Part B*, 1996, **51**, 1443–1450.

[205] X. Romero, E. Poussel and J. M. Mermet, *Spectrochim. Acta, Part B*, 1997, **52**, 495–502.

[206] J. A. Borowiec, A. W. Boorn, J. H. Dillard, M. S. Cresser, R. F. Browner and M. J. Matteson, *Anal. Chem.*, 1980, **52**, 1054–1059.

[207] C. Duyck, N. Miekeley, C. L. P. da Silveira and P. Szatmari, *Spectrochim. Acta, Part B*, 2002, **57**, 1979–1990.

[208] R. Q. Aucélio, R. M. de Souza, R. C. de Campos, N. Miekeley and C. L. P. da Silveira, *Spectrochim. Acta, Part B*, 2007, **62**, 952–961.

[209] G. Caumette, C. P. Lienemann, I. Merdrignac, B. Bouyssiere and R. Lobinski, *J. Anal. At. Spectrom.*, 2009, **24**, 263–276.

[210] G. P. Brandão, R. C. de Campos, E. V. R. de Castro and H. C. de Jesus, *Spectrochim. Acta, Part B*, 2008, **63**, 880–884.

[211] R. Ansari, T. G. Kazi, M. K. Jamali, M. B. Arain, M. D. Wagan, N. Jalbani, H. I. Afridi and A. Q. Shah, *Food Chem.*, 2009, **115**, 318–323.

[212] R. E. Santelli, E. P. Oliveira, M. F. B. de Carvalho, M. A. Bezerra and A. S. Freire, *Spectrochim. Acta, Part B*, 2008, **63**, 800–804.

[213] J. Iqbal, W. A. Carney, S. LaCaze and C. S. Theegala, *The Open Anal. Chem. J.*, 2010, **4**, 18–26.

[214] M. S. Jiménez, R. Velarte and J. R. Castillo, *J. Anal. At. Spectrom.*, 2003, **18**, 1154–1162.

[215] A. W. Boorn and R. F. Browner, *"Applications: organics", in Inductively coupled plasma emission spectroscopy, Pt. 2: applications and fundamentals, P. W. J. M. Boumans (ed.)*, John Wiley & Sons Ltd., West Sussex, 1987, Ch. 6, pp. 151–216.

[216] P. Giusti, Y. N. Ordóñez, C. P. Lienemann, D. Schaumlöffel, B. Bouyssiere and R. Lobinski, *J. Anal. At. Spectrom.*, 2007, **22**, 88–92.

[217] I. de Schrijver, M. Aramendía, M. Resano, A. Dumoulin and F. Vanhaecke, *J. Anal. At. Spectrom.*, 2008, **23**, 500–507.

[218] M. A. Aguirre, N. Kovachev, B. Almagro, M. Hidalgo and A. Canals, *J. Anal. At. Spectrom.*, 2010, **25**, 1724–1732.

[219] J. A. McLean, H. Zhang and A. Montaser, *Anal. Chem.*, 1998, **70**, 1012–1020.

[220] J. A. McLean, R. A. Huff and A. Montaser, *Appl. Spectrosc.*, 1999, **53**, 1331–1340.

[221] TSI.

[222] A. W. Boorn and R. F. Browner, *Anal. Chem.*, 1982, **54**, 1402–1410.

[223] J. Farino and R. F. Browner, *Anal. Chem.*, 1984, **56**, 2709–2714.

[224] J. Farino, J. R. Miller, D. D. Smith and R. F. Browner, *Anal. Chem.*, 1987, **59**, 2303–2309.

[225] A. Canals, V. Hernandis and R. F. Browner, *J. Anal. At. Spectrom.*, 1990, **5**, 66–61.

[226] J. Mora, V. Hernandis and A. Canals, *J. Anal. At. Spectrom.*, 1991, **6**, 573–579.

[227] A. Montaser, M. G. Minnich, H. Liu, A. G. T. Gustavsson and R. F. Browner, *"Fundamental aspects of sample introduction in ICP spectrometry", in Inductively coupled plasma mass spectrometry, A. Montaser (ed.)*, Wiley-VCH, New York, 1998, Ch. 5, pp. 335–420.

[228] N. Wieberneit and P. Heitland, *Appl. Spectrosc.*, 2001, **55**, 598–603.

[229] E. Björn and W. Frech, *Anal. Bioanal. Chem.*, 2003, **376**, 274–278.

[230] R. M. Souza, C. L. P. da Silveira and R. Q. Aucélio, *Anal. Sci.*, 2004, **20**, 351–355.

[231] A. Canals, V. Hernandis, J. Todolí and R. Browner, *Spectrochim. Acta, Part B*, 1995, **50**, 305–321.

[232] I. I. Stewart and J. W. Olesik, *J. Anal. At. Spectrom.*, 1998, **13**, 1313–1320.

[233] A. Fernández, M. Murillo, N. Carrion and J. M. Mermet, *J. Anal. At. Spectrom.*, 1994, **9**, 217–221.

[234] M. Carré, K. Lebas, M. Marichy, M. Mermet, E. Poussel and J. M. Mermet, *Spectrochim. Acta, Part B*, 1995, **50**, 271–283.

[235] G. C. Y. Chan and G. M. Hieftje, *J. Anal. At. Spectrom.*, 2010, **25**, 282–294.

[236] J. Wang and E. H. Hansen, *J. Anal. At. Spectrom.*, 2001, **16**, 1349–1355.

[237] G. L. Donati, R. S. Amais and J. A. Nóbrega, *J. Anal. At. Spectrom.*, 2011, **26**, 1827–1832.

[238] M. A. Aguirre, N. Kovachev, M. Hidalgo and A. Canals, *J. Anal. At. Spectrom.*, 2012, **27**, 2102–2110.

[239] C. D. Pereira, M. A. Aguirre, J. A. Nóbrega, M. Hidalgo and A. Canals, *J. Anal. At. Spectrom.*, 2012, **27**, 2132–2137.

[240] D. Schiavo, L. C. Trevizan, E. R. Pereira-Filho and J. A. Nóbrega, *Spectrochim. Acta, Part B*, 2009, **64**, 544–548.

[241] C. D. Pereira, E. E. Garcia, F. V. Silva, A. R. A. Nogueira and J. A. Nóbrega, *J. Anal. At. Spectrom.*, 2010, **25**, 1763–1768.

[242] M. Grotti, R. Leardi and R. Frache, *Spectrochim. Acta, Part B*, 2002, **57**, 1915–1924.

[243] J. Dennaud, A. Howes, E. Poussel and J. M. Mermet, *Spectrochim. Acta, Part B*, 2001, **56**, 101–112.

[244] C. J. Pickford and R. M. Brown, *Spectrochim. Acta, Part B*, 1986, **41**, 183–187.

[245] A. Canals, L. Gras and H. Contreras, *J. Anal. At. Spectrom.*, 2002, **17**, 219–226.

[246] S. Maestre, J. Mora, J. L. Todolí and A. Canals, *J. Anal. At. Spectrom.*, 1999, **14**, 61–67.

[247] J. L. Todolí, J. M. Mermet, A. Canals and V. Hernandis, *J. Anal. At. Spectrom.*, 1998, **13**, 55–62.

[248] L. J. Radziemski, R. W. Solarz and J. A. Paisner, *Laser spectroscopy and its applications*, Marcel Dekker Inc., New York, 1987.

[249] L. J. Radziemski and D. A. Cremers, *Laser induced plasmas and applications*, Marcel Dekker Inc., New York, 1989.

[250] D. A. Rusak, B. C. Castle, B. W. Smith and J. D. Winefordner, *Crit. Rev. Anal. Chem.*, 1997, **27**, 257–290.

[251] K. Song, Y.-I. Lee and J. Sneddon, *Appl. Spectrosc. Rev.*, 1997, **32**, 183–235.

[252] E. Tognoni, V. Palleschi, M. Corsi and G. Cristoforetti, *Spectrochim. Acta, Part B*, 2002, **57**, 1115–1130.

[253] A. W. Miziolek, V. Palleschi and I. Schechter, *Laser-induced breakdown spectroscopy (LIBS): fundamentals and applications*, Cambridge University Press, United Kingdom, 2006.

[254] D. A. Cremers and L. J. Radziemski, *Handbook of laser-induced breakdown spectroscopy*, John Wiley & Sons Ltd., Chichester, 2006.

[255] D. Bulajic, G. Cristoforetti, M. Corsi, M. Hidalgo, S. Legnaioli, V. Palleschi, A. Salvetti, E. Tognoni, S. Green, D. Bates, A. Steiger, J. Fonseca, J. Martins, J. McKay, B. Tozer, D. Wells, R. Wells and M. A. Harith, *Spectrochim. Acta, Part B*, 2002, **57**, 1181–1192.

[256] A. Bertolini, G. Carelli, F. Francesconi, M. Francesconi, L. Marchesini, P. Marsili, F. Sorrentino, G. Cristoforetti, S. Legnaioli, V. Palleschi, L. Pardini and A. Salvetti, *Anal. Bioanal. Chem.*, 2006, **385**, 240–247.

[257] A. P. Michel, *Spectrochim. Acta, Part B*, 2010, **65**, 185–191.

[258] D. A. Cremers, L. J. Radziemski and T. R. Loree, *Appl. Spectrosc.*, 1984, **38**, 721–729.

[259] L. St-Onge, E. Kwong, M. Sabsabi and E. B. Vadas, *J. Pharm. Biomed. Anal.*, 2004, **36**, 277–284.

[260] C. Janzen, R. Fleige, R. Noll, H. Schwenke, W. Lahmann, J. Knoth, P. Beaven, E. Jantzen, A. Oest and P. Koke, *Spectrochim. Acta, Part B*, 2005, **60**, 993– 1001.

[261] Y. Godwal, G. Kaigala, V. Hoang, S. L. Lui, C. Backhouse, Y. Tsui and R. Fedosejevs, *Opt. Express*, 2008, **16**, 12435–12445.

[262] K. K. Ayyalasomayajula, V. Dikshit, F. Y. Yueh, J. P. Singh and L. T. Smith, *Anal. Bioanal. Chem.*, 2011, **400**, 3315–3322.

[263] V. Lazic, S. Jovicevic, R. Fantoni and F. Colao, *Spectrochim. Acta, Part B*, 2007, **62**, 1433–1442.

[264] L. Vidal, A. Chisvert, A. Canals and A. Salvador, *J. Chromatogr. A*, 2007, **1174**, 95–103.

[265] C. Cortada, L. Vidal and A. Canals, *J. Chromatogr. A*, 2011, **1218**, 17–22.

[266] M. A. Jeannot, A. Przyjazny and J. M. Kokosa, *J. Chromatogr. A*, 2010, **1217**, 2326–2336.

[267] M. Rezaee, Y. Yamini and M. Faraji, *J. Chromatogr. A*, 2010, **1217**, 2342–2357.

[268] M. F. Silva, E. S. Cerutti and L. D. Martínez, *Microchim. Acta*, 2006, **155**, 349–364.

[269] C. B. Ojeda and F. S. Rojas, *Anal. Bioanal. Chem.*, 2009, **394**, 759–782.

[270] A. N. Anthemidis and K. I. G. Ioannoua, *Talanta*, 2009, **80**, 413–421.

[271] A. C. S. Bellato, A. P. G. Gervasio and M. F. Giné, *J. Anal. At. Spectrom.*, 2005, **20**, 535–537.

[272] K. Simitchiev, V. Stefanova, V. Kmetov, G. Andreev, N. Kovachev and A. Canals, *J. Anal. At. Spectrom.*, 2008, **717**, 717–726.

[273] A. N. Anthemidis and I. S. I. Adam, *Anal. Chim. Acta.*, 2009, **632**, 216–220.

[274] L. Li, B. Hu, L. Xia and Z. Jiang, *Talanta*, 2006, **70**, 468–473.

[275] M. T. Naseri, P. Hemmatkhah, M. R. M. Hosseini and Y. Assadi, *Anal. Chim. Acta.*, 2008, **610**, 135–141.

[276] R. E. Rivas, I. López-García and M. Hernández-Córdoba, *Spectrochim. Acta, Part B*, 2009, **64**, 329–333.

[277] H. Sereshti, V. Khojeh and S. Samadi, *Talanta*, 2011, **83**, 885–890.

[278] H. Jiang, Y. Qin and B. Hu, *Talanta*, 2008, **74**, 1160–1165.

[279] D. L. Giokas, E. K. Paleologos and M. I. Karayannis, *Anal. Chim. Acta.*, 2005, **537**, 249–257.

[280] L. Xia, B. Hu, Z. Jiang, Y. Wu and Y. Liang, *Anal. Chem.*, 2004, **76**, 2910–2915.

[281] O. Samek, D. C. S. Beddows, J. Kaiser, S. V. Kukhlevsky, M. Liška, H. H. Telle and J. Young, *Opt. Eng.*, 2000, **39**, 2248–2262.

[282] M. A. Ismail, H. Imam, A. Elhassan, W. T. Youniss and M. A. Harith, *J. Anal. At. Spectrom.*, 2004, **19**, 489–494.

[283] H. A. Archontaki and S. R. Crouch, *Appl. Spectrosc.*, 1988, **42**, 741–746.

[284] W. T. Y. Mohamed, *Opt. Lasers Technol.*, 2008, **40**, 30–38.

[285] C. M. Sparks, U. E. A. Fittschen and G. J. Havrilla, *Spectrochim. Acta, Part B*, 2010, **65**, 805–811.

[286] G. Cristoforetti, M. Tiberi, A. Simonelli, P. Marsili and F. Giammanco, *Appl. Opt.*, 2012, **51**, B30–B41.

[287] J. P. Singh and S. N. Thakur, *Laser-induced breakdown spectroscopy*, Elsevier, Amsterdam, 2007.

[288] R. Noll, *Laser-induced breakdown spectroscopy fundamentals and applications*, Springer-Verlag Berlin, Heidelberg, 2012.

[289] D. A. Cremers and R. C. Chinni, *Appl. Spectrosc. Rev.*, 2009, **44**, 457–506.

[290] D. W. Hahn and N. Omenetto, *Appl. Spectrosc.*, 2012, **66**, 347–419.

[291] F. J. Fortes, J. Moros, P. Lucena, L. M. Cabalín and J. J. Laserna, *Anal. Chem.*, 2013, **85**, 640–669.

[292] N. K. Rai, A. K. Rai, A. Kumar and S. N. Thakur, *Appl. Opt.*, 2008, **47**, 105–111.

[293] P. Fichet, M. Tabarant, B. Salle and C. Gautier, *Anal. Bioanal. Chem.*, 2006, **385**, 338–344.

[294] A. Spietelun, L. Marcinkowski, M. de la Guardia and J. Namiesnik, *Talanta*, 2014, **119**, 34–45.

[295] B. Hu, M. He, B. Chen and L. Xia, *Spectrochim. Acta, Part B*, 2013, **86**, 14–30.

[296] N. Goudarzi, *J. Agric. Food Chem.*, 2009, **57**, 1099–1104.

[297] M. Kaykhaii and S. Noorinejad, *J. Anal. At. Spectrom.*, 2014, **29**, 875–879.

[298] R. Sitko, K. Kocot, B. Zawisza, B. Feist and K. Pytlakowska, *J. Anal. At. Spectrom.*, 2011, **26**, 1979–1985.

[299] L. Li and B. Hu, *Talanta*, 2007, **72**, 472–479.

[300] K. Shrivas and D. K. Patel, *Food Chem.*, 2011, **124**, 1673–1677.

[301] M. A. Aguirre, S. Legnaioli, F. Almodóvar, M. Hidalgo, V. Palleschi and A. Canals, *Spectrochim. Acta, Part B*, 2013, **79-80**, 88–93.

Kolibri 360 GmbH
Ferdinand-Jühlke-Straße 7
99095 Erfurt, Deutschland
produktsicherheit@kolibri360.de

Druck:
CPI Druckdienstleistungen GmbH
im Auftrag der
Kolibri 360 GmbH
Ferdinand-Jühlke-Str. 7
99095 Erfurt